农作物优质节本增效种植新技术

◎ 刘翠玲　郭振华　张　琦　主编

中国农业科学技术出版社

图书在版编目（CIP）数据

农作物优质节本增效种植新技术／刘翠玲，郭振华，张琦主编．—北京：中国农业科学技术出版社，2018.8

ISBN 978-7-5116-3805-2

Ⅰ.①农…　Ⅱ.①刘…②郭…③张…　Ⅲ.①作物-高产栽培-栽培技术　Ⅳ.①S31

中国版本图书馆CIP数据核字（2018）第168761号

责任编辑　白姗姗
责任校对　贾海霞

出 版 者　中国农业科学技术出版社
北京市中关村南大街12号　邮编：100081
电　　话　(010)82106638(编辑室)　(010)82109702(发行部)
(010)82109709(读者服务部)
传　　真　(010)82106650
网　　址　http://www.castp.cn
经 销 者　各地新华书店
印 刷 者　北京富泰印刷有限责任公司
开　　本　850mm×1 168mm　1/32
印　　张　10
字　　数　260千字
版　　次　2018年8月第1版　2018年8月第1次印刷
定　　价　39.00元

《农作物优质节本增效种植新技术》

编 委 会

主　编：刘翠玲　郭振华　张　琦

副主编：李俊杰　王志强　刘林业　李小柳
于华强　殷仲卿　张　洁　刘钦佩
杨树林　余秋杰

编　者：（以姓氏笔画为序）
马少华　王卫华　王凤云　王江涛
王　军　王林中　孔光凯　申晓晴
付海燕　朱照锋　刘俊丽　刘海荣
李伟峰　李　军　何　青　张佩华
张　霞　陈　鹏　陈　磊　范传玺
范春朴　孟爱民　段文卿　袁道华
徐贺威　高必东　郭来全

前　言

农业是国民经济的基础，农业资源的合理开发和高效利用，对国民经济持续健康发展和国家安全具有重要作用。发展节约型农业是建设节约型社会的重要组成部分，也是解决“三农”问题的重大战略举措。建设节约型农业，以少的资源消耗创造出大的农业效益，实现节本增效，解决目前农业生产普遍存在的投入品利用率低、浪费严重、成本居高不下等问题，就必须依靠科技进步，培育高素质农民，走产出高效、产品安全、资源节约、环境友好的现代农业发展道路，进而实现农业增效、农民增收、农村经济发展。

为贯彻落实党的十八大、十九大会议精神，加快推进乡村振兴战略，按照“三化”协调发展的要求，围绕“一控两减三基本”“化肥农药零增长”行动和农作物优质、高产、高效、生态、安全的发展目标，按照河南省政府推进“四优四化”的决策部署和“促进种养业转型升级实施方案”的要求，结合新型职业农民培训的实际需要，编写了《农作物优质节本增效种植新技术》一书，该书汇集了近年来引进、推广的农作物新品种和地方优良品种60多个，经过试验、示范极具推广价值的农业实用技术60多项，作为基层农业技术人员、新型农民培训资料。《农作物优质节本增效种植新技术》的出版，对于农村基层干部、农技推广从业人员了解农作物新品种、新技术引进推广情况，对于指导农民发展农业生产、调整农作物种植结构，对于提高农民科技文化素质和致富本领，对于促进农业和农村经济更快更好地发展，都具有较大的推动作用。

由于本书编写时间仓促，不妥之处，敬请广大读者批评指正。

编　者

2018年7月

目　　录

第一章　小麦绿色高产高效栽培技术

第一节　主要栽培品种简介

一、周麦 22

品种特性：

半冬性中熟品种。幼苗半匍匐，叶长卷、叶色深绿，分蘖力中等，成穗率中等。株高 80 厘米左右，株型较紧凑，穗层较整齐，旗叶短小上举，植株蜡质厚，株行间透光较好，长相清秀，灌浆较快。穗近长方形，穗较大，均匀，结实性较好，长芒，白壳，白粒，籽粒半角质，饱满度较好，黑胚率中等。平均亩*穗数 36.5 万穗，穗粒数 36.0 粒，千粒重 45.4 克。苗期长势壮，冬季抗寒性较好，抗倒春寒能力中等。春季起身拔节迟，两极分化快，抽穗迟。耐后期高温，耐旱性较好，熟相较好。茎秆弹性好，抗倒伏能力强。

抗病鉴定：

高抗条锈病，抗叶锈病，中感白粉病、纹枯病，高感赤霉病、秆锈病。区试田间表现：轻感叶枯病，旗叶略干尖。

---

* 1 亩≈667 平方米，1 公顷 = 15 亩。全书同

品质鉴定：

2006年、2007年分别测定混合样：容重777克/升、798克/升，蛋白质（干基）含量15.02%、14.26%，湿面筋含量34.3%、32.3%，沉降值29.6毫升、29.6毫升，吸水率57%、66.0%，稳定时间2.6分钟、3.1分钟，最大抗延阻力149E.U.、198E.U.，延伸性16.5厘米、16.4厘米，拉伸面积37平方厘米、46平方厘米。

产量表现：

2005—2006年度参加黄淮冬麦区南片冬水组品种区域试验，平均亩产543.3千克，比对照1新麦18增产4.4%，比对照2豫麦49号增产4.92%；2006—2007年度续试，平均亩产549.2千克，比对照新麦18增产5.7%。2006—2007年度生产试验，平均亩产546.8千克，比对照新麦18增产10%。

栽培技术要点：

适宜播期10月上中旬，每亩适宜基本苗10万~14万苗。注意防治赤霉病。

种植区域：

适宜在黄淮冬麦区南片的河南中北部、安徽北部、江苏北部、陕西关中地区、山东菏泽地区高中水肥地块早中茬种植。

二、众麦1号

品种特性：

半冬性中晚熟品种，幼苗半匍匐，长势壮，叶色深绿，分蘖力强，抗寒性好，春季两极分化慢，分蘖成穗率一般；旗叶宽大上举，长相清秀，叶片功能期长；株型紧凑，株高70~75厘米，茎秆粗壮，抗倒性好；穗层较厚，穗长方形，小穗排列较密，穗粒数较多，饱满度好，黑胚率高；亩成穗39万左右，穗粒数 38~44 粒，千粒重 41 克左右；丰产稳产性好，成熟落黄好。

抗病鉴定：

抗条锈、叶锈、纹枯、叶枯病，轻感白粉、赤霉病，中抗蚜虫。

产量表现：

2003—2004 年参加河南省高肥冬Ⅰ组生试，7 点汇总，7 点增产，平均亩产 517.6 千克，比对照豫麦 49 增产 7.5%，居 6 个参试品种第二位。2003—2004 年度参加河南省高肥冬水Ⅱ组区试，9 点汇总，平均亩产 548.7 千克。比对照豫麦 49 增产 6.9%，居 10 个参试品种第二位。

栽培要点：

河南及周边地区的适播期为 10 月 8—20 日，一般每亩播量为 6~8 千克，可延至 11 月上旬，但要注意加大播量。

种植区域：

适宜河南省北中部及同类生态区中上等肥力地块早中茬种植。

三、周麦 27

品种特性：

半冬性中熟品种，成熟期平均比对照周麦 18 早熟一天左右。幼苗半匍匐，叶窄长，分蘖力一般，成穗率中等。冬季抗寒性较好。春季起身拔节早，两极分化快，抗倒春寒能力一般。株高 74 厘米，株型偏松散，旗叶长卷上冲。茎秆弹性中等，抗倒性中等。耐旱性一般，灌浆快，熟相一般。穗层整齐，穗较大，小穗排列较稀，结实性好。穗纺锤形，长芒，白壳，白粒，籽粒半角质，饱满度较好。亩穗数 40.2 万穗、穗粒数 37.3 粒、千粒重 42.6 克。

抗病鉴定：

高感条锈病、白粉病、赤霉病、纹枯病，中感叶锈病。

品质鉴定：

2010 年、2011 年品质测定结果分别为：籽粒容重 794 克/升、790 克/升，硬度指数 68.6（2011 年），蛋白质含量 13.21%、12.71%；面粉湿面筋含量 28.9%、27.3%，沉降值 30.0 毫升、27.2 毫升，吸水率 60.1%、58.2%，稳定时间 4.1 分钟、5.2 分钟，最大抗延阻力 256E.U.、240E.U.，延伸性 130 毫米，123 毫米，拉伸面积 47 平方厘米、43 平方厘米。

产量表现：

2009—2010 年度参加黄淮冬麦区南片冬水组品种区域试验，平均亩产 550.5 千克，比对照周麦 18 增产 9.9%。2010—2011 年度续试，平均亩产 589.6 千克，比对照周麦 18 增产 5.4%。2010—2011 年度生产试验，平均亩产 559.8 千克，比对照周麦 18 增产 5.4%。

栽培要点：

（1）适宜播种期 10 月 10—25 日，每亩适宜基本苗 15 万~20 万苗。

（2）注意防治条锈病、白粉病、纹枯病、赤霉病。

种植区域：

适宜在黄淮冬麦区南片的河南省（南阳、信阳除外）、安徽省北部、江苏省北部、陕西省关中地区高中水肥地块早中茬种植。

四、周麦 28

品种特性：

半冬性中晚熟品种，全生育期 231 天，比对照周麦 18 晚熟一天。幼苗半匍匐，苗势壮，叶窄长，冬季抗寒性较好。分蘖力较强，分蘖成穗率中等，早春起身拔节快，两极分化较快，抽穗迟，抗倒春寒能力中等，耐后期高温，熟相中等。株高 76 厘米，株型松紧适中，抗倒性好。穗层较整齐，穗下节间长，叶片上冲，茎叶蜡质重。穗近长方形，穗长码稀，长芒，白壳，白粒，籽粒角质、饱满度较好，黑胚率中等。平均亩穗数 38.6 万穗，穗粒数 36.1 粒，千粒重 43.2 克。

抗病鉴定：

免疫条锈病、叶锈病，高感赤霉病、白粉病、纹枯病。

品质鉴定：

籽粒容重 793 克/升，蛋白质含量 14.75%，硬度指数 63.2，面粉湿面筋含量 32.8%，沉降值 29.2 毫升，吸水率 56.8%，面团稳定时间 2.9 分钟，最大拉伸阻力 184E.U.，延伸性 164 毫米，拉伸面积 44 平方厘米。

产量表现：

2010—2011 年度参加黄淮冬麦区南片冬水组品种区域试验，平均亩产 581.7 千克，比对照周麦 18 增产 3.4%；2011—2012 年度续试，平均亩产 517.0 千克，比周麦 18 增产 6.7%。2012—2013 年度生产试验，平均亩产 502.5 千克，比周麦 18 增产 6.8%。

栽培要点：

10 月 8—20 日播种，亩基本苗 14 万~22 万苗。注意防治白粉病、纹枯病和赤霉病等病虫害。

种植区域：

适宜黄淮冬麦区南片的河南中北部、安徽北部、江苏北部、陕西关中地区高中水肥地区早中茬种植。

五、百农 207

品种特性：

半冬性中晚熟品种，全生育期 231 天，比对照周麦 18 晚熟一天。幼苗半匍匐，长势旺，叶宽大，叶深绿色。冬季抗寒性中等。分蘖力较强，分蘖成穗率中等。早春发育较快，起身拔节早，两极分化快，抽穗迟，耐倒春寒能力中等。中后期耐高温能力较好，熟相好。株高 76 厘米，株型松紧适中，茎秆粗壮，抗倒性较好。穗层较整齐，旗叶宽长、上冲。穗纺锤形，短芒，白壳，白粒，籽粒半角质，饱满度一般。平均亩穗数 40. 2 万穗，穗粒数 35. 6 粒，千粒重 41. 7 克。

抗病鉴定：

高感叶锈病、赤霉病、白粉病和纹枯病，中抗条锈病。

品质鉴定：

容重 810 克/升，蛋白质含量 14. 52%，硬度指数 64. 0，湿面筋含量 34. 1%，沉降值 36. 1 毫升，吸水率 58. 1%，面团稳定时间 5. 0 分钟，最大拉伸阻力 311E. U.，延伸性 186 毫米，拉伸面积 81 平方厘米。

产量表现：

2010—2011 年度参加黄淮冬麦区南片冬水组品种区域试验，平均亩产 584. 1 千克，比对照周麦 18 增产 3. 9%；2011—2012 年度续试，平均亩产 510. 3 千克，比周麦 18 增产 5. 3%。2012—2013 年度生产试验，平均亩产 502. 8 千克，比周麦 18 增产 7. 0%。

栽培要点：

10 月 8—20 日播种，亩基本苗 12 万~20 万苗。注意防治纹枯病、白粉病和赤霉病等病虫害。

种植区域：

适宜黄淮冬麦区南片的河南中北部、安徽北部、江苏北部、陕西关中地区高中水肥地块早中茬种植。

六、郑麦 7698

品种特性：

属弱春偏半冬性多穗型强筋小麦品种，全生育期 229 天。幼苗半直立，苗势壮，耐寒性好，分蘖力中等；春季起身拔节慢，抽穗迟，穗层不整齐；株型紧凑，叶型直立，通风透光好；株高 75 厘米左右，根系活力强，茎秆粗壮，抗倒伏能力强；长相清秀，成熟落黄好，灌浆速度快，结实性好，抗干热风能力强；纺缍形穗，籽粒角质、白粒、硬度高、饱满度好，黑胚率低，一般亩穗数 40 万穗左右，穗粒数 35 万左右，千粒重 44 克左右。

抗病鉴定：

慢条锈病，高感叶锈病、白粉病、纹枯病和赤霉病。

品质鉴定：

混合样测定：籽粒容重 810 克/升、818 克/升，蛋白质含量 14.79%、14.25%，籽粒硬度指数 69.7（2011 年），面粉湿面筋含量 31.4%、30.4%，沉降值 40.0 毫升、33.1 毫升，吸水率 61.1%、60.8%，面团稳定时间 9.7 分钟、7.4 分钟，最大拉伸阻力 574E.U.、362E.U.，延伸性 148 毫米、133 毫米，拉伸面积 108 平方厘米、66 平方厘米。

产量表现：

2009—2010 年度参加黄淮冬麦区南片区域试验，平均亩产 513.3 千克，比对照周麦 18 增产 3.0%；2010—2011 年度续试，平均亩产 581.4 千克，比周麦 18 增产 3.4%。2011—2012 年度生产试验，平均亩产 499.7 千克，比周麦 18 增产 2.6%。

栽培要点：

10 月上中旬播种，亩基本苗 12 万～20 万。注意防治白粉病、纹枯病和赤霉病等病虫害。

适宜地区：

河南省（南部稻茬麦区除外）中晚茬中高肥力地种植。

七、丰德存麦1号

品种特性：

半冬性中晚熟品种，成熟期与对照周麦 18 相当。幼苗半匍匐，叶窄小、稍卷曲，分蘖力强，成穗率偏低。冬季抗寒性较好。春季起身拔节略晚，两极分化快，抗倒春寒能力一般。株高 77 厘米左右，株型松紧适中，旗叶短宽、上冲、浅绿色。茎秆细韧，抗倒性较好。叶功能期长，灌浆慢，熟相好。穗层整齐，结实性一般。穗纺锤形，短芒，白壳，白粒，籽粒半角质，饱满度较好，黑胚率稍偏高。亩穗数 42.8 万穗、穗粒数 32.1 粒、千粒重 44.8 克。

抗病鉴定：

高感条锈病、叶锈病、白粉病、赤霉病，中感纹枯病。

品质鉴定：

2010 年、2011 年品质测定结果分别为：籽粒容重 802 克/升、806 克/升，硬度指数 65.1（2011 年），蛋白质含量 14.98%、14.30%；面粉湿面筋含量 32.9%、31.5%，沉降值 46.0 毫升、35.1 毫升，吸水率 57.8%、58.7%，稳定时间 8.5 分钟、7.9 分钟，最大抗延阻力 448E.U.、374E.U.，延伸性 158 毫米、144 毫米，拉伸面积 92 平方厘米、74 平方厘米。品质达到强筋品种审定标准。

产量表现：

2009—2010 年度参加黄淮冬麦区南片冬水组品种区域试验，平均亩产 522.7 千克，比对照周麦 18 增产 4.4%；2010—2011 年度续试，平均亩产 589.6 千克，比对照周麦 18 增产 5.4%。2010—2011 年度生产试验，平均亩产 549 千克，比对照周麦 18 增产 4.9%。

栽培要点：

（1）适宜播种期 10 月上中旬，每亩适宜基本苗 14 万～20 万苗。

（2）注意防治白粉病、叶锈病和赤霉病。

种植区域：

适宜在黄淮冬麦区南片的河南省（南阳、信阳除外），安徽省北部、江苏省北部、陕西省关中地区高中水肥地块早中茬种植。

八、周麦 23

品种特性：

弱春性中熟品种，成熟期比对照偃展 4110 晚 2 天。幼苗半匍匐，分蘖力中等，苗期长势壮，春季起身拔节略迟，两极分化快，成穗率中等。株高 85 厘米左右，株型稍松散，茎秆粗壮，旗叶宽大、上冲。穗层整齐，穗长方形，长芒，白壳，白粒，籽粒半角质，卵圆形，饱满度中等，黑胚率稍高。平均亩穗数 35.5 万穗，穗粒数 40.2 粒，千粒重 44.5 克。冬季耐寒性较好，耐倒春寒能力中等。抗倒性较好。较耐后期高温，熟相较好。

抗病鉴定：

接种抗病性鉴定：慢叶锈病，中感白粉病、纹枯病，高感条锈病、赤霉病、秆锈病。部分区试点发生叶枯病。

栽培要点：

适宜播期10月15—30日，每亩播量8~10千克，注意防治锈病和赤霉病。

种植区域：

适宜在黄淮冬麦区南片的河南中北部，安徽北部、江苏北部、陕西关中地区中高肥力地块中晚茬种植。

九、周麦32

品种特性：

半冬性中晚熟强筋品种，全生育期226~235.2天。幼苗匍匐，叶片窄长，叶色浅绿，冬季抗寒性一般；分蘖力强，成穗率较高，春季起身拔节快，两极分化快；株型松紧适中，旗叶宽短，上冲，穗下节短，穗层较厚，平均株高74~75厘米，茎秆弹性好，抗倒伏能力强；穗纺锤形，长芒，白粒，卵圆形，角质；根系活力好，叶功能期长，耐后期高温，成熟落黄好。产量构成三要素：亩穗数42.6万~47.3万，穗粒数30.6~32.7粒，千粒重40.5~41.7克。

抗病鉴定：

2011—2012年经河南省农业科学院植物保护研究所接种鉴定：高抗条锈病，中感叶锈病、白粉病和纹枯病，高感赤霉病。

品质表现：

2011年经农业部农产品质量监督检验测试中心（郑州）检测：蛋白质16.22%，容重808克/升，湿面筋33.7%，降落数值462秒，沉淀值74.3毫升，吸水量59.1毫升/100克，形成时间8.4分钟，稳定时间17.3分钟，弱化度25F.U.，硬度65HI，出粉率72.5%；2012年经农业部农产品质量监督检验测试中心（郑州）检测：蛋白质 16.88%，容重 814 克/升，湿面筋 35.8%，降落数值 409 秒，沉淀值 80 毫升，吸水量 60.4 毫升/100 克，形成时间 5.7 分钟，稳定时间 8.4 分钟，弱化度 59F.U.，硬度 60HI，出粉率 70.2%。

产量表现：

2014—2015 年度参加黄淮冬麦区南片冬水组品种区域试验，平均亩产 539.4 千克，比对照周麦 18 增产 4.6%；2015—2016 年度续试，平均亩产 526.6 千克，比周麦 18 增产 4.1%。2016—2017 年度生产试验，平均亩产 576.1 千克，比对照增产 6.0%。

栽培要点：

1. 播期和播量

10 月 8—25 日播种，最佳播期 10 月 13 日左右；高肥力地块亩播量 8~9 千克，中低肥力 9~10 千克，如延期播种，以每推迟 3 天增加 0.5 千克播量为宜。

2. 田间管理

一般全生育期每亩施肥量：有机肥 3 000千克，纯氮 14 千克，磷（P_2O_5）10 千克，钾（K_2O）7.5 千克，硫酸锌为 1 千克。磷、钾肥和微肥一次性底施，其中氮肥的底肥与追肥的比例为 5∶5，拔节期追肥。根据病虫害发生情况，在拔节期每亩喷施 20%三唑酮 100 毫升加水 30 千克防治白粉病，可用吡虫啉 40 克/亩防治蚜虫。

种植区域：

适宜河南省（南部稻茬麦区除外）早中茬中高肥力地种植。

十、新麦 26

品种特性：

属半冬性中熟多穗型强筋品种。幼苗半直立，长势旺，叶色浓绿，抗寒性好。分蘖力较强，成穗率高，株高75厘米左右，抗倒伏能力强。株型较紧凑，旗叶短宽、平展，株行间通风透光性好，穗多穗匀，结实性好。纺锤穗、长芒、白粒，籽粒角质、均匀、饱满，外观商品性好。抗旱抗逆性强，高低温逆转对其影响较小，叶功能好，熟相佳。产量三要素协调，平均亩成穗43万，穗粒数35.3粒，千粒重45克。该品种强筋高产，品质已达国际强筋小麦主要指标，且稳产性与丰产性极其突出。

抗病鉴定：

高感白粉病和赤霉病，中感条锈病，慢叶锈病，中抗纹枯病，区试田间试验部分试点高感叶锈病、叶枯病。

品质鉴定：

2008年、2009年分别测定混合样：籽粒容重784克/升、788克/升，硬度指数64.0、67.5，蛋白质含量15.46%、16.04%；面粉湿面筋含量31.3%、32.3%，沉降值63.0毫升、70.9毫升，吸水率63.2%、65.6%，稳定时间16.1分钟、38.4分钟，最大抗延阻力628E.U.、898E.U.，延伸性189毫米、164毫米，拉伸面积158平方厘米、194平方厘米。品质达到强筋品种审定标准。

产量表现：

2007—2008年度参加黄淮冬麦区南片冬水组品种区域试验，平均亩产534.6千克，比对照新麦18减产2%；2008—2009年度续试，平均亩产531.4千克，比对照新麦18增产5.9%。2009—2010年度生产试验，平均亩产486.8千克，比对照周麦18增产1.7%。

栽培要点：

适宜播期10月上中旬，在适播期内采取下限。适宜基本苗每亩 12 万~15 万株。加强肥水管理，拔节末期要追肥浇水，早浇灌浆水，灌浆后期少浇或不浇水，提高优质强筋品质。病虫害防治同一般小麦品种。

种植区域：

适宜在黄淮冬麦区南片的河南省（南阳、信阳除外）、安徽省北部、江苏省北部、陕西省关中地区高中水肥地块早中茬种植。在江苏北部、安徽北部和河南东部倒春寒频发地区种植应采取调整播期等措施，注意预防倒春寒。

十一、矮抗 58

品种特性：

属半冬性中熟品种。幼苗匍匐，冬季叶色淡绿，分蘖多，抗冻性强，春季生长稳健，蘖多秆壮。株高 70 厘米左右，高抗倒伏，饱满度好。产量三要素协调，亩成穗 45 万左右，穗粒数 38~40 粒，千粒重 42~45 克。

抗病鉴定：

苗期长势壮，抗寒性好。茎秆坚韧，弹性好，强抗倒伏。2003—2005 年经中国农业科学院植物保护研究所两年接种抗病鉴定，百农矮抗 58 表现高抗条锈（1-5R）、白粉病（1-2R）、秆锈病（10R），中感纹枯病（45MS），高感叶锈病（90S）、赤霉病（3. 38MS）。田间自然鉴定，中抗叶枯病。

品质鉴定：

2003—2004 年经农业部谷物品质监督检验测试中心测试，百农矮抗 58（样品编号，区 040014）容重 811 克/升，蛋白质 14. 48%，湿面筋 30. 7%，沉降值 29. 9 毫升，吸水率 60. 8%，形成时间 3. 3 分钟，稳定时间 4. 0 分钟，最大抗延阻力 212E. U.，拉伸面积 40 平方厘米。

产量表现：

2003—2004年参加国家黄淮南片区试（冬水B组），平均亩产574千克，较对照（豫麦49号）增产5.36%，达极显著标准，居第2位。2004—2005年参加国家黄淮区试（冬水B组），平均亩产532.68千克，比对照（豫麦49号）增产7.66%，达极显著水平，居第1位。

栽培要点：

适播期10月上中旬，每亩适宜基本苗12万~16万，注意防治叶锈病和赤霉病。

种植区域：

适宜在黄淮冬麦区南片的河南省中北部、安徽省北部、江苏省北部、陕西关中地区、山东菏泽中高产水肥地早中茬种植。

十二、丰德存麦5号

品种特性：

半冬性中晚熟品种，全生育期228天，与对照周麦18熟期相当。幼苗半匍匐，苗势较壮，叶片窄长直立，叶色浓绿，冬季抗寒性较好。冬前分蘖力较强，分蘖成穗率一般。春季起身拔节较快，两极分化快，抽穗较早，耐倒春寒能力一般。后期耐高温能力中等，熟相较好。株高76厘米，茎秆弹性一般，抗倒性中等。株型稍松散，旗叶宽短，外卷，上冲，穗层整齐，穗下节短。穗纺锤形，长芒，白壳，白粒，籽粒椭圆形，角质，饱满度较好，黑胚率中等。亩穗数38.1万穗，穗粒数32粒，千粒重42.3克。

抗病鉴定：

慢条锈病，中感叶锈病、白粉病，高感赤霉病、纹枯病。

品质鉴定：

籽粒容重 794 克/升，蛋白质（干基）含量 16.01%，硬度指数 62.5，湿面筋含量 34.5%，沉降值 49.5 毫升，吸水率 57.8%，稳定时间 15.1 分钟，最大抗延阻力 754E.U.，延伸性 177 毫米，拉伸面积 171 平方厘米。品质达到强筋品种审定标准。

产量表现：

2011—2012 年度参加黄淮冬麦区南片冬水组品种区域试验，平均亩产 482.9 千克，比对照周麦 18 减产 0.4%；2012—2013 年度续试，平均亩产 454.0 千克，比周麦 18 减产 2.4%。2013—2014 年度生产试验，平均亩产 574.6 千克，比周麦 18 号增产 2.4%。

栽培要点：

适宜播种期 10 月中旬，亩基本苗 12 万～18 万，注意防治赤霉病和纹枯病，高水肥地注意防倒伏。

种植区域：

适宜黄淮冬麦区南片的河南省驻马店及以北地区、安徽省淮北地区、江苏省淮北地区、陕西省关中地区高中水肥地块中茬种植。倒春寒易发地区慎用。

十三、西农 979

品种特性：

半冬性，早熟，成熟期比豫麦 49 号早 2～3 天，幼苗匍匐，叶片较窄，分蘖力强，成穗率较高。株高 75 厘米左右，茎秆弹性好，株型略松散，穗层整齐，旗叶窄长、上冲。穗纺锤形，长芒，白壳，白粒，籽粒角质，较饱满，色泽光亮，黑胚率低。平均亩穗数 42.7 万穗，穗粒数 32 粒，千粒重 40.3 克。苗期长势一般，越冬抗寒性好，抗倒春寒能力稍弱；抗倒伏能力强；

不耐后期高温，有早衰现象，熟相一般。

抗病鉴定：

中抗至高抗条锈病，慢秆锈病，中感赤霉病和纹枯病，高感叶锈病和白粉病。田间自然鉴定，高干叶枯病。

品质鉴定：

2005 年国家黄淮区试混样品质分析结果：容重 784 克/升，蛋白质 15.39%，湿面筋 32.3%，沉淀值 49.71 毫升，吸水率 62.4%，形成时间 6.1 分钟，稳定时间 17.9 分钟，最大抗延阻力 564E.U.，拉伸面积 121 平方厘米。品质达到国家优质强筋小麦品种品质标准。

产量表现：

2004 年和 2005 年国家黄淮区试，平均亩产分别为 536.8 千克和 482.2 千克，较优质对照藁麦 8901 分别增产 5.62% 和 6.35%。

栽培要点：

适播期 10 月上中旬，每亩适宜基本苗 12 万~15 万，注意防治白粉病、叶枯病和叶锈病。

种植区域：

适宜在黄淮冬麦区南片的河南省中北部、安徽省北部、江苏省北部、陕西关中地区、山东菏泽中高产水肥地早中茬种植。

第二节　主要生育指标和栽培技术

一、主要生育指标

（一）各主要生育期壮苗指标

越冬期：幼穗分化进入单棱末期至二棱初期。半冬性品种主茎叶龄6~7叶，单株分蘖4~5个，弱春性品种主茎叶龄5~6叶，单株分蘖3~4个。大分蘖占60%以上，单株次生根5条以上，分蘖缺位率低于15%。

返青期：幼穗分化进入二棱末期。半冬性品种主茎叶龄7叶1心或8叶1心，单株分蘖4个以上。弱春性品种主茎叶龄6叶1心或7叶1心，单株分蘖3个以上。次生根10条左右。

拔节期：幼穗分化至药隔分化期，半冬性品种主茎叶龄9~11叶，弱春性品种主茎叶龄7~9叶，节间总长度5~8厘米，次生根10条以上。

各生育期小麦植株生长健壮，无病虫。

（二）群体动态指标

亩基本苗20万~25万，越冬期群体70万~80万，春季最高群体不超过110万，成熟期亩成穗38万~48万。

（三）产量结构指标

多穗型品种亩成穗数43万~48万，穗粒数35粒左右，千粒重40克以上；大穗型品种亩成穗数38万~42万，穗粒数37粒左右，千粒重45克左右。

二、主要栽培技术

（一）种子处理

1. 小麦种子质量标准

根据国家标准GB 4401.1—1996的规定，小麦种子分原种和良种两个等级，其质量标准是；原种的纯度不低于99.9%，净度不低于98.0%，发芽率不低于85.0%，水分含量不高于13.0%，良种的纯度不低于99.0%，净度不低于98.0%，发芽率不低于85.0%，水分含量不高于13.0%。

2. 晒种

播前选晴天将种子在晒场上摊晒 2~3 天。若在水泥地晒种，不宜摊太薄，以 5~8 厘米厚为宜，以免烫伤种子。

3. 精选种子

晒干的种子播前进行风选、筛选，以去除秕粒和杂草种子，去除病粒、霉粒、烂粒等。精选种子一般可增产 5%左右。

4. 种子包衣

种子包衣是指在加工精选的基础上，应用包衣机械或人工的方法，将小麦种衣剂包裹在种子表面的一种技术。小麦种子表面常携带有病菌，小麦专用种衣剂不仅含有一定量的杀菌和杀虫剂，而且还含有一定量的微肥和生长调节剂，种子包衣有利于综合防治病虫害和培育壮苗，因此提倡播前对种子进行包衣处理。各地应针对当地病虫害发生和为害的实际情况，选择适宜的包衣剂，统一进行包衣。当种子量较少时，可人工包衣。

5. 用植物激素、微量元素或药剂拌种

用 50%矮壮素 250 克，加水 5 千克，拌麦种 50 千克，堆放 4 小时，然后晾干，可使苗期叶片宽短、色浓，株健，分蘖发生提前；用 40 毫升/千克萘乙酸溶液拌种（或浸种），可提早出苗，提高出苗率，加快幼苗生长；为防治蝼蛄、蛴螬等地下害虫，可用 70%辛硫磷 0.5 千克，加水 35 千克，拌麦种 350 千克。若选用含杀虫剂、杀菌剂、生长调节剂及微量元素的复配农药进行拌种，可起到治病、防虫、增产的多重效果。

（二）精细整地和播种技术

1. 精细整地、足墒播种

整地质量和足墒播种是小麦一播全苗，打好丰收基础的关键。

深耕结合秸秆还田等措施，可有效调节土壤“水、肥、气、热”矛盾，熟化土壤，一般可提高土壤有机质含量 0.03%~

0.06%，速效氮、速效钾可提高 0.8%～1.2%，较浅耕增产10%～15%。

按照“秸秆还田必须深耕，旋耕播种必须耙实”的原则，大力提倡机械深耕，耕深 20 厘米以上。旋耕播种麦田要旋耕两遍，旋耕深度 15 厘米以上，连续旋耕 2～3 年的麦田必须深耕一次，以打破犁底层，改善土壤通透性，提高土壤渗水、蓄水、保肥和供肥能力，促进根系下扎，增强抗灾能力。深耕或旋耕后及时耙磨，至少机耙两遍，除净根茬，粉碎坷垃，达到土壤上虚下实，地面平整，保墒抗旱，以免表层土壤暄松，播种过深，形成深播弱苗。

2. 足墒下种

足墒是保证苗全、苗匀的基础，小麦播种时耕层适宜墒情为土壤相对含水量 70%～80%，高于 85%或低于 60%均不利于小麦全苗和匀苗。当小麦播种遇到墒情不足时，一定要在耕地前浇透底墒水，然后整地播种。宁可晚播几天，也要造足底墒，做到足墒下种，确保一播全苗。生产实践证明，小麦播种时，整地质量高，墒情充足，播种基础好，其冬春生长过程中，具有较强的抗旱、抗寒、抗病能力。

3. 适期晚播，控制播量

适当推迟播期、酌情控制播量是小麦播种技术推广的重点。近年来，由于冬季气温偏高导致小麦生长发育快，群体偏大，前几年发生的冬季冻害和“倒春寒”为害就是很好的例子，所以应适期晚播，控制播量。

4. 播期

从播种至越冬期开始，小麦要达到壮苗标准为：半冬性品种冬前应达到 6 叶至 6 叶 1 心，要求 0℃以上的积温 600～650℃；弱春性品种要达到 5 叶至 5 叶 1 心，要求 0℃以上的积温 500～550℃；半冬性品种播种时要求日均温稳定通过 14～16℃，弱春性品种 12～14℃。

5. 播量

应根据品种的特征特性、土壤肥力水平、整地质量、土壤墒情和播种时间来确定。凡墒情充足，又能做到精耕细作的高水肥地块，一般半冬性品种亩播量8~10千克，基本苗15万~20万，弱春性品种亩播量10~12千克，基本苗20万~22万。若播种时底墒稍差、因灾延误播期或整地质量差，应适当加大播种量。一般每晚播3天，加大播种量0.5千克，亩播量最大不超过15千克。为确保小麦安全生产，预防后期倒伏和病虫害严重发生，一定要克服盲目加大播量的现象。

6. 播种方式

合理的播种方式可以协调群体与个体之间的矛盾。目前小麦播种方式主要有条播、撒播两种，条播又分为等行距条播和宽窄行条播。

条播：条播落籽均匀，覆土深浅一致，出苗整齐，中后期群体内通风、透光较好，便于机械化管理，是有利于高产和提高工效的播种方法。一般采用等行距（20~22厘米）或宽窄行（24厘米×16厘米）播种，或采取宽幅播种方式（播幅宽8厘米，行距22~26厘米）播种。

撒播：多用于土质黏重、整地难度大的腾茬较晚的麦棉套作地区，有利于抢时、抢墒、省工，个体分布与单株营养面积较好，但种子入土深浅不一致。整地质量差时深籽、露籽，成苗率低，群体整齐度差，中后期通风透光差，田间管理不方便。

机械作业麦田要求播种机行走速度5千米/小时，确保下种均匀、深浅一致，不漏播、不重播，覆土严实，地头地边播种整齐。旋耕和秸秆还田的麦田，播种时要用带镇压装置的播种机随播镇压，踏实土壤，确保顺利出苗，提高抗旱、抗寒能力。与经济作物间作套种还应注意留足留好预留行。

7. 播种深度

播种深度以3~5厘米为宜，在此深度范围内，应掌握沙土地宜深，黏土地宜浅；墒情差的宜深，墒情足的宜浅；早播的宜深，晚播的宜浅的原则。播种过深，幼苗出土困难，苗质差、分蘖少、缺位严重，易感病。播种过浅，种子易落干，抗旱、抗寒、抗倒能力差。

8. 播后镇压

在秋季干旱、墒情较差的情况下，小麦播后适当镇压，能压碎土块，压实土壤，使种子与土壤紧密结合，有利于小麦苗齐、苗匀、苗壮。播后镇压的时间依土壤墒情而定，一般情况下可以随播随压，若土壤过湿、播后未压，在苗情将出土时不宜镇压。

（三）苗期生育特点与田间管理

小麦苗期是指小麦从出苗到起身期的一段时期，苗期管理具体包括出苗期、3 叶期、分蘖期和越冬期 4 个生育时期的管理。

1. 苗期生育特点

此阶段小麦以营养生长为主，即长根、长叶、分蘖发生，并开始幼穗分化。播后 6~7 天出苗，出苗半月后开始分蘖，11 月上中旬进入第一次分蘖盛期，越冬时结束，单位面积穗数主要决定于这一时期；初生根不断伸长，分蘖发生，次生根随分蘖发生而发生；茎节分化完毕，但不伸长；近根叶数不断增多，叶面积逐渐增大；该阶段春性品种幼穗分化处于二棱期，冬性、半冬性品种处于二棱初期或单棱期。

（1）壮苗的标准。冬前壮苗的个体形态指标：一是苗龄适宜、分蘖多，春性品种主茎 6 叶，具有 4~5 个分蘖（含主茎）；半冬性品种 7 叶，具有 7~8 个分蘖。二是根系发达，单株次生根 10 条以上，叶色正绿。三是长相敦实，株高 20~25 厘米，一般不超过 27 厘米，最上一个叶枕间距在 1 厘米以内。

（2）壮苗群体指标。冬前总茎数为成穗数的 1.5~2.0 倍，高产田春性大穗型品种每亩总蘖数为60万~70万头，半冬性品种80万~90万头，具有3片叶以上的大蘖占45%以上；中产田春性品种为50万~60万头，半冬性品种为60万~70万头。

2. 冬前苗期田间管理

（1）查苗补种，疏密补稀。小麦出苗后及时查苗补种，缺苗在15厘米以上的地块要及时催芽开沟补种同品种的种子，墒情差时在沟内先浇水再补种，补种措施一般应在出苗后10天以内完成，最晚不超过3叶期；也可采用疏密补稀的方法，移栽带1~2个分蘖的麦苗，覆土深度要掌握上不压心，下不露白，并压实土壤，适量浇水，保证成活。对浇蒙头水后或播后遇雨的板结麦田，应在土壤干湿适宜时疏松表土以利于出苗。

（2）破除板结，控制旺长。一是冬季中耕，小苗、弱苗要浅锄，以免伤苗和埋苗；旺苗可适当深锄，损伤部分根系，起到蹲苗及控制无效分蘖的作用。播后未进行化除的麦田，此期应进行化学除草。二是镇压，旺长麦田可以通过冬季镇压抑制幼苗生长，蹲苗促壮。镇压时间在分蘖后到土壤结冻前的晴天中午前后进行。弱苗轻压、少压，土壤过湿、有露水、土壤封冻等情况及3叶前不宜镇压。

（3）适时冬灌，保苗越冬。冬灌必须适时、适量，冬灌时间掌握在夜冻日消、平均气温下降到3℃左右时为好。农谚“不冻不消，灌溉过早；只冻不消，灌溉晚了；夜冻昼消，灌溉正好”，形象地说明了冬灌的时间。若灌水过早，气温高，地面蒸发量大，减弱了冬灌蓄水保温的作用，同时易造成麦苗生长过旺，造成冻害；若冬灌过晚，土壤冻结，水难下渗，地面结冰，易死苗。冬灌的水量不宜过大，但要灌透，以灌后当天全部渗入土内为宜。对无分蘖或分蘖过少的麦田，可以不灌水，以免造成冻害。冬灌后，必须适时松土，避免因土壤板结发生龟裂为害，晚麦尤其注意。这项技术措施除保墒、防止土壤板结龟裂和通气外，还可提高0~10厘米处地温1℃左右，有利于促苗生长，确保小麦带绿越冬。

（4）因苗制宜，分类管理。

弱苗管理：对于因地力、墒情不足等造成的弱苗，要抓住冬前有利时机追肥浇水，一般每亩追施尿素 10 千克左右，并及时中耕松土，促根增蘖。

晚播弱苗：冬前可浅锄松土，增温保墒，促苗早发快长，这类麦田冬前一般不宜追肥浇水，以免降低地温，影响发育。

旺苗管理：对群体偏大，有拔节旺长趋势，以及植株偏高的麦田，应于冬前（12 月上旬）及时进行深中耕，深度以 7~10 厘米为宜。也可用化学调控方法进行，一般亩用 15%多效唑 30~40 克或壮丰安 30~40 毫升加水 50 千克进行喷雾防治，抑制其生长。

壮苗管理：对冬前正常生长的壮苗，单株分蘖 3~4 个，单株次生根 5 条以上，亩群体 70 万左右的壮苗，可只中耕除草，不施肥浇水。

苗肥及分蘖用肥量应考虑土壤肥力、基肥种类和数量、苗情指标等而定，一般占总用肥量的 1/3 左右，以人畜粪水、速效氮肥为主，并配合适量磷肥。如果基肥不足，分蘖肥可以腐熟有机肥为主，并结合中耕培土，将肥料埋于根际，还有冬肥春用的作用。

镇压耧划，防御冻害：小麦冻害和致死的主要原因有细胞结冰和土壤冻融，若幼苗较弱、温度过低、土壤水分过少，也已发生冻害。

冻害防御措施：选育抗寒耐冻品种，适期播种；培育冬前壮苗，增强麦苗自身抗冻能力；合理镇压、中耕、培土；在低温之前进行覆盖、熏烟、冬灌等。冻害发生后，对部分叶片被冻坏的麦苗，立即追施速效肥水，促使麦苗恢复生长。至返青前要轧麦 1~2 次，轧碎坷垃，使土壤细碎、紧实，有利于消除板结、龟裂，保温保墒，防止土壤漏风；若过晚，叶片受冻，操作难度大，效果较差。

化学除草：对杂草严重的麦田，在小麦3叶1心后，即11月中下旬，应进行一次化学除草。可根据田间优势杂草种类，选择适宜的除草剂，使用除草剂时一定要严格按照标准操作，切记随意加大用量，以免造成药害。

（四）中期麦田管理

从起身（开始拔节）至抽穗、开花期间的麦田管理为中期管理。中期阶段，小麦生长发育速度最快，形成和出现的器官最多。从产量要素的形成来看，此阶段单位面积成穗数和平均穗粒数基本确定，所以，此期是产量形成的关键时期，也是管理的关键时期。

1. 中期管理目标

塑造合理株型，争取壮秆大穗。理想的株型应该是：旗叶小而上举，穗下节长，基部节间短、粗壮，株高适中，有效分蘖占总分蘖的比例为一半左右，有效分蘖整齐度高，单株间相互影响小，利于发挥群体的生长优势，提高产量。株型指标方面，旗叶大小和态势、基部节间发育情况和穗下节长度是较重要的性状；旗叶过大、下披，影响下部叶的受光，并使单位面积的穗容量受到限制；基部节间长，发育充实度低，对小麦抗倒伏不利；穗下节短，落黄不好。

正常状态下生长的小麦要尽量控制基部节间的过度伸长，主要的措施是起身期控制肥水，适当蹲苗。小麦春生叶片的大小可以判断小麦长势的强弱，通常情况下，春生第三、四叶大、稍甩开而不披是生长健壮的标志，预示着穗大粒多。叶片大而披是生长过旺的标志，这样的长势易发生倒伏。生产上应根据生长情况采取相应的促控措施。

（1）科学控制群体，获得合理穗数。小麦生长的中期阶段，分蘖先进一步增加，而后开始逐渐减少，进行两极分化，大分蘖成穗，小分蘖死亡，最后达到一定的数量。对于群体比较大，肥力水平较高的麦田，应控制肥水，否则易造成小分蘖死亡速度慢，和大分蘖争水争肥，引起田间通风不畅，基部发育不良，易造成后期的倒伏。对于群体较小的麦田，应加强水肥管理，促使更多的大分蘖成穗，保证较高的单位面积成穗。

（2）协调营养关系，增加穗粒数，提高小麦品质。小麦起身后，随着气温升高，植株生长速度明显加快，器官增多，生长量增大，光合产物不足以完全满足生长的需要时，小麦自身就会进行调节，保证一部分生长，其余部分生长缓慢，甚至停滞。此期如果管理不当，就会出现地上部分生长过旺、地下部分相对较弱、营养体过旺、穗粒数减少的现象。氮素营养多，茎叶生长快，最后形成植株高，叶片大，成穗粒数少，田间郁蔽，对抗倒伏不利，也不利于高产。

小麦生长的中期，穗的分化已经基本结束。在穗分化的过程中，小麦分化的小花数和小穗数远远大于最后的结实粒数，其中有相当一部分小穗和小花退化掉了。

强筋小麦生育后期的需要肥量高于普通小麦，但施肥时期应推迟到倒二叶露尖至旗叶展开这一段时间，此期追肥可增加穗粒数，提高面筋含量和质量。

2. 中期麦田管理措施

（1）麦苗诊断。中期的管理主要根据群体的大小和发展趋势采取相应措施，决定施肥浇水的时期和数量。对于群体总茎数过多的，无论个体生长壮或旺都要控制肥水，采取蹲苗措施；如果群体适宜，旺长麦田就蹲苗，控制旺长，以防基部节间过度伸长，后期植株过高，加重倒伏，但属于壮苗则不宜蹲苗；群体明显不足的麦田，一般不宜蹲苗。判断群体大小的标准是：开始两极分化时的适宜群体应是预计单位面积成穗数的 1.5～2.5 倍，高于这个指标为群体偏大，低于指标为群体偏小。对群体过大的麦田，蹲苗时间可以长点，蹲苗可达到两极分化的后期，至旗叶露尖；对于群体总茎数稍多或适宜、生长比较旺的麦田，蹲苗可达到两极分化的中期。

（2）蹲苗有两个作用。一是控制群体；二是降低株高防止倒伏。如果单是为了防止倒伏，要在基部第一节定长后就可进行肥水管理。防止倒伏也可以用镇压、深中耕等措施，此时镇压要视具体情况而定，尽早采取措施，如果基部节间已定长或长度比较长时最好不要镇压。另外，防止倒伏还可以用生长调节剂。此类生长调节剂大都是生长抑制剂，其对小麦的各个生长部位都有抑制作用，因此在使用时一定要根据调节剂的使用说明，合理掌握用量，否则很难达到预期的效果，调节剂的使用时期一定要掌握在小麦起身前，最好在返青期喷洒。在小麦拔节后需要使用抑制性生长调节剂的，要选用抑制作用比较温和的调节剂，但在小麦基部第一节间定长后就不要再喷洒抑制生长调节剂。

目前常用的抑制生长调节剂有多效唑（MET）、矮壮素（CCC）、缩节胺（DPC）等，其中多效唑的作用比较温和。

（3）施肥和浇水。小麦生长的中期阶段采取蹲苗措施，主要是调节群体结构，为小麦生长的后期阶段创造一个良好的群体结构和生长条件。而蹲苗后的施肥和浇水是非常重要的。

小麦的追肥一定要结合浇水进行。施肥、灌水量要大一些。根据近年来的研究，提出了采用“氮肥后移”的施肥新技术来增加每穗结实粒数，增强抗倒伏性能，提高肥料利用率和改善品质。技术的核心是：把全年计划施氮肥量分出一部分在春季追施，春季追肥的时期也是要根据群体状况向后推移。追肥的比例一般在全生育期施氮肥量的40%~60%。这项技术运用的前提是，土壤要有一定的肥力基础，减少底氮肥量不影响小麦前期的生长，主要在高产田利用。对肥力基础较差的麦田，首先要保证小麦前期的正常生长，形成应有的群体数量，然后再考虑追肥。

优质小麦在灌浆期间，不是特别干旱一般不浇水，因此，此次灌水量要适当大一些，使小麦在相当一段时间内不至于因干旱影响生长。春季可视小麦苗情和墒情，采取一次或分两次施肥和浇水。

（五）后期麦田管理

从抽穗、开花至成熟期的麦田管理为后期管理。此时期常有干旱、高温、干热风、冰雹、连阴雨等灾害性天气，还常有病虫害，造成小麦千粒重不稳，年际间变化大，影响商品性能和品质。后期管理要围绕防灾、减灾这条主线，以养根护叶，防止早衰为目标，最终实现保花增粒、提高粒重、提高品质、增加产量的目的。

1. 适当控制水分

小麦进入乳熟期，是叶片制造光合产物和茎秆贮存的氮化物向子粒快速运送期，也是产量和品质形成的高效期。小麦乳熟期至收割阶段，适当控制浇水可提高小麦的光泽度和角质率，明显减少“黑胚”现象，也可使籽粒蛋白质含量有所提高，并延长面团稳定时间，而对产量影响不大。因此，在拔节后只要保证一次较充足的灌水，完全可以满足灌浆前期对水分的需要，后期控水就不会影响产量，同时还可防止浇水后遇到大风出现大面积倒伏。所以，除非在特别干旱以致严重影响产量的情况下，在小麦抽穗后一般不再浇水。习惯上浇麦黄水主要是为下茬的播种作准备，后期浇水还会使土壤通气性降低；如果浇水后遇到高温天气，会加速小麦的死亡。

2. 叶面喷肥及化学调控相结合

叶面喷肥主要是喷氮素化肥，常用的是高质量的尿素。可于开花期和灌浆期分别用 1 千克尿素配成 1%～1.5%溶液喷洒。喷洒的主要目的是增加叶片的氮素营养，延长叶片的功能期，提高籽粒品质。另外还可喷洒天丰素、磷酸二氢钾等，在扬花后5~10日内喷洒可增加粒重，提高角质率，并对延长稳定时间有一定作用。尿素也可与天丰素混合喷施。

3. 适时收获、单独收获及贮藏

小麦在蜡熟末期至完熟收获产量最高，品质最优。灌浆开始时植株绿叶面积大，籽粒呈绿色、体积小、含水量高，而后绿叶面积逐渐缩小，籽粒体积迅速达到应有的大小和形状，含水量随着灌浆进程逐渐降低，籽粒变硬、变黄显出籽粒固有的颜色，到蜡熟末期大部分籽粒变硬，含水量在20%左右，植株全部变黄，叶面干枯，到完熟期植株也干枯变脆，籽粒全部变硬，含水量降到15%左右。适时收获，预防穗发芽，人工收割的适宜收获期为蜡熟末期，采用联合收割机的适宜收获期为完熟初期。若收获期有降雨天气，应适时抢收，预防穗发芽和“烂场雨”，确保丰产丰收。

从提高品质的角度出发，在乳熟期到完熟期之间收获最好。种植优质专用小麦的区域，要注意分品种单收、单晒、单储。良种繁育麦田要注意在收获前去杂去劣，保持种子纯度。

第三节　小麦“三节一控”高产栽培技术

小麦“三节一控”高产栽培技术，是指围绕“节种、节肥、节药、控水”，生产中推广的小麦精量半精量播种高产栽培技术、小麦测土配方施肥技术、小麦节药绿色栽培技术和小麦控水栽培技术。

一、小麦精量及半精量播种高产栽培技术

小麦精量及半精量高产栽培技术：小麦精播、半精播高产栽培技术，是一项在土壤地力、肥力较好的条件下，高产、稳产、低耗、经济效益高和生态效应好的栽培技术，是当前小麦

生产上重点推广的一项增产技术。它是在高肥水条件下，实行较低密度的精量、高质播种技术，半精播要求 13 万～18 万株/亩基本苗，精播 8 万～13 万株/亩基本苗，依靠分蘖成穗为主，并运用综合配套栽培技术，构建合理群体，促进穗足、穗大，粒多、粒重、高产，是以“低群体，壮个体”夺取小麦高产的新途径。

精量、半精量播种栽培技术应充分体现土壤肥力高、行距要宽、选大穗大粒型品种、稀植、浅播、足墒下种、苗齐苗匀。实行精播种，能降低生产成本，一般可亩节省小麦良种 4～5 千克，亩增产小麦 50～100 千克。

（一）理论基础

1. 改善田间光照条件，个体发育健壮

能有效解决高产与倒伏的矛盾，精播、半精播由于群体较小，群体内的光照条件优于常规栽培，中部叶片制造的光合产物多，有利于茎秆充实，个体发育健壮；又由于精播肥水促控合理，基部第一节、第二节间较短，表现了较强的抗倒伏能力。

2. 改善光合性能和同化物的分配

大播种量、大群体光合速率上升快，高峰期来得早，后期下降迅速。而小麦精播，播种量少，基本苗少，群体光合速率最大值出现得偏晚，有利于后期群体光合速率的提高和保持较高水平，增加了碳水化合物的制造和积累，向穗部分配的比例大，有利于籽粒灌浆，增加穗粒数和提高粒重。

3. 根系发达，增强了根系的吸收能力

据研究，单株成穗数与它的次生根条数呈正相关，这是精播小麦个体发育较好的原因之一。精播小麦单株具有较多的次生根，根系发达，生活力旺盛，吸收力强，能提高肥水利用率，降低肥水消耗。研究证明，在精播条件下，每生产 100 千克籽粒所吸收的氮、磷显著低于中、高产条件下传统栽培条件下所

吸收的氮、磷数量。

（二）合理的群体结构

精播的合理群体结构动态指标是：基本苗8万~12万株/亩，冬前总分蘖数50万~60万个，年后最大总分蘖数60万~70万个，最大不超过80万个；中穗型品种成穗数要求在40万/亩左右，范围35万~45万穗，多穗型品种成穗数50万穗左右。叶面积系数冬前为1.0左右，起身期为2.5~3.0，挑旗期为6.0~7.0，开花期、灌浆期为4.0~5.0。

（三）技术措施

1. 土壤肥力基础要高

必须选择土壤肥力较高的田块，保证在精播条件下建立合理的群体结构，根系发达、生活力旺盛，促使单株分蘖增多，提高成穗率，从而获得高产。

2. 选择优良品种

高产栽培应选用单株分蘖力强、成穗率高、大穗大粒、株型紧凑、抗病抗倒、抗逆性强、丰产性好的品种，有利于高产稳产。如周麦32、周麦28、百农207、众麦1号、郑麦7698等都是分蘖能力强、穗大、粒多，稳产高产、多抗广适、优质高效品种。

3. 进行种子处理

俗话说“好种出好苗，苗好产量高”。小麦播种前用精选机选种或风选筛选，清除秕粒、破烂、病粒及杂质，对选好的麦种进行包衣处理或药剂拌种（用杀虫剂和杀菌剂混合拌种），以防治地下害虫和苗期病虫害。特别是对有全蚀病发生的麦田，一定要进行种子处理。

4. 精耕细作

精耕细作，做好播前准备，搭好高产架子。精播麦田要尽量做到早秋收，早腾茬，在施足底肥的基础上（底肥以有机肥为主，配合施用磷钾肥和氮肥，一般亩施优质土杂肥 4 500~5 000千克、氮肥 30～35 千克、磷肥 40～45 千克、钾肥 10～15 千克），应早整地，深耕、细耕，保证做到深耕深翻，加深耕作层；耕透耙透，无明暗坷垃；及时灭茬，拾净根茬草；上不板结，下不翘空；底墒要足，以提高土壤蓄水、保肥及抗旱涝灾害能力。

5. 控制播量

播量准确是保证计划基本苗数，争取单株多成穗，使个体发育健壮，提高群体的透光性打好合理群体结构的基础。精播麦田亩播量一般 4~6 千克，基本苗 8 万～12 万株。半精播麦田亩播量 6~8 千克，基本苗 13 万～16 万株。

6. 适期播种，提高播种质量

在适宜播种期内播种，能增加积温，延长小麦的第一个分蘖高峰，播种期是否适宜是培育小麦冬前壮苗的关键，种早容易造成小麦徒长，形成冬前群体过大，还容易遭受冻害；种晚冬前苗龄过小，分蘖不足，根系不发达，形成弱苗。播期一般掌握在日平均气温 14～18℃ 时期内，并保证麦苗冬前日积温 600～700℃。

7. 加强冬、春田间管理

在田间管理上，应遵循“冬前促，返青控，拔节、孕穗增粒重”的原则，通过加强冬、春田间管理，有效地促进单株生长发育，使群体与个体间最佳结构发展。

重点抓好以下环节。

（1）防治地下害虫，确保全苗。发现缺苗断垄要及时查苗补缺。

（2）深锄断根。深耕锄断根具有断老根、发新根、深扎根、促进根系发育，控制无效分蘖，促进大蘖生长，提高分蘖成穗率，防止群体过大而造成麦苗旺长和倒伏的作用。其次深锄还有改善土壤理化性质，增温保墒和消灭杂草的作用。

（3）合理追肥灌水。适时灌水，拔节期及时追肥，以争取穗大粒多，获得高产。施肥方法：氮素化肥的50%作基肥，其余作追肥，磷、钾、锌肥及有机肥全部基施。推广化肥深施技术及“氮肥后移”技术，追肥时间推迟到拔节、孕穗期前后。晚茬麦追肥可提前到返青期。大力推广秸秆还田技术，每亩还田秸秆200~300千克。

（4）抓好中后期病虫害防治，确保丰收。

二、小麦控水栽培技术

黄淮海平原水资源相对紧缺，年降水量少，时空分布不均，且主要集中在夏季，小麦生长季节耗水量大，高产麦田需水量的70%~80%依靠灌溉补充。小麦一生通常需要灌水4~5次，每亩总灌溉量200立方米，许多地区主要靠地下水来维持小麦正常生长，因此，推广小麦控水栽培技术意义重大。

小麦水分的来源有三个方面：一是土壤蓄水；二是自然降水；三是人工灌溉。为了充分利用水资源，就要提高农业水分综合利用效率，主要有两大途径：一是通过各种水文、工程等措施将更多的水资源转化为作物的蒸腾用水；二是通过调节农艺措施，更多地依靠植物生理调节提高蒸腾用水的利用效率，这依赖于作物品种的改良以及作物栽培措施的改进。因此通过改变栽培技术措施，是实现小麦节水栽培的主要途径。

多年生产试验示范证明，小麦的根系带分布在土壤水层，高产麦田以消耗土壤水为主，而不是以消耗灌溉水为主。节水栽培措施，主要包括选用节水抗旱品种、确保足墒播种、秸秆还田、科学施用底肥、精细整地五项措施，这是小麦节水高产的基础。

根据小麦需水规律，应采用“前足、中控、后保”灌溉原则，“前足”即底墒足；“中控”即越冬至起身期要控，因苗制宜推迟春一水时间，减少春季浇水次数；“后保”即保证小麦生长后期的水分供给。为此第一水在起身末拔节初实施，第二水在拔节中后期或孕穗期，第三水在抽穗扬花期。

（一）技术要点

1. 选用早熟、耐旱、穗容量大、灌浆强度大的对路品种

熟期早的品种可缩短后期生育时间，减少耗水量，减轻后期干热风为害程度。容穗量大的多穗型或中间型品种利于调整亩穗数及播期，灌浆强度大的品种籽粒发育快，结实时间短，生产较平稳，适合应用节水高产栽培技术。

除了考虑品种的区域适应性外，还要注意，选用早熟、株型紧凑、叶片较小、容穗量大、根系发达、抗病性好的品种。避免选择那些叶片肥大的品种，因为叶片大，蒸发量就大，需水需肥量就大。

2. 足墒播种

足墒播种，是免浇冻水和实现返青期、起身中前期控水的前提。所以，小麦播前一定要保证底墒。只有底墒充足的地块，才可以在以后源源不断地给小麦供给水分。

3. 秸秆还田

玉米秸秆还田不仅可以培肥地力，改善土壤的通透性、适耕性，减少板结，提高土壤有益生物活性及氮磷钾等养分的有效性，还能大大增强麦田的蓄水保墒能力。因为秸秆还田改善了土壤的团粒结构，使土层更能蓄水。秸秆还田覆盖地表还可以显著降低麦田棵间的无效蒸发。在秸秆还田时，秸秆粉碎一定要细。粉碎完后，既可以用能播肥的小麦免耕播种机直接免耕播种，也可以采用较传统的方式，先撒施底肥，然后耕地播种。

4. 适当晚播

早播麦田冬前生长时间长，耗水量大，春季时需早补水，在同等用水条件下，限制了土壤水的利用。晚播麦以不晚抽穗

为原则，越冬苗龄3叶是个界限，生产上以苗龄3.0~4.5叶为晚播的最适时期。

5. 科学施用底肥

俗话说："肥是庄稼宝中宝，小麦没它长不好""有收无收在于水，收多收少在于肥""底肥施足麦苗壮，底肥不足麦苗黄"。因此，要想取得小麦的节水高产，就一定做到科学施肥。

6. 早春管理

返青至拔节期这一时期是决定小麦植株高低、光合叶面积大小、穗数和穗粒数多少的关键时期。管理上要依据气候特点、苗情、土壤墒情，科学管理，区别对待，具体要把握几点。

（1）根据苗情确定早春管理措施和水肥管理时机。亩茎数80万以上的正常麦田不需要浇返青水。这类麦田应力求提高年前分蘖质量，控制春生分蘖，促进根系发育，培养壮秆大穗。起身后期至拔节初期再浇水追肥，浇地前一般亩施尿素15千克。高产麦田浇水过早，不仅费水、不能提高产量，还极易造成麦田郁闭、加重白粉病、锈病发生，同时也会使后期倒伏的危险性大大增加。

（2）亩茎数在50万~60万的晚播麦田，浇水时间可适当推迟。这类麦田发育晚、蘖少、根小，采取的措施要重点针对提高地温、促进返青。因为浇水不利于提高地温，所以浇水要推迟到返青中后期。春季墒情好、底肥足时也可延迟到起身初期。

（3）冬前旺长、冬后脱肥苗、黄苗和受冻害、旱灾严重的麦田要及时进行浇水。这类苗田在气温平稳回升到3℃左右时，并结合浇水每亩施尿素5~10千克，并且要一促到底，到拔节期再浇一水，同时再每亩追尿素15千克。

（4）根据气候、土壤墒情和水利条件确定水肥管理时机。如果遇到冬春季干旱，土壤墒情较差，一般麦田应在起身期浇第一水。对于水利条件较差的地区，灌水时机可适当提前。

需要注意的是，一般高产麦田冬后追肥时，每亩追施尿素

15 千克最为合适。如果追肥过多，既容易造成后期田间郁闭，加重白粉病、锈病为害，又容易引起倒伏，还可能造成贪青晚熟而减产。

由于水肥效应存在互补关系，施肥量充足，利于小麦节水，因此要实现春季控水节水，还需注意做好早春锄划。锄划不仅可以破坏土壤水分蒸发的毛细管通道，降低土壤水分蒸散，还可以提高地温，促进早返青。

7. 灌浆期

这期间缺水会严重影响产量，因此如果天气干旱的话要及时浇水 1 次。灌浆期如需浇水，浇水日期最晚不应迟于麦收前的 15 天，过晚灌水增产效果不明显，还容易引起倒伏。另外，浇水不要在大风的天气下进行，这样做最容易导致小麦的倒伏。

三、小麦测土配方施肥技术

（一）小麦需肥规律与缺素症补救

1. 小麦需肥规律

小麦对氮、磷、钾的吸收量，随着品种特性、栽培技术、土壤、气候等而有所变化。产量要求越高，吸收养分的总量也随之增多。小麦在不同生育期，对养分的吸收数量和比例是不同的。小麦对氮的吸收有两个高峰：一是在出苗到拔节阶段，吸收氮占总氮量的 40%左右；二是在拔节到孕穗开花阶段，吸收氮占总氮量的 30%~40%，在开花以后仍有少量吸收。小麦对磷、钾的吸收，在分蘖期吸收量约占总吸收量的 30%，拔节以后吸收率急剧增长。磷的吸收以孕穗到成熟期吸收最多，约占总吸收量的 40%。钾的吸收以拔节到孕穗、开花期为最多，占总吸收量的 60%左右，到开花时对钾的吸收最大。

因此，在小麦苗期，应有适量的氮素营养和一定的磷、钾肥，促使幼苗早分蘖、早发根，培育壮苗。拔节到开花是小麦一生吸收养分最多的时期，需要较多的氮、钾营养，以巩固分蘖成穗，促进壮秆、增粒。抽穗、扬花以后应保持足够的氮、磷营养，以防脱肥早衰，促进光合产物的转化和运输，促进小麦籽粒灌浆饱满，增加粒重。

小麦植株在一生中对氮磷钾的吸收总量、不同生育时期对氮磷钾的吸收量以及在植株不同部位的分配因各地自然条件、产量水平、品种特性、栽培措施的不同有所不同。但有一定的规律性。一般每生产 100 千克小麦籽粒，植株需要从土壤中吸收纯氮 2.75 千克左右、磷（五氧化二磷）0.95 千克、钾（氧化钾）2.45 千克，随着小麦产量提高，对氮磷钾的吸收比例有了相应提高。氮、磷主要集中于籽实中，分别占全株总含量的 76%和 82.4%，钾则主要集中于茎秆，占全株总含量的 70.6%。

（1）小麦对氮的吸收。小麦在生育期内对氮的吸收有两个高峰：一个是从分蘖到越冬，麦苗虽小，但吸氮量却占全部吸氮量的 12%~14%；另一个是拔节到孕穗，这个时期植株迅速生长，需要量急剧增加，吸氮量占总吸收量的 35%~40%，是各生育时期中吸肥最多的时期。因此保证苗期氮素供应，可促进冬前分蘖，有利于培育壮苗。但也不能施氮肥过多，过多会使分蘖生长过猛，出现旺长，易造成群体大、个体差。在拔节至孕穗期满足氮素供应，可弥补基肥的养分经前期消耗而出现的不足，提高成穗率，巩固穗数，促进小花分化，防止小穗退化，增加穗粒数，延长绿叶的功能期，提高光合强度，增加有机物质积累，为小麦灌浆创造良好条件。

（2）小麦对磷的吸收。小麦对磷的吸收高峰出现在拔节至扬花期。这个时期吸收磷量可达小麦总吸磷量的 60%~70%。此时保证充足的磷素供应，对小穗小花分化发育以及促进碳水化合物和含氮物质的转化、积累、灌浆成熟、增加千粒重十分重要。小麦返青以前虽需磷量较少，冬前小麦的吸磷量只占总吸收量的 9%~10%，但此时磷素对小麦分生组织的生长分化影响很大，对生根、增叶分蘖均有显着效果，此时保证磷素供应还可明显增强小麦的抗寒、抗旱能力，对于小麦的安全越冬具有重要意义。因此在小麦播种前要施足磷肥做底肥。

（3）小麦对钾的吸收。小麦对钾的吸收，在拔节前吸收量较小，一般不超过吸收量的10%。拔节至孕穗期是小麦需钾最多的时期，此时吸钾量可占总吸收量的60%~70%，是小麦吸钾速度的最高峰，是钾肥的最大效率期。此时保证充足的钾素供应，可使小麦植株粗壮、生长旺盛、有利于光合产物的运输，加速籽粒灌浆。开花至成熟期反而出现了根外排钾现象，植株含钾总量反而降低。

2. 小麦缺素症状表现

小麦缺素症主要表现为缺氮、缺磷、缺钾、缺锌、缺硼、缺锰、缺铁、缺铜8种。现将小麦缺素症状表现、原因和补救措施介绍如下。

缺氮：植株矮小瘦弱，生长缓慢，分蘖少而弱，次生根数目少，叶片上冲狭窄稍硬，叶色淡黄，下部叶片从叶尖变黄干枯，并逐渐向上部叶片发展，严重时全叶干枯，植物死亡，根系不发达，根数少而短，穗少穗小，群众称为蝇子头，成熟期提前，产量低。

缺磷：植株矮小暗绿无光泽，严重缺磷时叶片、叶鞘发紫（这是识别小麦缺磷的典型症状），根系发育受到严重抑制，次生根少而弱，分蘖少，成穗率低，抽穗、开花期延迟，花粉的形成和受精过程受到影响，灌浆不正常，千粒重降低，品质差。

缺钾：植株矮小，生长迟缓，茎秆矮、细而且脆弱，机械组织、输导组织发育不良，后期易引起倒伏。初期下部老叶类端变黄，随后变褐，呈褐斑状，并逐渐向全叶蔓延，但叶脉与叶片中部仍保持绿色，呈烧灼状，严重时下部叶片枯死，根系发育不良，抽穗和成熟期明显提前，穗小粒少，灌浆不良，品质劣。

缺锌：苗期缺锌叶片失绿，心叶白化，中后期缺锌节间缩短，植株矮小，中部叶片扭曲或干裂皱缩，叶脉两侧褪绿变黄，呈黄白色相间的条纹，根系变黑，抽穗、扬花期推迟，小花小穗松散，空壳多，秕粒多，千粒重下降。

缺硼：茎叶肥厚、弯曲，叶呈紫色，顶端分生组织死亡，形成“顶枯”，开花持续时间长，缺硼严重时会出现空穗。

缺锰：表现出叶片柔软下披，新叶脉失绿，由黄绿色变黄色，严重缺锰时，植株枯败直至死亡，轻者下降产量与品质，重者颗粒无收。小麦常因缺锰而患灰斑病。

缺铁：在小麦幼苗期发现叶脉失绿黄化，逐渐整叶失绿叶片呈黄白色时，即为缺铁表现。

缺铜：当小麦叶片尖端变白，边缘呈黄灰色时，即为缺铜表现。严重的可阻碍抽穗扬花。

3. 小麦缺素症的补救措施

缺氮麦田：苗期、返青期缺氮，每亩可追施尿素 7~8 千克，或者碳铵 20~25 千克，或人粪尿 600~700 千克在行间沟施或加水浇施。后期每亩可用 50~60 千克 1%~2%的尿素溶液进行叶面喷施。

缺磷麦田：苗期每亩可追施过磷酸钙 20~30 千克，在行间沟施或加水浇施，或者每亩用磷酸二氢钾 150~200 克，加水 75 千克喷施。中后期缺磷，在孕穗扬花初期每亩可用 50~60 千克 0.3%~0.4%的磷酸二氢钾溶液进行叶面喷施，间隔 7~10 天，连喷 2~3 次。

缺钾麦田：苗期每亩施用 10 千克氯化钾或 50 千克草木灰，在孕穗扬花初期可喷施 0.3%~0.4%的磷酸二氢钾溶液。

缺锌麦田：苗期每亩追施硫酸锌 1 千克或喷施 0.2%的硫酸锌溶液 2~3 次。

缺硼麦田：苗期和拔节期用 0.1%~0.2%的硼砂溶液进行叶面喷施。每隔 7~10 天 1 次，连喷 2~3 次。可亩用硼砂 0.3 千克或硼酸 0.2 千克与氮、磷、钾混合追施。也可亩用 150~200 克硼砂加水 50~60 千克叶面喷施，一般在小麦苗期、始穗期各施 1 次。

缺锰麦田：每亩可施硫酸锰 1 千克，或叶面喷施。0.1%~0.2%浓度的硫酸锰液 2~3 次。

缺铁麦田：可亩用 0.75%~0.90%的硫酸亚铁溶液叶面喷施 2~3 次，效果良好。

缺铜麦田：防治方法是亩用 1~1.5 千克硫酸铜做基肥，若基肥没用的，则可在拔节期亩用 0.03%~0.04%的硫酸铜溶液进行叶面喷施 2~3 次。

（二）小麦科学配方与施肥技术

1. 小麦的测土施肥配方

增施有机肥。有机肥和化肥相比较，具有养分全面、改善土壤结构等优点，因此说保证一定的有机肥用量是小麦丰产丰收的基础，一般亩用有机肥 2 000~2 500千克，多用更好。

稳氮、增磷，稳钾肥。配方施肥方案，具体施肥指标如下。

（1）基追结合施肥方案。

推荐配方：18-15-10（$N-P_2O_5-K_2O$）或相近配方。

施肥建议：产量水平 350~450 千克/亩，配方肥推荐用量 28~36 千克/亩，起身期到拔节期结合灌水追施尿素 9~12 千克/亩；产量水平 450~600 千克/亩，配方肥推荐用量 36~47 千克/亩，起身期到拔节期结合灌水追施尿素 12~16 千克/亩；产量水平 600 千克/亩以上，配方肥推荐用量 47~55 千克/亩，起身期到拔节期结合灌水追施尿素 16~19 千克/亩。

（2）一次性施肥方案。

推荐配方：25-12-5（$N-P_2O_5-K_2O$）或相近配方。

施肥建议：产量水平 350~450 千克/亩，配方肥推荐用量 39~50 千克/亩，作为基肥一次性施用；产量水平 450~600 千克/亩，配方肥推荐用量 50~67 千克/亩，作为基肥一次性施用；

产量水平 600 千克/亩以上，配方肥推荐用量 67~78 千克/亩，作为基肥一次性施用。小麦配方肥与一般复合肥相比较其主要好处一是养分含量有保证，保证达到国家标准；二是配比合适，适合当地实际情况和小麦需要。

2. 测土施肥方案

要做到配方施肥必须先进行取土化验，测定土壤中养分含量，再根据小麦品种、产量水平、计算出施肥量。

（1）氮肥施用量。低产田（亩产小于 450 千克，土壤有机质含量小于 14 克/千克），小麦全生育期亩施纯氮 12.5 千克（折合尿素 27 千克）；中产田（亩产 450~500 千克，土壤有机质含量 14~15 克/千克）亩施纯氮 12.5~14 千克（尿素 27~30 千克）；高产田（亩产 500~550 千克，土壤有机质含量 15~16 克/千克）亩施纯氮 14~15 千克（尿素 30~32 千克）；超高产田（亩产 600 千克以上）亩施纯氮不要超过 17 千克（折合尿素 37 千克）。

（2）磷肥施用量。土壤有效磷含量小于 8 毫克/千克，亩施五氧化二磷 7~8 千克（折合过磷酸钙 58~67 千克）；土壤有效磷含量 8~18 毫克/千克，亩施五氧化二磷 6~7 千克（折合过磷酸钙 50~58 千克）；土壤有效磷含量大于 18 毫克/千克，亩施五氧化二磷 6 千克（折合过磷酸钙 50 千克）。

（3）钾肥施用量。一般土壤速效钾含量大于 130 毫克/千克，低产田可以不施；土壤速效钾含量为 80~130 毫克/千克，可亩施氧化钾 2~4 千克（折合氯化钾 3~7 千克）；土壤速效钾含量小于 80 毫克/千克，可亩施氧化钾 3~5 千克（折合氯化钾 5~8.3 千克）。

（4）微肥施用量。缺锌、缺硼的地区可每亩底施硫酸锌 1 千克、硼砂 0.5 千克。

3. 冬小麦的施肥技术

（1）基肥施用。农谚说“麦收胎里富”，苗期有适量的氮素营养和磷钾肥，使麦苗早生快发，冬前有一定数量的健康分蘖，并为春后生长成穗、增粒、增重打下基础。底肥用量占施肥总量的60%~70%，一般亩施农家肥1 000~1 500千克，磷肥和有机肥混合施用，还可以提高肥效。如果是盐碱地上种小麦就不宜施用氯化钾，需改施用硫酸钾或硝酸钾。如果是施用复合肥，就按肥料所含氮磷、氮钾或氮磷钾数量计算施用。对于种麦季节较晚的晚茬麦或者底肥不足麦田，播麦时每亩可用2.5千克尿素做种肥，但碳铵容易挥发烧种，不宜用作种肥。

（2）追肥施用。有利于增蘖、增穗。春天麦苗返青后，根据苗情追肥，对旺苗麦田（叶形看上去像猪耳朵）可以不追施氮肥，防止氮多麦苗徒长，造成后期倒伏减产；对弱苗麦田（叶形看上去像马耳朵）应抓紧早追肥，每亩施尿素5~7千克，最好开沟深施盖土，不宜撒施，以防挥发损失。对长势较弱的麦田，小麦拔节时还要施肥，每亩可用尿素3~4千克，沟施或穴施，有条件时并配合浇水；对于壮苗麦田（小麦叶形看上去像驴耳朵），拔节期要控制肥水管理，预防倒伏。

（3）小麦生长后期进行叶面施肥。麦区受干热风为害造成减产。如果用0.2%浓度的磷酸二氢钾（每亩喷50千克肥液，用磷酸二氢钾100克左右）在抽穗扬花期喷1~2次，两次间隔时间为10天，可以促进小麦灌浆结实，并减轻干热风的为害。

4. 小麦氮肥后移高产栽培技术

在冬小麦栽培中，氮肥一般分为两次施用，第一次为小麦播种前的底肥；第二次为春季追肥。传统小麦栽培，有的一次底施，不再追肥；有的底肥占60%~70%，追肥占30%~40%，追肥时间一般在返青期至起身期；还有的在小麦越冬前浇冬水时增加一次追肥。上述施肥比例和时间使氮素肥料重施在小麦生育前期，在高产田中，会造成小麦生育前期群体过大，无效分蘖增多，中期田间郁闭，倒伏危险增大，后期易早衰，影响产量和品质，氮肥利用效率低。

氮肥后移技术将氮素化肥的底肥比例减少到 50%，追肥比例增加到 50%，土壤肥力高的麦田底肥比例为 30%~50%，追肥比例为 50%~70%；同时将春季追肥时间后移至拔节期，土壤肥力高的地片采用分蘖成穗率高的品种可移至拔节期至旗叶露尖时。

（1）技术效果。

①有效地控制无效分蘖过多增生，塑造旗叶和倒二叶健挺的株型；建立开花后光合产物积累多、向籽粒分配比例大的合理群体结构。

②提高小麦籽粒蛋白质和湿面筋含量，延长面团稳定时间，显着改善强筋和中筋小麦的营养品质和加工品质。

③提高生育后期的根系活力，有利于延缓衰老，提高粒重，较传统施肥增产 10%~15%。

④减少氮肥的流失，提高氮肥利用率 10%，减轻氮素对环境的污染。

（2）技术要点。

①小麦氮肥后移技术适用于肥水条件较好的高产麦田和优质专用小麦的田间管理。

②确定合理的底肥与追肥比例，施肥比重后移。氮肥后移技术将氮素化肥的底肥比例减少到 50%，追肥比例增加到 50%，土壤肥力高的麦田底肥比例为 30%~50%，追肥比例为 50%~70%。

③氮肥后移，指底追比例后移和春季第一肥水施用时期后移，分蘖成穗率低的大穗型品种由常规高产栽培的返青期或起身期后移至拔节初期，分蘖成穗率高的中穗型品种后移至拔节中期。

④春季追肥时间后移，建立两种分蘖成穗类型品种的合理群体结构和产量结构。一般情况下，春季追肥由返青期或起身期后移至拔节期；土壤肥力高的地块采用分蘖成穗率高的品种，

春季追肥可在拔节期至旗叶露尖时进行。

⑤注意及时防治小麦条锈病、白粉病、赤霉病、纹枯病，蚜虫；采用人工或化学的方法，防除杂草。

四、小麦节药绿色栽培技术

麦田常发生病害有纹枯病、锈病、白粉病、赤霉病、根腐病；虫害有地下虫（蛴螬、蝼蛄、金针虫）麦蚜、麦蜘蛛、吸浆虫。

按照“预防为主，综合防治”的植保方针，坚持以“农业防治，物理防治，生物防治为主，化学防治为辅”的无害化防治原则，同时在开展化学防治时以适时防治，精准用药为手段，实现降低农药用量。

（一）农业防治方法

1. 选用抗病虫品种

2. 制定合适的肥水管理、作物轮作和多样化间作、套种计划

3. 采用人工锄草、机械除草、热除草、覆盖和放牧动物等方法控制杂草

4. 深耕细耙、中耕等措施

（二）物理防治方法

1. 利用害虫夜间趋光性，在成虫发生期，利用黑光灯或其他灯光诱捕成虫

2. 对蚜虫用黄色粘虫板或黄色板条25厘米×40厘米其上涂上一层机油，每亩30~40块

3. 利用害虫的其他习性诱杀

如糖醋液诱虫盆诱杀地老虎成虫，其配制方法是：酒：水：糖：醋=1：2：3：4，每盆1~1.5千克对入总重1%的敌百虫。泡桐叶诱杀地老虎幼虫，于傍晚将泡桐叶置于垄间，每亩30~40片，上压土块，于早上到泡桐叶下捡拾幼虫。

（三）生物防治病虫

1. 利用害虫天敌以虫治虫，如田间施放瓢虫治蚜虫

2. 以菌治虫

利用苏云金杆菌等细菌、真菌、病毒、抗生素或原生物防治害虫。

3. 以菌治病

以井冈霉素、多抗霉素等农用抗菌素防治病害。

4. 针对病虫种类，对症下药

5. 合理施用化学农药

严格执行国家有着规定，禁止施用高毒、高残留农药。

6. 掌握正确的施药技术，包括准确用药量，交替轮换用药；选择适当施药方式

7. 加强病虫测报，经常查病查虫，掌握田间病虫发生情况，选择有利时机进行防治

第四节　晚播小麦应变高产栽培技术

晚播小麦应变高产栽培技术是在小麦播期推迟的情况下实现小麦高产的栽培技术。北方冬麦区一般把从播种至越冬前积温低于420℃播种的小麦称为晚播小麦或晚茬麦，这种小麦单株只有四片叶，有一个分蘖或无分蘖。

一、小麦晚播的原因

晚播小麦的成因有两种类型：一是由于前茬作物成熟、收获偏晚，腾不出茬口而延期播种，从而形成晚播小麦。在黄淮海麦区主要是瓜菜茬麦，其次是花生茬麦、红薯茬麦等。由于茬口晚，播期迟，从而形成晚播小麦。二是由于墒情不足等雨播种或降雨过多不得不推迟播期而形成晚播小麦。

二、晚播小麦的生育特点

（一）冬前苗小、苗弱

小麦从播种至主茎上形成5叶1心的壮苗约需0℃以上积温570℃，黄淮冬麦区习惯上把从播种至越冬前的积温低于420℃播种的小麦，称为晚播小麦或晚茬麦。冬小麦从播种至出苗需要120℃积温，生长一个叶片需75℃积温，晚播小麦冬前积温在420℃以下，长不足4片叶，形成晚播弱苗。11月底至12月上旬播种的小麦，多数年份只有一片叶出土；12月中下旬播种的小麦冬前一般不能出苗。

（二）春季生长进程快、时间短

据观察，同一品种在适期播种和晚播情况下，晚播小麦幼穗分化开始晚、时间短、发育快，到幼穗分化的药隔形成期可以基本赶上适期播种的小麦，并且播种越晚，穗分化时间越短。与适期播种的小麦相比，穗分化的差距主要在药隔期以前，药隔期以后逐渐趋于一致。由于晚播小麦分化时间短，发育较差，则不孕小穗相应增加，穗粒数也相应减少。

（三）春季分蘖成穗率高

由于晚播小麦冬前积温少，主茎叶片数少，冬前很少分蘖或基本上没有分蘖，但到春季随着温度的升高，分蘖增长很快，成穗率亦比适期播种的高。另外，由于晚播小麦的成熟期比适期播种的小麦推迟3~5天，有的年份在灌浆期易受干热风的为害，降低千粒重。

三、晚播小麦栽培技术

根据晚播小麦的生育特点，经过试验示范形成了一套综合性的栽培技术。其主要内容是：增施肥料，以“肥”补晚；选用良种，以“种”补晚；加大播种量，以“密”补晚；精细整地，造好底墒，提高播种质量，以“好”补晚；及时进行科学管理，促壮苗多成穗。它是一套以主茎成穗为主体的综合性的配套栽培技术。

（一）增施肥料，以肥补晚

由于晚播小麦具有冬前苗小、苗弱、根少、没有分蘖或分蘖少，以及春季起身后生长发育速度快、幼穗分化时间短等特点；并且由于晚播小麦与棉花、甘薯等作物一年两作，消耗地力大，棉花、甘薯等施用有机肥少；加上晚播小麦冬前和早春苗小，不易过早进行肥水管理等原因，必须对晚播小麦加大施肥量，以补充土壤中有效养分的不足，促进小麦多分蘖。多成穗，成大穗，创高产。应注意的是，土壤严重缺磷的地块，增施磷肥对促进根系发育，增加干物质积累和提早成熟有明显作用。因此，增施肥料，配方施肥是提高晚播小麦产量，降低生产成本，增加经济效益的重要措施，对提高小麦的抗旱、抗干热风能力也有重要作用。

晚播小麦的施肥方法要坚持以有机肥为主，化肥为辅的施肥原则。根据土壤肥力和产量要求，做到因土施肥，合理搭配。一般晚播小麦，可亩施有机肥 3 500~4 000千克、尿素 20 千克、过磷酸钙 40~50 千克。

（二）选用良种，以种补晚

实践证明，在黄淮海麦区晚播小麦种植弱春品种，阶段发育进程快，营养生长时间短，灌浆强度提高，容易达到穗大、粒多、粒重、早熟丰产的目的。

（三）加大播种量，以密补晚

晚播小麦由于播种晚，冬前积温不足，难以分蘖，春生蘖虽然成穗率高，但单株分蘖显著减少，用常规播量必然造成穗数不足，影响单位面积产量的提高。因此，加大播量，依靠主茎成穗是晚播小麦增产的关键。应注意根据播期和品种的分蘖成穗特性，确定合理的播种量。

（四）提高整地播种质量，以好补晚

1. 早腾茬，抢时早播

晚茬麦冬前、早春之所以苗小苗弱，主要原因是积温不足。因此，早腾茬、抢时间是争取有效积温，夺取高产的一项十分重要的措施。因此，要在不影响秋作物产量的情况下，尽力做到早腾茬、早整地、早播种，加快播种进度，减少积温的损失。为了促进前茬作物早熟，对棉花可于10月上旬喷乙烯利等催熟剂进行催熟，或于霜降前后提前拔棉花柴晾晒，力争早播种，争取小麦带蘖越冬。

2. 精细整地、足墒下种

精细整地不但能给小麦创造一个适宜的生长环境，而且还可以消除杂草。因此，前茬作物收获后，要抓紧时间深耕细耙，精细整平，对墒情不足的地块要整畦灌水，造足底墒，使土壤沉实，无明显坷垃，力争小麦一播全苗。如果因某种原因时间过晚，也可采取浅耕灭茬播种，以利于早出苗，早发育。

足墒下种是小麦全苗、匀苗、壮苗的关键环节，尤其对晚播小麦保全苗、安全越冬极为重要，因为在播种晚、温度低的条件下，种子发芽率低，出苗慢，如有缺苗断垄，则补种困难。因此，只有足墒播种才能苗全穗足、获得稳产高产的主动权。晚播小麦播种适宜的土壤湿度为田间持水量的70%~80%，最好在前茬作物收获前带茬浇水并及时中耕保墒，也可前茬收获后抓紧造墒及时耕耙保墒播种。如果为了抢时早播，也可播后立即浇“蒙头水”，待适墒时及时松土保墒，助苗出土。

3. 精细播种，适当浅播

采用机械播种可以使种子分布均匀，减少疙瘩苗和缺苗断垄，有利于个体发育。在足墒的前提下，适当浅播是充分利用前期积温、减少种子养分消耗，达到早出苗、多发根、早生长、

早分蘖的有效措施，一般播种深度以3~4厘米为宜。

4. 浸种催芽

为使晚播麦田早出苗和保证出苗具有足够的水分，播种前用20~30℃的温水浸种5~6小时，捞出晾干播种，可提早出苗2~3天。或者在播种前用20~25℃的温水，将小麦种子浸泡一昼夜，等种子吸足水分后捞出，堆成30厘米厚的种子堆，并且每天翻动几次，在种子胚部露白后，摊开晾干播种，可比干种提早出苗5~7天。

（五）科学管理，促壮苗多成穗

1. 镇压划锄，促苗健壮生长

根据晚播小麦的生育特点，返青期促小麦早发快长的关键是提高温度，管理的重点是镇压、划锄，对增温保墒，促进根系发育，培育壮苗，增加分蘖都具有明显的作用。

2. 狠抓起身期或拔节期的肥水管理

小麦起身后，营养生长和生殖生长并进，生长加快，对肥水的要求敏感，水肥充足有利于促分蘖和成穗，追肥数量一般可结合浇水亩追施尿素15~20千克，或碳酸氢铵40千克左右；基施磷肥不足的，每亩可补施磷酸二铵10千克；对地力较高、基肥充足、麦苗较旺的麦田，可推迟到拔节期或拔节后期追肥浇水；群体不足的晚播小麦，应在返青后期追肥浇水，促进春季分蘖增生。

3. 加强后期管理

孕穗期是小麦需水的临界期，浇水对保花增粒有显著作用，应根据土壤墒情在孕穗期或开花期浇水，以保证土壤水分为田间持水量的75%左右。晚茬麦要浇好灌浆水，以提高光合高值持续期，并抵御干热风的为害，提高千粒重。另外，要注意对小麦锈病、白粉病和蚜虫的防治。

第五节　强筋小麦绿色高产栽培技术

强筋小麦是指蛋白质含量较高，面粉的筋力强，面团稳定时间较长，适合制作面包，也可以用于配制中强筋力专用粉的小麦。强筋麦国家标准（GB/T 17892—1999）为：籽粒容重≥770克/升，水分≤12.5%，不完善粒≤6.0%，杂质总量≤1.5%，降落数值≥300 秒，粗蛋白质（干基）≥14.0%，湿面筋≥32.0%，面团稳定时间≥7.0 分钟，烘焙品质评分值≥80 分。强筋小麦生产品质受气候、土壤、栽培技术等因素的影响较大，以周口市为例，通过近几年优质强筋生产实践，现总结了强筋小麦绿色高产栽培技术。

一、地块选择

强筋小麦对土壤和肥力要求较高，适合在中高肥力地块种植，以中壤土或黏质土壤为宜。

二、品种选择

品种选择非常关键，应当选用国家或省农作物品种审定委员会审定，适应当地生态环境，并且有一定种植基础，丰产性能好、综合抗性好、没有明显生产缺陷、品质企业认可的强筋小麦品种。目前在生产中种植面积较大，并且得到面粉加工企业认可的强筋小麦品种有新麦 26（国审麦 2010007）、西农 979（国审麦 2005005）、郑麦 9023（国审麦 2003027）和丰德存麦 5 号（国审麦 2014003）等。

三、播前准备

1. 种子处理

尽量选用包衣种子，未包衣种子应在播种前选用安全高效的杀虫剂、杀菌剂进行药剂拌种。生产中推荐使用戊唑醇、苯醚甲环唑、咯菌腈、苯醚·咯菌腈、三唑酮、三唑醇、多菌灵等药剂进行药剂拌种或种子包衣预防小麦纹枯病、全蚀病和根腐病等病害。用吡虫啉悬浮种衣剂包衣预防虫害及其传播的黄矮病和丛矮病。

2. 精细整地

秸秆还田的地块，应进行机械深耕（耕作深度25厘米左右）；旋耕地块则应每隔2~3年深耕1次。耕后耙实，达到坷垃细碎、地表平整。地下害虫和吸浆虫严重地块用甲基异柳磷或辛硫磷颗粒剂进行土壤处理。

3. 科学施肥

在测土配方施肥的基础上，适量增施氮肥和硫肥，一般每亩增加纯氮（N）2~4千克，增施硫肥（S）3~4千克。磷肥和钾肥一次性底施，氮肥分基肥与追肥两次施用，基肥与追肥比例6：4。有条件的地方应增施有机肥，适当减少化肥施用量。

四、播种

1. 适期晚播

根据品种特性，确定适宜播期，半冬性品种在10月8—15日播种；晚茬弱春性品种在10月15日以后播种。目前种植的新麦26、西农979、丰德存麦5号等强筋小麦品种，抗倒春寒能力较弱，适期晚播可以有效降低晚霜冻害的风险。

2. 适量播种

在适播期内，墒情足、整地质量好的田块每亩播量10千克左右。整地质量较差或晚播麦田，应适当增加播量，但每亩最多不超过15千克。

3. 足墒播种

在适播期内，若墒情不足，宁可适当晚播，也要提前浇水造足底墒，做到足墒下种，确保一播全苗。如遇阴雨天气，要及时排除田间积水进行晾墒。

4. 机械播种

采用精量播种机播种，播深 3~5 厘米。采用等行距或宽窄行播种，或采用宽幅方式播种，播后镇压。

五、前期管理（出苗—越冬）

1. 促弱控旺

如果出现冬前麦苗旺长，应采取镇压、深中耕或化控技术控制生长。弱苗以促为主，采取灌溉、追肥等措施。

2. 化学除草

于 11 月上中旬日平均温度在 10℃以上时，对杂草严重地块进行化学除草。生产中推荐苯磺隆、噻磺隆、双氟磺草胺、氯氟吡氧乙酸等除草剂防除阔叶杂草。用甲基二磺隆、精恶唑禾草灵等除草剂防除单子叶杂草。杂草混发田块，可用 70%氟唑磺隆、7.5%甲氧磺草胺水分散粒剂、3.6%甲基碘磺隆钠盐·甲基二磺隆水分散粒剂等。强筋小麦生产中禁止使用 2，4-D 丁酯乳油进行化学除草，因为它会对强筋小麦品质产生影响。

3. 合理灌溉

土壤墒情严重不足时，可进行冬灌。提倡节水灌溉，严禁大水漫灌。

六、中期管理（返青—抽穗）

1. 前氮后移

对一、二类麦田春季追肥，可适当推迟至小麦拔节期，一般亩施尿素 8~10 千克。但对于晚播弱苗、早春土壤偏旱且苗情长势偏弱的麦田，可结合灌水在小麦返青起身期每亩追施尿素 10 千克。

2. 防治病虫草害

重点防治小麦纹枯病、麦蜘蛛、麦苗蚜。纹枯病发生区，可应用20%三唑酮乳油60毫升/亩或25%戊唑醇乳油20毫升/亩或10%已唑醇乳油15毫升/亩加水60千克对准茎基部喷雾；麦蜘蛛发生区，可应用1.5%甲氨基阿维菌素苯甲酸盐乳油60毫升/亩或15%哒螨灵乳油40毫升/亩加水30千克喷雾；麦苗蚜发生区，可应用2.5%氯氟氰菊酯乳油60毫升/亩或5%联苯菊酯乳油60毫升/亩加水30千克喷雾；三种病虫害混合发生区，可三种药剂混合喷雾防控。冬前未进行化学除草的麦田，在早春返青期及时进行化学除草。

3. 化控防倒伏

对新麦26、西农979等小麦品种，因株高相对较高，要于小麦起身初期喷施多效唑等药剂控制小麦第一节间长度，预防小麦倒伏。

4. 预防倒春寒

小麦拔节后，若天气预报出现0～2℃的寒流天气且降温幅度较大时，应及时灌水预防冻害发生。寒流过后，及时检查幼穗受冻情况，发现幼穗受冻的麦田应及时追肥浇水。

七、后期管理（抽穗—成熟）

1. 防治病虫害

主要防控锈病、赤霉病、白粉病、叶枯病、麦穗蚜、吸浆虫等病虫害。在4月下旬前，对小麦条锈病采取“带药侦查，发现一点，防治一片，发现一片，防治全田”的防控措施。小麦齐穗后，应用戊唑醇·咪鲜胺或氰烯·已唑醇或戊唑醇·多菌灵或多酮加吡虫啉或啶虫脒或菊酯类杀虫剂加磷酸二氢钾喷雾防控赤霉病、锈病、白粉病、叶枯病、麦蚜、吸浆虫等多种病虫害，5月初小麦扬花末期，应用上述药剂二次喷药防控赤霉病、锈病、白粉病、叶枯病、麦蚜等多种病虫害，如5月中旬天气多雨或多雾霾天气，利于赤霉病发生侵染，应进行三次喷药防控赤霉病二次侵染为害。

2. 叶面喷肥

在小麦灌浆前、中期，每亩用尿素 1 千克和磷酸二氢钾 0.2 千克加水 50 千克进行叶面喷肥 2 次，促进小麦籽粒氮素积累。叶面喷肥可以和病虫害防治结合。

3. 灌浆期控水

灌浆期浇水过多会降低强筋小麦的蛋白质含量，影响强筋小麦品质。当麦田土壤含水量降低、植株呈现旱象时，及时进行浇水。浇水应在花后 15 天以前完成，生产中要禁浇麦黄水。

4. 扬花期后禁用三唑酮

根据实践发现，扬花期后使用三唑酮会对强筋小麦品质产生影响。因此在生产中，小麦扬花期后进行病虫害防治时，应选用合适的药剂，禁用三唑酮。

八、收获与贮藏

在小麦籽粒完熟初期收获，要做到单收、单打、单贮，避免品种混杂，降低小麦强筋品质。

第六节　小麦防冻害高产栽培技术

小麦冻害是指麦田经历连续低温天气而导致的麦穗生长停滞。冻害较轻麦田麦株主茎及大分蘖的幼穗受冻后，仍能正常抽穗和结实；但穗粒数明显减少。冻害较重时，主茎、大分蘖幼穗及心叶冻死，其余部分仍能生长；冻害严重的麦田小麦叶片、叶尖呈水烫一样地硬脆，后青枯或青枯成蓝绿色，茎秆、幼穗皱缩死亡。

一、冻害类型

（一）初冬冻害

初冬冻害即在初冬发生的小麦冻害，一般由骤然强降温引起，因此常称为初冬温度骤降型冻害。

11 月中下旬至 12 月中旬，最低气温骤降 10℃左右，达 −10℃以下，持续 2~3 天，小麦的幼苗未经过抗寒性锻炼，抗冻能力较差，极易形成初冬冻害。

发生冻害的小麦类型是弱苗和旺苗，壮苗一般不会造成冻害，最多造成叶尖受冻，对小麦的生长和产量影响不大。苗龄小，未积累大量可溶性固形物，仍处在较旺盛生长时期的幼小弱苗，抗低温能力较差，易发生初冬冻害，造成叶片干枯和幼苗死亡。早播旺苗，冻害主要造成幼穗冻死叶片和叶片干枯，尤其是土壤肥力低，整地质量差，土壤缺墒的麦田，如遇突发性强降温天气，极易造成初冬冻害。

（二）越冬期冻害

小麦越冬期间（12 月下旬至翌年 2 月中旬）持续低温（多次出现强寒流）或越冬期间因天气反常造成的小麦冻害。一是由于长期受严寒天气的影响而导致的小麦地上部严重枯萎甚至成片死苗；二是进入越冬期的麦苗因气温回升的恢复生长，抗寒力下降，又遇到强降温造成的冻害。越冬期小麦处于休眠状态，抗寒力很强。但由于黄淮麦区小麦具有越冬不停止生长的特点，此阶段小麦处于地上部稍长，地下部分生长阶段，一旦遇回暖天气，幼苗又开始生长，抗寒力相对减弱，当再次寒流降温到 −15~−13℃时，即会产生较严重的越冬冻害。

越冬冻害一般以冻死部分叶片为主要特征，对生产为害较小。另外，整地质量差的麦田，特别是近年旋耕未镇压的麦田以及沙土地麦田，年年都有越冬期冻死苗现象。墒情差的情况下，也可形成严重冻害。

（三）早春冻害

小麦返青至拔节期间（2 月下旬至 3 月中旬）发生的冻害。返青后麦苗植株进入快速生长阶段，气温骤降给麦田造成冻害，是黄淮麦区的主要冻害类型。

（四）晚霜冻害

小麦在拔节至抽穗期间（3 月下旬 4 月中旬）发生的霜冻冻害。这一阶段小麦生长旺盛，抗寒力很弱，对低温极为敏感，若遇气温突然下降，极易形成霜冻冻害。形成的原因主要是由于气温回暖后又突然下降形成的霜冻。

二、冻害特征

小麦遭受冻害的时期不同，其受冻部位及形态特点也有区别。小麦初冬冻害，冬季冻害、早春冻害及晚霜冻害在冻害症状的表现上存在着明显区别。

（一）初冬冻害特征

受冻植株外部特征比较明显，叶片干枯严重。一般条件下，黄淮麦区初冬冻害与越冬冻害，只有在降温幅度很大时才出现死苗死蘖现象，冻死小麦主要是弱苗和旺苗，而壮苗一般不会发生冻害。植株冻害死亡的顺序是先小蘖后大蘖再主茎，而冻死分蘖节的现象很少。但华北北部的冬麦区，由于小麦品种不对路也时有点片发生。播种过早，越冬期幼穗分化达护颖分化期以后，越冬期可造成严重冻害，分蘖死亡顺序为主茎→大蘖→小蘖。

（二）越冬冻害特征

冬季冻害的外部症状明显，开始叶片的部分或全部为水渍状，以后逐渐干枯死亡。叶片死亡面积的大小依冻害程度而定，冻害越重叶片干枯面积越大。初冬冻害及越冬期冻害一般以冻死部分叶片为主要特征，对小麦产量的影响不大。

（三）早春冻害特征

小麦发生早春冻害，心叶、幼穗首先受冻，而外部冻害特征一般不太明显，叶片干枯较轻。但降温幅度很大时也有叶片轻重不同的干枯。受冻轻时表现为麦叶叶尖退绿为黄色，尖部扭曲卷起。3月底以前发生的冻害，主要是叶尖发黄，黄尖率一般达5%~50%，严重时黄尖率更高。随着冻害的加重，叶片会失水干枯，叶片受冻部分先呈水烫状，随后变白干枯。严重干旱时，叶片易受冻干枯。心叶冻干1厘米以上，幼穗就可能受冻死亡。幼穗受冻死亡的顺序依次为：主茎→大蘖→小蘖。

冻死的主茎及大分蘖基部分蘖节上或第一节间的潜伏芽再长出新分蘖，一般新生分蘖不能成穗，只有当大部分已拔节的分蘖幼穗冻死时，新生分蘖才能成穗，不同品种冻死茎率与是否发生新分蘖成穗的反映不同，一般在50%以上时才有新生分蘖成穗。冻害严重时，幼穗全部死亡，只剩下分蘖节，下面的潜伏芽可再长出分蘖。大面积冻死整株苗的现象很少发生。很少有叶片受冻干枯而幼穗不受冻的情况。

幼穗观察结果表明，早春冻害的幼穗全部进入护颖分化期，即小麦进入起身阶段，而二棱末期的幼穗没有冻死，二棱末期仅是受到伤害，造成穗轴伸受阻，上端小穗紧密排列，形成一个疙瘩，成为“大头穗”。另外在护颖分化期受轻霜冻时，也会形成“大头穗”。

（四）晚霜冻害特征

拔节后孕穗前发生的晚霜冻害，一般外部症状不明显，主要是主茎和大分蘖幼穗受冻。但降温幅度很大、温度很低时也可造成叶片严重干枯，这样的地块小麦主茎和大分蘖几乎全部冻死。很少有叶片受冻干枯而幼穗不受冻的情况。

（五）孕穗期发生晚霜冻害

受害部位为穗部。因受冻时间及程度不同主要受害症状为：幼穗干死于旗叶鞘内而不能抽出；或抽出的小穗全部发白枯死；或部分小穗死亡，形成半截穗。孕穗期晚霜冻害发生时叶片表面结冰，叶片、叶鞘呈水渍状，气温回升结冰融化水渍状消失，叶片不显出冻害症状，几天后叶片颜色加深呈浓绿色，有的品种形成条纹状花叶，即表明发生了冻害。冻害越重叶色越深，若叶色呈蓝绿色或黑绿色，一般是幼穗死亡或受到严重的伤害。抽穗后冻害症状才能表现出来，孕穗期晚霜冻害的症状主要表现如下。

（1）残穗，即只有部分小穗发育结实，其余发育不完整或只有穗轴而无膨大的颖壳。

（2）形成无颖的空穗，只有穗轴。

（3）形成空心穗即“哑巴穗”，该类型幼穗全部冻死，但节间完好，仍有生长点能继续生长，无潜蘖芽出生（潜蘖芽是指小麦大分蘖冻死以后，从其分蘖节或其他节位生长出的新分蘖）；而生长点完全冻死的单茎，株高不再长高，下部分蘖节可长出新的分蘖。

（4）无籽粒穗，小麦幼穗在药隔形成后期受冻，子房会全部冻死，穗完好但不能结实，在太阳下明显可见整个穗透明。

三、冻害机理

（一）细胞间结冰

从生理机制上讲，当气温突然下降到0℃以下时，植物细胞间隙的水首先结冰形成冰晶，细胞间溶液浓度增高，细胞内未结冰的水向细胞间隙运动，造成细胞内失水，细胞膨压下降，质壁分离，原生质失水而凝固失活。当气温继续下降，细胞内结冰，在细胞内外冰晶的机械挤压下，细胞壁和原生质遭到破坏，细胞死亡，即形成冻害。

（二）保护系统受破坏

从生化方面讲，冻害首先使细胞膜上的功能蛋白 ATP 酶活性降低或失活，造成周围环境的物质交换平衡关系破坏。

四、冻害造成的影响

小麦冻害时期和冻害程度不同，减产幅度差异很大，冻害严重的地块基本绝收。一般越冬冻害减产5%~20%，早春冻害减产5%~30%，晚霜冻害减产15%~60%。对成穗数的影响一般情况下，冬季冻害，特别是初冬冻害对成穗数影响较大，早春冻害对成穗数影响较小，晚霜冻害对成穗数影响较大。

（一）对成穗数的影响

晚霜冻害麦田每亩成穗的多少，与冻害程度和冻后管理水平密切相关。一般情况下，冻害程度越重，每亩成穗数越少。对成穗数与成穗质量影响最大的是浇水，严重冻害地块，只要是浇透水的，亩穗数一般都可达到或越过正常的水平。浇透水并结合追施少量氮肥的，亩成穗数一般可超过正常麦田成穗水平。

（二）对穗粒数的影响

冬季冻害主要影响成穗数，对穗粒数基本无影响。早春冻害形成不同穗层的地块，穗粒数可减少3~7粒，晚霜冻害主要影响穗粒数，可减少7~10粒，较重者减少50%~70%，严重者颗粒无收。

（三）对产量的影响

冬季冻害死蘖10%，减产5%左右；死蘖20%~30%，减产10%~20%。早春冻害，幼穗冻死40%，减产5%~15%；幼穗冻死80%，减产20%~40%。晚霜冻害，幼穗冻死40%，减产15%~25%；幼穗冻死80%，减产60%~70%。

五、环境对冻害的影响

小麦冻害程度主要取决于降温强度、低温持续时间和低温来临的早晚。降温强度越大，持续时间越长，冻害越重。初冬低温来临越早，春季低温来临越晚，冻害越重。除降温这个主导因素外，其他因素对冻害的影响也很大。

（一）品种冬春性

（1）小麦品种冬春性与抗寒性的关系。试验和实践均证明，小麦品种抗冻耐寒力差异很大。小麦品种冬性越强抗寒能力越强。

（2）品种之间抗寒性有很大差异。不同小麦品种的发育特点有较大差异，发育进程有快有慢，霜冻来临时，遭受冻害的程度也不同。小麦品种间抗冻耐寒能力差异很大，一般情况下，对于初冬冻害、越冬期冻害及早春冻霜害，小麦的抗冻力强弱顺序是冬性品种>半冬性品种>弱春性品种>春性品种。而晚霜冻害则与品种自身的抗御能力有关。

（二）土壤肥力

土壤肥力是土壤为植物生长供应和协调养分、水分、空气和热量的能力。土壤肥力越高，土壤三相结构越协调，小麦的生长发育越好，抗御或缓冲灾害的能力就越强。

1. 整地质量与冻害

整地质量好坏也是影响小麦受冻的重要因素。整地质量差，跑墒快、土壤水分含量低，小麦根系发育差，遇到低温时植株受害重；土壤发生龟裂，冷空气直接侵袭根系，冻害发生就重。特别是越冬期间，更易加重冻害。即使没有发生大面积冻害的年份，这类麦田越冬期也会因冻死苗。

2. 土壤质地与冻害

土壤因素中对冻害程度影响较大的是土质和墒情。砂僵黑土、漏风淤土、风沙土保水性差，小麦冻害重；黏壤土、壤土保水性好，小麦冻害轻。同一类型的土壤，水分含量低的受冻重，水分含量高的受冻轻。

3. 土壤湿度与冻害

干旱加重冻害，严重影响冻后小麦生长发育的正常恢复天气干旱，土壤含水量低，加重冻害，无论初冬、越冬冻害还是早春、春末冻害都是如此。

（三）播期

播期是造成冻害主要因素之一。生产中由于不知道品种种性而错期播种，造成冻害而减产的情况时有发生。由于霜冻灾害频繁，各地也进行了大量播期试验，结果亦表明了播期推迟主茎冻死率减少。但由于不同年份不同地区气候生态特点有差异，因此确定适宜的播期就显得十分重要。

六、冻害发生后的栽培补救措施

（一）冬季冻害

认真观察田间发生冬季冻害的麦田可以看到，在 1 株小麦中，冻死的单茎是主茎和大分蘖，而小分蘖还是青绿的；而且在大分蘖的基部还有刚刚冒出的小分蘖的蘖芽，经过肥水促进，这些小分蘖和蘖芽可以生长发育成为能够成穗的有效分蘖。

因此，对于发生冻害的麦田不要轻易毁掉小麦改种其他作物。应采取的补救措施主要有以下几个方面。

1. 及时追施氮素化肥，促进小蘖迅速生长

发现主茎和大分蘖已经冻死的麦田，要分两次追肥。第一次在田间解冻后即追施速效氮肥，每亩追施尿素 10 千克，要求开沟施入，以提高肥效；缺墒麦田加水施用；磷素有促进分蘖和根系生长作用，缺磷的地块可以尿素和磷酸二铵混合施用。第二次在小麦拔节期，结合浇拔节水施用拔节肥，每亩追施尿素 10 千克。

一般受冻麦田，仅叶片冻枯，没有死蘖现象，早春应该及早划锄，提高地温，促进麦苗返青，在起身期追肥浇水，提高分蘖成穗率。

2. 加强中后期肥水管理，防治早衰

受冻麦田由于植株体的养分消耗较多，后期容易发生早衰，在春季第一次追肥的基础上，应看麦苗生长发育情况，依其需要，在拔节期或挑旗期适量追肥，促进穗大粒多，提高粒重。

（二）早春冻害

因地制宜选用适宜当地气候条件的冬性、半冬性或春性品种；因品种冬、春性适期播种；采用精量半精量播种技术；改氮肥全部底施“一炮轰”为底施与追肥相结合等措施，是从种植基础上防止早春冻害的措施。早春预防和冻害的补救措施如下。

1. 对生长过旺麦田适度抑制生长

主要措施是早春镇压、起身期喷施壮丰安。调查发现，经镇压的麦田，小麦早春冻害较轻。因为对旺苗镇压后，可抑制小麦过快生长发育，避免其过早拔节而降低抗寒性，因此早春镇压旺苗，是预防春季冻害的简而易行的方法。另外，在起身期喷施壮丰安，一是可以适当抑制生长发育、提高抗寒性；二是可以抑制第一节间过度伸长，提高抗倒性。

2. 灌水防早春冻害

由于水的热容量比空气和土壤热容量大，因此早春寒流到来之前浇水能使近地层空气中水汽增多，在发生凝结时，放出潜热，以减小地面温度的变幅。同时，灌水后土壤水分增加，土壤导热能力增强，使土壤温度增高。有浇灌条件的地区，在寒潮到来前喷水，可以调节近地面层小气候，对防御早春冻害有很好的效果。

3. 早春冻害后的补救措施是补肥与浇水

小麦是具有分蘖特性的作物，遭受早春冻害的麦田不会将全部分蘖冻死，还有小分蘖芽可以长成分蘖成穗。只要加强管理，仍可获得好的收成。受到早春冻害的小麦应立即施速效氮肥和浇水，氮素和水分的耦合作用会促进小麦早分蘖、小蘖赶大蘖、提高分蘖成穗率、减轻冻害的损失。

（三）低温冷害

在低温来临之前采取灌水、烟熏等办法可预防和减轻低温冷害的发生；发生低温冷害后应及时追肥浇水，保证小麦正常灌浆，提高粒重。

七、黄淮海麦区遭受冻（冷）害的启示

经历了多年的冻害，人们总结出，小麦冻害与寒潮降温强度和低温持续时间的长短有关，也与品种、播期和栽培管理等方面有很大的关系，防御冻害应采取以下措施。

（一）选用抗寒品种，搞好品种布局

黄淮海麦区北部宜种冬性品种，中部宜种冬性、半冬性品种，南部宜种半冬性品种。江淮之间宜种半冬性品种和抗寒性较好的春性品种，亦可搭配种植春性品种。冻害严重的地块多是在不适宜种植春性品种的地区选用了春性品种而引起的；适宜种植春性品种的地区提早播种的地块也出现了严重冻害，播种偏早多是因为抢墒早播（播晚了失墒，又无灌溉条件，只能干种等雨出苗）。在这种形势下，江淮之间麦区和黄淮南部麦区应注意适当限制抗寒性差的春性品种的种植面积，避免冻害造成损失；使用抗寒性差的春性品种，农技部门应向农民说明播种适期和早播的严重为害。

（二）按照品种冬春特性，合理安排播种期

农业部小麦专家指导组在河南等省调查，发现冻害严重的地块均是使用春性品种且过早播种引起的。所以，在黄淮南部和江淮之间麦区宜发生寒潮降温的地区，选用小麦品种时要用两个或两个以上不同特性的品种，对小麦播种期做合理安排。要严格掌握春性品种在容易发生寒潮的地区播种的合理播种期，

不要早播，避免冻害发生。

（三）培育壮苗，安全越冬

实践证明，小麦冬前壮苗的植株内有机养分积累多，分蘖节含糖量高，壮苗与旺苗、弱苗相比，具有较强的抗寒力。即使在遇到不可避免的冻害情况下，其受害程度也大大低于旺苗和弱苗。培育壮苗的主要措施有培肥地力、适期播种、采用精量半精量播种技术和氮肥后移技术等。

第七节　病虫草害识别与防治

一、小麦主要病害

主要有纹枯病、锈病、全蚀病、白粉病、根腐病、黄花叶病毒病、赤霉病等（表1-1）。

表1-1　常见根部病害识别

病害	典型特征	基部叶鞘	根部	茎基部
纹枯病	叶鞘上出现云纹病斑，后期造成枯白穗	出现中间灰白，边缘褐色的云纹病斑	正常，白色，易拔出	严重时侵入茎秆，形成近圆形眼斑，不腐烂
全蚀病	茎基部表面呈“黑脚”状后期，造成枯白穗	叶鞘内侧黑褐色菌丝层	变黑，能拔出	表面变黑，不腐烂
根腐病	茎基部和根变褐色，后期造成枯白穗	病斑不规则形，浅褐色至黄褐色	变褐色，从土中拔出时，根毛和主根表皮脱落	出现褐色条斑，不腐烂
茎基腐病	基部变褐色，变软腐烂	病斑不规则形，浅褐色至黄褐色	根不易拔出，易在茎基部折断	基部变软腐烂，易折断，有粉红色或白色霉层

（一）小麦纹枯病

小麦纹枯病是小麦主要病害之一。冬季气温偏低，麦田偏施氮肥、土壤板结、小麦生长脆弱，田间湿度过大等，均是小麦纹枯病发生的原因。可造成小麦减产10%~20%，严重时减产50%以上。

1. 症状

小麦纹枯病主要为害基部叶鞘及茎秆。

小麦生育期均可受害，造成烂芽、死苗、花秆、烂茎、枯孕穗等多种症状。

①烂芽：种子发芽后，芽鞘受侵染变褐继而烂芽枯死，不能出苗。

②死苗：主要在小麦3~4叶期发生，在第一叶鞘上呈现中央灰白，边缘褐色的病斑，严重时因抽不出新叶而造成死苗。

③小麦返青拔节后，在下部叶鞘上产生中部灰白色，边缘浅褐色的云纹状病斑，多个病斑相连接，形成云纹状的花秆。条件适宜时，病斑向上扩展，并向内扩展到小麦的茎秆。在茎秆上出现近椭圆形或棱形的“尖眼斑”。病斑中部灰褐色，边缘深褐色，两端稍尖。田间湿度大时，病叶鞘内侧及茎秆上可见蛛丝状白色的菌丝体，以及由菌丝纠缠形成的黄褐色的菌核。

④枯孕穗：发病严重的主茎和大分蘖常抽不出穗，形成枯孕穗，有的虽然能抽穗，但结实减少，籽粒秕瘦，形成枯白穗。

2. 种子处理

5%三唑酮可湿性粉剂或12.5%烯唑醇可湿性粉剂。用量：一般用有效成分为种子重量的0.02%。

3. 药剂防治

纹枯病防治的重点在防，其次在治，一般待发病后再防治效果就不甚理想，所以要坚持早防原则，一般分两次进行：第一次在11月下旬或12月上旬，此时纹枯病已在小麦分蘖节开始发病，正是防治的最佳期，每亩可用24%噻呋酰胺20毫升或12.5%的烯唑醇20~30克，加水40~50千克，对准小麦茎基部喷雾；第二次于翌年2月中下旬，用上述药量对小麦茎基部再喷1次。

（二）小麦锈病

小麦锈病主要有三种：条锈病、叶锈病和秆锈病。三种锈病症状可根据其夏孢子堆和各孢子堆的形状、大小、颜色着生部位和排列来区分。群众形象的区分三种锈病说："条锈成行，叶锈乱，秆锈成个大红斑。"

1. 症状

（1）小麦条锈病。发病部位主要是叶片，叶鞘、茎秆和穗部也可发病。初期在病部出现褪绿斑点，以后形成鲜黄色的粉疱，即夏孢子堆。夏孢子堆较小，长椭圆形，与叶脉平行排列成条状。后期长出黑色、狭长形、埋伏于表皮下的条状疱斑，即冬孢子堆。

（2）小麦叶锈病。发病初期出现褪绿斑，以后出现红褐色粉疱（夏孢子堆）。夏孢子堆较小，橙褐色，在叶片上不规则散生。后期在叶背面和茎秆上长出黑色阔椭圆形至长椭圆形、埋于表皮下的冬孢子堆，其有依麦秆纵向排列的趋向。

（3）小麦秆锈病。为害部位以茎秆和叶鞘为主，也为害叶片和穗部。夏孢子堆较大，长椭圆形至狭长形，红褐色，不规则散生，常全成大斑，孢子堆周围表皮撒裂翻起，夏孢子可穿透叶片。后期病部长出黑色椭圆形至狭长形、散生、突破表皮、呈粉疱状的冬孢子堆。

2. 发病规律

（1）小麦条锈病。小麦条锈病在我国西北和西南高海拔地区越夏。越夏区产生的夏孢子经风吹到广大麦区，成为秋苗的初浸染源。病菌可以随发病麦苗越冬。春季在越冬病麦苗上产生夏孢子，可扩散造成再次侵染。

造成春季流行的条件为：①大面积感病品种的存在；②一定数量的越冬菌源；③3—5 月的雨量，特别是 3 月、4 月的雨量过大；④早春气温回升较早。

（2）小麦叶锈病。小麦叶锈病在我国各麦区一般都可越夏，越夏后成为当地秋苗的主要浸染源。病菌可随病麦苗越冬，春季产生夏孢子，随风扩散，条件适宜时造成流行，叶锈病菌侵入的最适温度为 15～20℃。造成叶锈病流行的因素主要是当地越冬菌量、春季气温和降雨量以及小麦品种的抗感性。

（3）小麦秆锈病。秆锈菌以夏孢子传播，夏孢子萌发侵入温度要求为 3～31℃，最适 18～22℃。小麦秆锈病可在南方麦区不间断发生，这些地区是主要越冬区。主要冬麦区菌源逐步向北传播，由南向北造成为害，所以大多数地区秆锈病流行都是由外来菌源所致。除大量外来菌源外，大面积感病品种、偏高气温和多雨水是造成流行的因素。

3. 感染条件

小麦锈病不同于其他病害，由于病菌越夏、越冬需要特定的地理气候条件，像条锈病和秆锈病，还必须按季节在一定地区间进行规律性转移，才能完成周年循环。叶锈病虽然在不少地区既能越夏又能越冬，但区间菌源相互关系仍十分密切。所以，三种锈病在秋季或春季发病的轻重主要与夏、秋季和春季雨水的多少，越夏越冬菌源量和感病品种面积大小关系密切。一般地说，秋冬、春夏雨水多，感病品种面积大，菌源量大，锈病就发生重，反之则轻。

（三）小麦全蚀病

又称小麦立枯病、黑脚病。全蚀病是一种根部病害，只侵染麦根和茎基部 1～2 节。苗期病株矮小，下部黄叶多，种子根和地中茎变成灰黑色，严重时造成麦苗连片枯死。拔节期冬麦病苗返青迟缓、分蘖少，病株根部大部分变黑，有的时候在茎基部及叶鞘内侧出现较明显灰黑色菌丝层。

1. 发病特征

小麦抽穗后田间病株成簇或点片状发生早枯白穗，病根变黑，易于拔起。在茎基部表面及叶鞘内布满紧密交织的黑褐色菌丝层，呈黑脚状，然后颜色加深呈黑膏药状，上密布黑褐色颗粒状子囊壳。该病与小麦其他根腐型病害区别在于种子根和次生根变黑腐败，茎基部生有黑膏药状的菌丝体。幼苗期病原菌主要侵染根和地下茎，使之变黑腐烂，地上表现病苗基部叶片发黄，心叶内卷，分蘖减少，生长衰弱，严重时死亡。病苗返青推迟，矮小稀疏，根部变黑加重。拔节后茎基部 1~2 节叶鞘内侧和茎秆表面在潮湿条件下形成肉眼可见的黑褐色菌丝层，称为黑脚，这是全蚀病区别于其他根腐病的典型症状。重病株地上部明显矮化，发病晚的植株矮化不明显。由于茎基部发病，植株早枯形成白穗。田间病株成簇或点片状分布，严重时全田植株枯死。在潮湿情况下，小麦近成熟时在病株基部叶鞘内侧生有黑色颗粒状突起，即病原菌的子囊壳。但在干旱条件下，病株基部黑脚症状不明显，也不产生子囊壳。

2. 小麦各生育时期的症状及诊断

（1）幼苗分蘖期至返青拔节期。基部叶发黄，并自下而上似干旱缺肥状。苗期初生根和地下茎变灰黑色，病重时次生根局部变黑。拔节后，茎基 1~2 节的叶鞘内侧和病茎表面生有灰黑色的菌丝层。诊断：将变黑的根剪成小段，用乳酚油封片，略加温使其透明，镜检根表如有纵向栗褐色的葡萄菌丝体，即为全蚀病株。

（2）抽穗灌浆期。病株变矮、褪色，生长参差不齐，叶色、穗色深浅不一，潮湿时出现基腐（基部一二个茎节）性的“黑脚”，最后植株早枯，形成白穗。剥开基部叶鞘，可见叶鞘内表皮和茎秆表面密生黑色菌丝体和菌丝结。小麦近成熟时，若土壤潮湿，病株叶鞘内表皮可生有黑色颗粒状突起的子囊壳。

3. 传播途径

小麦全蚀病菌是一种土壤寄居菌。该菌主要以菌丝遗留在土壤中的病残体或混有病残体未腐熟的粪肥及混有病残体的种子上越冬、越夏，是后茬小麦的主要侵染源。引种是混有病残体种子是无病区发病的主要原因。小麦收获后病根茬上的休眠菌丝体成为下茬主要初侵染源。冬麦区种子萌发不久，夏病菌菌丝体就可侵害种根，并在变黑的种根内越冬。翌春小麦返青，菌丝体也随温度升高而加快生长，向上扩展至分蘖节和茎基部，拔节至抽穗期，可侵染至第 1～2 节，由于茎基受害腐解病株陆续死亡。在春小麦区，种子萌发后在病残体上越冬菌丝侵染幼根，逐渐扩展侵染分蘖节和茎基部，最后引起植株死亡。病株多在灌浆期出现白穗，遇干热风，病株加速死亡。

4. 发病条件

小麦全蚀病菌较好气，发育温度区限为 3～35℃，适宜温度 19～24℃，致死温度为 52～54℃（温热）10 分钟。土壤性状和耕作管理条件对全蚀病影响较大。一般土壤土质疏松、肥力低，碱性土壤发病较重。土壤潮湿有利于病害发生和扩展，水浇地较旱地发病重。与非寄主作物轮作或水旱轮作，发病较轻。根系发达品种抗病较强，增施腐熟有机肥可减轻发病。冬小麦播种过早发病重。

5. 防治方法

（1）种植管理。小麦全蚀病是检疫性病害，禁止从病区引种，防止病害蔓延。

（2）轮作倒茬。实行稻麦轮作或与棉花、烟草、蔬菜等经济作物轮作，也可改种大豆、油菜、马铃薯等，可明显降低发病。

（3）增施腐熟有机肥。提倡施用酵素菌沤制的堆肥，采用配方施肥技术。

(4) 药剂防治。用12.5%硅噻菌胺(全蚀净)20毫升或3%苯醚甲环唑60毫升或3%苯醚甲环唑40毫升+2.5%适乐时(咯菌腈)20毫升拌麦种10千克;在重发区,同时进行土壤处理,每亩用50%甲基硫菌灵2~3千克或福美双2千克加细土20~30千克,在耕耙时均匀撒施。

(四) 白粉病

小麦白粉病在全国各麦区均有不同程度的发生,是我国小麦生产上重要的病害之一,尤其是高产麦区发病更重。近年来,群体密度的加大,又加上肥水条件的改善,致使白粉病普遍发生。发病后,造成穗粒数减少、粒重低,严重时甚至绝收。

1. 发病症状

在小麦的整个生育期均可发病,病菌主要为害叶片,严重时也可为害叶鞘、茎秆、颖壳和芒。初发病时,叶片出现1~2毫米的白色霉点,后逐渐扩大为圆形至椭圆形白色霉斑,霉斑表面有一层白粉,遇有外力或振动立即飞散。这些粉状物就是菌丝体和分生孢子。后期病部霉层变为灰白色至浅褐色,散生小黑点。病斑可连成片,导致叶片变黄或枯死,发病严重时,植株矮小细弱,为害颖壳和麦芒,穗小、粒少、千粒重明显下降,严重影响小麦生产。

2. 发病规律

小麦从幼苗到成株,均可被小麦白粉病菌侵染,主要为害叶片,严重时也为害叶鞘、茎秆和穗。小麦白粉病病部表面覆有一层白粉状霉层。病部最初出现分散的白色丝状霉斑,逐渐扩大呈长椭圆形的较大霉斑,严重时可覆盖整个叶片,并逐渐呈粉状(分生孢子)。后期霉层逐渐由白色变灰色乃至褐色,并散生黑色颗粒。发病后,叶片褪绿、变黄乃至卷曲枯死,重病株常矮而弱,不抽穗或抽出的穗短小。白粉病发病盛期在4月中旬至5月中旬,尤其是高产田块、水浇地、低洼潮湿麦田发病严重。

3. 防治办法

（1）农业综合防治。一是选用抗病品种：各地根据气候、栽培条件，选用具有高抗、耐病品种；二是消灭菌源：麦收后及时清除自生苗，清理病残体；三是适期、适量播种，合理控制田间群体密度；四是加强肥水管理，实施科学配方施肥，增施磷、钾、微肥，控制氮肥用量，增强小麦抗病能力。

（2）药剂拌种。可按种子质量的0.2%施用15%的三唑酮，或用烯唑醇按种子质量的0.2%进行拌种，可兼治小麦苗期锈病和根部病害。

（3）喷药防治。每亩用15%三唑酮50~60克，加水50~75千克喷雾；对于特别严重的病块儿，增加喷药次数，可用50%甲基硫菌灵可湿性粉剂800~1 000倍液喷雾防治。

（五）根腐病

1. 发病症状

小麦的幼芽、幼苗被侵染造成缺苗；成株茎、叶受害造成叶片早枯，光合作用下降，籽粒不饱满，降低产量；穗和籽粒被害，结实率下降，种胚变黑，粒重轻，发芽率低；黑胚率高的小麦面粉品质较差，因此根腐病不仅影响小麦产量，更降低了小麦的品质和商品价值。

发病症状：小麦幼芽受害后变褐枯死。幼苗受害，轻者芽鞘上产生条形或不规则形褐斑，重者幼苗变褐腐烂，称为苗腐。轻病苗成株可抽穗，但是结实率低，一部分病株由于根冠腐烂，茎基部折断倒伏，或呈青枯状。拔取病株可见茎节基部变褐，根毛表皮脱落。

2. 防治方法

（1）农业综合防治。一是因地制宜，选用适合当地栽培的抗根腐病的品种。种植不带黑胚的种子。二是施用农家肥，均衡施肥，实行测土配方施肥。提倡使用腐熟的有机肥。麦收后及时翻耕灭茬，以减少翌年初侵染源。三是进行轮作，采用小麦与马铃薯、油菜进行轮作换茬。

（2）药剂拌种。用代森锰锌可湿性粉剂、20%三唑酮乳油，按种子质量的0.2%~0.3%进行拌种。

（3）药剂防治。苗期对发生根腐病的麦田叶面喷施一次内吸性杀菌剂和磷酸二氢钾混合液进行田间喷施，用2 500~3 000倍液烯唑醇混合300倍液磷酸二氢钾田间喷施，将喷头用纱布包裹，将药液顺麦行喷至麦株基部，可有效控制病害发生。

（六）黄花叶病毒病

小麦黄花叶病，是一种土壤传播的病毒病。该病主要靠病土、病根残体、病田水流传播，传播媒介是禾谷多粘菌。

1. 发病症状

受侵害的小麦在秋苗时褪绿症状不明显，早春麦苗返青起身时，便出现很多褪绿条纹，发病初期病株生长缓慢，节间缩短变粗，叶片黄化，新叶表现褪绿且斑驳状黄绿相间的条纹，少数新叶扭曲畸形。茎基部老化变硬，心叶黄化，严重者心叶枯死。该病发病突然，发展较快，对小麦生长发育十分不利，轻者主茎尚能成穗，重者整株不能拔节抽穗。该病在麦田一般成片发生，严重者全田发病。该病秋苗期侵染但不显症，翌年麦苗返青阶段开始发病，病情发展的适宜气温5~15℃，土壤温度达到20℃以上时病情停止发展。小麦感病后，一般可造成减产10%~30%，重者减产50%以上甚至绝收。

2. 发病规律

麦播后的土壤温湿度及翌年小麦返青期的气温是影响此病发生的关键因素。禾谷多粘菌休眠孢子萌发成游动孢子带病毒侵染小麦的最适温度为15℃左右。土壤湿度大，有利于休眠孢子的萌发和游动孢子侵染。翌年气温回升后开始发病，发病适温低于15℃，16℃以上症状逐渐隐潜，20℃以上基本停止发展。因此，春季气温回升缓慢，长期阴雨，低温天气长则加重该病的发生。

3. 防治办法

（1）农业综合防治。推广抗病、耐病品种；合理调整作物布局，与油菜等非寄主作物实行多年轮作，适期晚播。加强管理，防止病残体、病土或病田流水传入无病区。

（2）药物防治。每亩用0.5~0.75千克尿素+0.2千克磷酸二氢钾，加水50千克喷雾，或用0.01%芸薹素内酯（天丰素）3 000~5 000倍液喷雾，加速苗情转化，减缓病情发展，降低为害损失。若同时控制小麦纹枯病，预防小麦条锈病等，每亩可用12.5%烯唑醇20克加OS-施特灵20克或15%三唑酮100克加OS-施特灵20克，加水50~60千克喷雾。注意防治小麦纹枯病还要把药液喷到小麦茎基部。

（3）健身栽培。防治小麦黄花叶病，应以追施尿素等速效氮肥为主，配合喷施叶面肥，促进苗情转化，减轻病害损失。

（七）小麦黄矮病毒病

小麦黄矮病毒病是由蚜虫传播的病毒病，小麦从幼苗到成株期皆能感染病毒。全国各麦区均有发生，以黄河流域最为严重。该病由大麦黄矮病毒引起，能侵染小麦、大麦、燕麦、黑麦、玉米、雀麦、虎尾草、小画眉草、金色狗尾草等。

1. 症状

幼苗发病，叶片逐渐褪绿，出现与叶脉平行的黄绿相间条纹，后呈现鲜黄色，植株生长缓慢，明显矮化，分蘖少，根系入土浅，易拔起。拔节期发病，一般从心叶下1~2片叶开始发黄，自上而下，自叶尖沿叶脉向叶身扩展，叶色稍深，变窄、变厚、质脆，叶背有蜡质光泽。拔节孕穗期感病的植株稍矮，根系发育不良。抽穗期发病仅旗叶发黄，植株矮化不明显，能抽穗，粒重降低。与生理性黄化区别在于，生理性的从下部叶片开始发生，整叶发病，田间发病较均匀。黄矮病下部叶片绿色，新叶黄化，旗叶发病较重，从叶尖开始发病，先出现中心病株，然后向四周扩展。

2. 传播途径

病毒只能经由麦二叉蚜、禾谷缢管蚜，麦长管蚜、麦无网长管蚜及玉米缢管蚜等进行持久性传毒。不能由种子、土壤、汁液传播。16~20℃，病毒潜育期为15~20天，温度低，潜育期长，25℃以上隐症，30℃以上不显症。冬前感病小麦是翌年发病中心。返青拔节期出现一次高峰，发病中心的病毒随麦蚜扩散而蔓延，到抽穗期出现第二次发病高峰。春季收获后，有翅蚜迁飞至糜、谷子、高粱及禾本科杂草等植物越夏，秋麦出苗后迁回麦田传毒并以有翅成蚜、无翅若蚜在麦苗基部越冬。

3. 发病条件

冬麦播种早、发病重；旱地重、水浇地轻；粗放管理重、精耕细作轻，瘠薄地重。发病程度与麦蚜虫口密度有直接关系。有利于麦蚜繁殖温度，对传毒也有利，病毒潜育期较短。冬麦区早春麦蚜扩散是传播小麦黄矮病毒的主要时期。小麦拔节孕穗期遇低温，抗性降低易发生黄矮病。小麦黄矮病毒病流行与毒源基数多少有重要关系，如自生苗等病毒寄主量大，麦蚜虫口密度大易造成黄矮病大流行。

4. 防治方法

（1）鉴定选育抗、耐病品种。因地制宜地选择近年选育出的抗耐病品种。

（2）治蚜防病。及时防治蚜虫是预防黄矮病流行的有效措施。拌种40%甲基异柳磷50毫升加2~3千克水拌麦种50千克，喷药用2.5%功夫菊酯或敌杀死、氯氰菊酯乳油2 000~4 000倍液、50%抗蚜威每亩4~6克。毒土法48%毒死蜱乳剂50克加水1千克，拌细土15千克撒在麦苗基叶上，可减少越冬虫源。

（3）加强栽培管理。及时消灭田间及附近杂草。

（八）小麦丛矮病

小麦丛矮病主要为害小麦，由北方禾谷花叶病毒引起。小麦、大麦等是病毒主要越冬寄主。套作麦田有利灰飞虱迁飞繁殖，发病重；冬麦早播发病重；邻近草坡、杂草丛生麦田病重；夏秋多雨、冬暖春寒年份发病重。

1. 症状

染病植株上部叶片有黄绿相间条纹，分蘖增多，植株矮缩，呈丛矮状。冬小麦播后20天即可显症，最初症状心叶有黄白色相间断续的虚线条，后发展为不均匀黄绿条纹，分蘖明显增多。冬前染病株大部分不能越冬而死亡，轻病株返青后分蘖继续增多，生长细弱，叶部仍有黄绿相间条纹，病株矮化。一般不能拔节和抽穗。冬前未显症和早春感病的植株在返青期和拔节期陆续显症，心叶有条纹，与冬前显症病株比，叶色较浓绿，茎秆稍粗壮，拔节后染病植株只有上部叶片显条纹，能抽穗的籽粒秕瘦。

2. 传播途径和发病条件

小麦丛矮病毒不经汁液、种子和土壤传播，主要由灰飞虱传毒。灰飞虱吸食后，需要经一段循回期才能传毒。日均温26.7℃，平均10～15天，20℃时平均15.5天。1～2龄若虫易得毒，而成虫传毒能力最强。最短获毒期12小时，最短传毒时间20分钟。获毒率及传毒率随吸食时间延长而提高。一旦获毒可终生带毒，但不经卵传递。病毒随带毒若虫且在其体内越冬。冬麦区灰飞虱秋季从带病毒的越夏寄主上大量迁飞至麦田为害，造成早播秋苗发病。越冬带毒若虫在杂草根际或土缝中越冬，是翌年毒源，次年迁回麦苗为害。小麦成熟后，灰飞虱迁飞至自生麦苗、水稻等禾本科植物上越夏。小麦、大麦等是病毒主要越冬寄主。套作麦田有利灰飞虱迁飞繁殖，发病重；冬麦早病重；邻近草坡、杂草丛生麦田病重；夏秋多雨、冬暖春寒年份发病重。

3. 防治方法

（1）清除杂草、消灭毒源。

（2）小麦平作，合理安排套作，避免与禾本科植物套作。

（3）精耕细作、消灭灰飞虱生存环境，压低毒源、虫源。适期播种，避免早播。麦田冬季灌水保苗，减少灰飞虱越冬。小麦返青期早施肥水提高成穗率。

（4）药剂防治。用40%甲基异柳磷50毫升加水2~3千克拌麦种50千克，防效显著。出苗后喷药保护，包括田边杂草也要喷洒，可选用25%扑虱灵（噻嗪酮优乐得）可湿性粉剂750~1 000倍液。小麦返青盛期也要及时防治灰飞虱，压低虫源。

（九）小麦赤霉病

赤霉病是温暖潮湿、半潮湿地区麦田广泛发生的一种气候性病害。小麦感染赤霉病后，不仅严重减产，而且降低了小麦品质，严重的不能使用。近年来感病品种的大面积种植，小麦赤霉病已成为黄淮海麦区的一种常发性病害。

1. 发病规律

赤霉病是真菌病害，可侵染小麦的各个部位，在麦秆等各种植物残体上以子囊壳上以囊壳、菌丝体和分生孢子越冬。土壤和带病的种子也是重要的越冬场所，种子带菌是造成苗枯的主要原因。在小麦抽穗后至扬花末期最易受病菌侵染为害。病害发生的轻重与小麦品种的抗性、菌源量、天气密切相关。从近几年发病情况来看，在抽穗扬花期间遇3天以上的连续阴雨天气，病害就可能较重发生。

2. 防治方法

赤霉病的防治应采用减少侵染源、利用抗病品种、及时喷施杀菌剂相结合的综合防治措施。选用抗病品种；清除作物秸秆等病残体或冬前耕翻将病残体深埋，以减少田间初侵染菌源数量；用50%多菌灵可湿性粉剂100~200克或15%三唑酮可湿性粉剂160克拌种子100千克；播种时应精选种子，适时、适量播种，合理施肥，降低田间湿度，防止渍害；及时关注天气变化，抓好抽穗扬花期的喷药预防。在10%抽穗至扬花初期每亩用50%多菌灵可湿性粉剂100~150克或80%多菌灵可湿性粉剂70~90克，对准小麦穗部均匀喷雾。隔4~5天补喷1次，可以有效地防止赤霉病的发生。

（十）小麦胞囊线虫病

由燕麦胞囊线虫引起，现已知在湖北、河南、河北、青海、山西、安徽、江苏等省均有发生，是一种危险性病害。

1. 症状

为害小麦根部，病株根尖生长受抑，造成多重分枝和肿胀（根结），次生根增多，根系纠结成团，生长浅薄。受害根部可见附着胞囊，柠檬形，开始灰白，成熟时成褐色。植株表现分蘖减少、矮化、萎蔫、发黄等营养不良症状，病株提前抽穗。

2. 发病规律

线虫的胞囊可以在土壤中存活一年以上，而幼虫在无寄主时只能存活几天。条件适宜时胞囊内卵孵化出幼虫，侵入到小麦根部生长点，并在根维管束处发育为成虫。成虫突破根组织到根表面。雌虫产卵时体积增大，虫体变成胞囊，落入土中。轻沙质土壤，土壤潮湿和10 ℃左右温度有利于线虫病发生。

3. 防治方法

（1）农业防治。

①种植抗病品种：种植抗病品种是经济有效的防治措施。

②合理轮作：通过与非寄主植物（如豆科植物大豆、豌豆）和不适合的寄主植物（玉米等）轮作，可以降低土壤中小麦胞囊线虫的种群密度，与棉花、油菜连作2年后种植小麦或与胡

萝卜、绿豆轮作 3 年以上，可有效防治小麦胞囊线虫病。

③适当早播：土壤温度对小麦胞囊线虫的生活史及其对寄主植物的为害性存在很大的影响，低温可以减少病害损失。小麦适期早播，在大量 2 龄幼虫孵化时，小麦根系已经发育良好，抗侵染能力增强，发病可减轻。

④合理施肥浇水：适当增施氮肥和磷肥，改善土壤肥力，促进植株生长，可降低小麦胞囊线虫的为害程度。干旱时应及时浇水，能有效减轻为害。

（2）化学防治。

①小麦播种前每亩用 5%神农丹 2 千克或 10%灭线磷颗粒剂 3 千克，也可用 5%茎线灵 2 千克或 3%甲基异柳磷颗粒剂 6 千克进行土壤处理，可有效降低该病为害。

②小麦生长期可用上述药剂拌细土 20~30 千克，顺垄沟施，施后及时浇水使药剂尽快、完全被植株吸收，效果较好。也可用 50%辛硫磷 500 倍液灌根。

二、小麦主要虫害

主要有地下害虫（蝼蛄、蛴螬、金针虫）、麦蚜、麦蜘蛛、吸浆虫等。

（一）麦田地下害虫

蝼蛄、蛴螬、金针虫是小麦播种期和苗期常发性地下害虫，主要食用萌发的种子、根、地下茎，造成缺苗断垄。近年来，随着耕作制度的改变，这类害虫为害越来越重。

1. 蝼蛄

蝼蛄几乎为害所有大田作物、蔬菜等，是小麦的主要地下害虫，经常将植株咬成乱麻状，或将地表钻成隧道，使种子、幼苗根系与土壤脱离而不能萌发、生长，进而枯死，从而造成缺苗断垄或植株萎蔫停止发育。

防治办法：以药剂毒杀为主要防治措施。一是药剂拌种，可用50%辛硫磷或用40%乐果乳油，按种子质量0.1%~0.2%的药剂和10%~20%的水对匀，均匀地喷拌在种子上，并闷种4~12小时再播种；二是毒土、毒饵毒杀法，用上述药剂按每亩250~300毫升，加水稀释1 000倍左右，拌细土25~30千克制成毒土或用辛硫磷颗粒剂拌土，用上述药剂按1%药量及10%水拌炒香的麦麸、谷糠等，制成毒饵，于苗期撒施田间进行诱杀。

2. 蛴螬

蛴螬是多种金龟子的幼虫，是种类最多、为害最重、分布最广的小麦地下害虫。其食性很杂，为害大田作物、蔬菜、果树等。幼虫主要咬食种子、幼苗、根茎及地下块茎、果实，常造成不同程度的缺苗断垄。成虫则为害豆类等作物及果树的叶片、花等组织。

防治办法：主要以化学防治为主，以药剂处理种子、土壤和毒饵诱杀为主，辅以人工捕杀、灯光诱杀等方法。一是药剂拌种，同蛴螬防治。二是土壤处理，用50%辛硫磷250~300毫升，加水10倍，喷拌40~50千克细土制成毒土，条施于播种沟内或顺垄撒施于地表，施药后要随即浅锄或浅耕。三是毒饵诱杀，用5千克炒麦的麦麸、谷子、米糠、玉米糁、棉籽饼或豆饼，加80%敌百虫可溶性粉剂、50%辛硫磷乳油50~80毫升，加适量水将药剂稀释喷拌混匀即成。当发现蛴螬为害时，于傍晚顺垄撒施，每亩用毒饵2千克。四是生长期喷药、喷根，每亩用2.5%敌百虫粉剂约2千克喷施能有效防治成虫。五是可用黑灯，诱杀成虫。

3. 金针虫

金针虫幼虫长期生活于土壤中，主要为害禾谷类、薯类、豆类、甜菜、棉花及各种蔬菜和林木幼苗等。幼虫能咬食刚播下的种子，食害胚乳使其不能发芽，如已出苗可为害须根、主根和茎的地下部分取食有机质，使幼苗枯死。主根受害部不整齐，还能蛀入块茎和块根。金针虫每 3 年完成 1 代，一年中，秋后苗期及早春返青期是两个为害高峰，而以早春为害严重。如果冬前没有进行防治的麦田，来年春季小麦返青后一定要密切注意，一旦发现有金针虫的为害，立即用药防治，尽量减轻损失。

防治办法：一是在金针虫活动盛期常灌水，可抑制为害；二是定植前土壤处理，每亩用 48%辛・蜱乳油 200 毫升，拌细土 10 千克撒在种植沟内，也可将农药与农家肥拌匀施入；三是生长期可在苗间挖小穴，将颗粒剂或毒土点入穴中立即覆盖，土壤干时也可开沟或挖穴点浇；四是药剂拌种：用 50%辛硫磷，比例为药剂：水：种子=1：（30~40）：（400~500）；五是用 50%辛硫磷乳油 200~250 克，加水 10 倍，喷于 25~30 千克细土上拌均匀，或用 5%辛硫磷颗粒剂 2.5~3.0 千克处理土壤；六是深耕多耙，收获后及时深翻，夏季翻耕暴晒。

（二）小麦蚜虫

小麦蚜虫是小麦的主要害虫之一，主要集中在小麦背面、叶鞘及心叶处为害。小麦蚜虫分布极广，几乎遍及世界各产麦国，为害小麦的蚜虫有麦长管蚜、麦二叉蚜。

1. 为害症状

以成虫和若虫刺吸麦株茎、叶和嫩穗的汁液。麦苗被害后，叶片枯黄，生长停滞，分蘖减少；后期麦株受害后，叶片发黄，麦粒不饱满，严重时麦穗枯白，不能结实，甚至整株枯死。麦蚜的为害主要包括直接为害和间接为害两个方面：直接为害主要以成、若蚜吸食叶片、茎秆、嫩头和嫩穗的汁液。麦长管蚜多在植物上部叶片正面为害，抽穗灌浆后，迅速增殖，集中穗部为害。麦二叉蚜喜在作物苗期为害，被害部形成枯斑，其他蚜虫无此症状。间接为害是指麦蚜能在为害的同时，传播小麦病毒病，其中以传播小麦黄矮病为害最大。

2. 发病规律

麦蚜的越冬虫态及场所，以无翅胎生雌蚜在麦株基部叶丛或土缝内越冬。从发生时间上看，麦二叉蚜早于麦长管蚜，麦长管蚜一般到小麦拔节后才逐渐加重。叶片麦蚜为间歇性猖獗发生，这与气候条件密切相关。麦长管蚜喜中温不耐高温，要求湿度为40%~80%，而麦二叉蚜则耐30℃的高温，喜干怕湿，湿度35%~67%为适宜。一般早播麦田，蚜虫迁入早，繁殖快，为害重；夏秋作物的种类和面积直接关系麦蚜的越夏和繁殖。前期多雨气温低，后期一旦气温升高，常会造成小麦蚜虫的大爆发。

3. 防治办法

（1）保护利用自然天敌控制麦蚜。麦田中麦蚜的天敌种类较多，主要有瓢虫、食蚜蝇、草蛉、蜘蛛、蚜茧蜂，其中以瓢虫及蚜茧蜂最为重要。对这些天敌资源应加以保护利用，充分发挥天敌的作用。

（2）农药防治。根据蚜虫的为害特点，进行田间检查。蚜虫刚发生时多在小麦底部叶片上，所以不易被发现，当发现上部叶片被为害时，就已对小麦产量造成了影响，所以应注意观察，早发现，早防治，苗期只要每平方米有蚜虫30~60头就要进行防治，孕穗期当有蚜株率达15%或平均每株有蚜虫10头左右就要及时防治。可每亩用20%百蚜净60毫升，50%抗蚜威可湿性粉剂10~15克，10%吡虫啉可湿性粉剂20克，上述农药品种任选一种，加水35~45千克（2~3桶水），于上午露水干后，或16时以后均匀喷雾，如发生较严重，每桶水再加一包吡虫啉混合喷施。

（三）小麦红蜘蛛

1. 为害症状

小麦红蜘蛛是一种对农作物为害性很大的害虫，常为害作物小麦、大麦、豌豆、苜蓿、杂草。麦蜘蛛春秋两季为害麦苗，成、若虫都可为害，被害麦叶出现黄白小点，植株矮小，发育不良，重者干枯死亡。

2. 发生规律

麦长腿蜘蛛一年发生3~4代，以成虫和卵越冬，第二年3月越冬成虫开始活动，卵也陆续孵化，4—5月进入繁殖及为害盛期。5月中下旬成虫大量产卵越夏。10月上中旬越夏卵陆续孵化为害麦苗，完成一世代需24~26天。麦圆蜘蛛一年发生2~3代，以成、若虫和卵在麦株及杂草上越冬。3月中下旬至4月上旬虫量大，为害重，4月下旬虫口消退，越夏卵10月开始孵化为害秋苗。每雌平均产卵20余粒，完成1代需46~80天，两种麦蜘蛛均以孤雌生殖为主。麦长腿蜘蛛喜干旱，生存适温为15~20℃，最适相对湿度在50%以下。麦圆蜘蛛多在8~9时以前和16~17时以后活动。不耐干旱，生活适温8~15℃，适宜湿度在80%以上。遇大风多隐藏在麦丛下部。

3. 防治办法

加强农业防治，重视田间虫情监测，及时发现，及早防治，将麦蜘蛛消灭于点片发生时期。

（1）精细整地。早春中耕，能杀死大量虫体；麦收后浅耕灭茬，秋收后及早深耕，因地制宜进行轮作倒茬，可有效消灭越夏卵及成虫，减少虫源。

（2）加强田间管理。一要施足底肥，保证苗齐苗壮，并要增加磷钾肥的施入量，保证后期不脱肥，增强小麦自身抗病虫害能力。二要及时进行田间除草，对化学除草效果不好的地块，要及时采取人工除草办法，将杂草铲除干净，以有效减轻其为害。实践证明，一般田间不干旱、杂草少、小麦长势良好的麦田，小麦红蜘蛛很难发生。

（3）化学防治。小麦红蜘蛛虫体小、发生早且繁殖快，易被忽视，因此应加强虫情调查。从小麦返青后开始每5天调查1

次，当麦垄单行33厘米有虫200头或每株有虫6头，大部分叶片密布白斑时，即可施药防治。检查时注意不可翻动需观测的麦苗，防止虫体受惊跌落。哪里有虫防治哪里、重点地块重点防治，这样不但可以减少农药使用量，降低防治成本，还可提高防治效果。小麦起身拔节期于中午喷药，小麦抽穗后气温较高，10时以前和16时以后喷药效果最好，可用1.8%虫螨克5 000~6 000倍液、15%哒螨灵乳油2 000~3 000倍液、1.8%阿维菌素3 000倍液、20%扫螨净可湿性粉剂3 000~4 000倍液、20%绿保素（螨虫素+辛硫磷）乳油3 000~4 000倍液。

（四）小麦吸浆虫

1. 为害特点

小麦吸浆虫是为害小麦的一种常害虫，主要为害小麦花器并吸食正在灌浆的小麦籽粒的浆液，造成瘪粒、空壳而减产，一般可造成减产10%~30%，严重的达50%以上，大发生年可造成部分田块绝产。

2. 发病规律

小麦吸浆虫基本上都是一年发生一代，以成长幼虫在土中结茧越夏和越冬，翌年春季小麦拔节前后，有足够的雨水时越冬幼虫开始移向土表，小麦孕穗期，幼虫逐渐化蛹，小麦抽穗期成虫盛发，并产卵于麦穗上。

3. 防治方法

（1）农业防治。

①选用抗虫品种：吸浆虫耐低温而不耐高温，因此越冬死亡率低于越夏死亡率。土壤湿度条件是越冬幼虫开始活动的重要因素，是吸浆虫化蛹和羽化的必要条件。不同小麦品种，小麦吸浆虫的为害程度不同，一般芒长多刺，口紧小穗密集，扬花期短而整齐，果皮厚的品种，对吸浆虫成虫的产卵、幼虫入侵和为害均不利。因此要选用穗形紧密，内外颖毛长而密，麦

粒皮厚，浆液不易外流的小麦品种。

②轮作倒茬：麦田连年深翻，小麦与油菜、豆类、棉花和水稻等作物轮作，对压低虫口数量有明显的作用。在小麦吸浆虫严重田及其周围，可实行棉麦间作或改种油菜、大蒜等作物，待翌年后再种小麦，就会减轻为害。

（2）化学防治。

①土壤处理：小麦孕穗期：药剂3%甲基异柳磷颗粒剂，或80%敌敌畏乳油50~100毫升加水1~2千克，或用50%辛硫磷乳油200毫升，加水5千克喷在20~25千克的细土上，拌匀制成毒土施用。

②成虫期药剂防治：在小麦抽穗至开花前，每亩用80%敌敌畏150毫升，加水4千克稀释，喷洒在25千克麦糠上拌匀，隔行每亩撒一堆，此法残效期长，防治效果好；2.5%溴氰菊酯3 000倍喷雾。

三、小麦各生育期病虫害综合防治技术

（一）小麦病虫综合防治计划的制订

小麦栽培管理过程中，应总结本地小麦病虫害的发生特点和防治经验，制订病虫害防治计划，适时进行田间调查，及时采取防治措施，有效控制病虫的为害，保证丰产、丰收（表1-2）。

表1-2　麦田病虫害的综合防治历

生育期	日期	主要防治对象	次要防治对象	防治措施
播种期	10月中旬	地下害虫、黑穗病、全蚀病、赤霉病、锈病	白粉病、病毒病、根腐病叶枯病、蚜虫、红蜘蛛、吸浆虫	土壤处理、药剂包衣拌种

（续表）

生育期	日期	主要防治对象	次要防治对象	防治措施
冬前秋苗期	10月下旬至11月下旬	纹枯病	白粉病、锈病、红蜘蛛、蚜虫	喷施杀菌剂、杀虫剂
分蘖末期	2月中下旬	纹枯病		喷施杀菌剂
返青、拔节至孕穗期	3月上旬至4月上旬	病毒病、锈病、红蜘蛛、吸浆虫、麦叶蜂	白粉病、纹枯病、叶枯病、根腐病、控制旺长	喷施杀虫剂、杀菌剂、杀螨剂及植物激素
抽穗至灌浆期	4月中旬至5月上旬	赤霉病、白粉病、颖枯病、叶枯病、吸浆虫、蚜虫	根腐病、黏虫、麦叶蜂	喷施杀菌剂、杀虫剂
成熟期	5月中下旬	蚜虫、白粉病	黏虫、赤霉病	使用杀虫剂、杀菌剂、微肥

（二）播种期病虫害防治技术

播种期是防治病虫害的关键时期。这一时期防治的主要虫害有地老虎、蛴螬、蝼蛄、金针虫等地下害虫，土壤处理可以防治小麦吸浆虫越冬幼虫，药剂拌种以减少地下害虫及其他苗期害虫的为害。

小麦病害如黑穗病、赤霉病、根腐病主要是靠种子或土壤带菌进行传播的，而且从幼苗期就开始侵染，所以对于这些病害，进行种子处理是最有效的防治措施，另外，通过适当的药剂拌种，可以减轻苗期白粉病，锈病、纹枯病、叶枯病、病毒病等多种病害的为害。

还可以通过施用激素和微肥，培育壮苗，增强植株的抗病力。

药剂拌种的常用方法如下。

（1）可以用40%甲基异柳磷乳油0.5千克加水15~20千克，

拌种 200 千克堆闷 2～3 小时后播种。防治蝼蛄、蛴螬、金针虫等地下害虫。

（2）可以用 15%三唑酮可湿性粉剂 60～100 克，12.5%烯唑醇可湿性粉剂 60～80 克拌麦种 50 千克或用戊唑醇按种子重量的 0.1%～0.15%拌种，拌后闷种 4～6 小时播种，可以防治小麦黑穗病、赤霉病等。

（3）用 12.5%哇噻菌胺悬浮剂 200 毫升、2.5%菌腈悬浮剂 100 毫升加水 1.5～2.0 千克，拌麦种 50～100 千克，对小麦全蚀病有较好的防效。

（4）土壤处理，在地下害虫或小麦吸浆虫发生严重的地区，每亩用 3%甲基异柳磷或辛硫磷颗粒剂 3～4 千克，在犁地前均匀地撒施地面，随犁地翻入土中。对一些害虫的卵也有一定的防治效果。

（三）冬前苗期病虫害防治技术

小麦冬前苗期的病虫相对较轻，但在有些年份因气温相对偏高，蚜虫、红蜘蛛、白粉病、锈病也有发生，可根据情况具体的防治。

可喷洒 40%氧化乐果乳油 1 000倍液，50%辛硫磷乳油 1 500倍液，每亩喷药液 40～50 千克，防治蚜虫、红蜘蛛。

每亩用 15%三唑酮可湿性粉剂 60～70 千克或 12.5%烯唑醇可湿粉剂 32～48 千克，加水 40～50 千克喷雾，兼治小麦白粉病、锈病等。

这时期的小麦较弱，用药时要严格控制用量注意避免产生药害。11 月中旬土壤干旱时，应浇越冬水，以增加土壤水分，稳定地温，对小麦安全越冬有利，使小麦免受冻害。

（四）分蘖末期病虫害防治技术

该期是纹枯病开始发生时期，要注意调查，及时防治小麦纹枯病。

纹枯病初发时，每亩可用20%三唑酮乳油75~100毫升，对水60千克或12.5%烯唑醇可湿性粉剂12.5克加水100千克对准小麦茎基部喷雾。

（五）返青、拔节至孕穗期病虫害防治技术

该期是预防小麦病虫害的一个关键时期。早春、气温开始回升，病虫开始活动，干旱时，麦田红蜘蛛发生为害，锈病也开始入侵，应加强田间的预测预报。对于小麦吸浆虫发生严重的地区，要进行蛹期防治。这一时期病虫防治以红蜘蛛、锈病、纹枯病为主，可兼治白粉病。

红蜘蛛虫口数量大时，喷洒15%哒螨显乳油2 000~3 000倍液，1.8%阿维菌素乳油2 000~4 000倍液，40%氧化乐果乳油1 000~1 500倍液，40%三氯杀螨醇乳油1 500倍液，50%马拉硫磷乳油2 000倍液，视虫情隔10~15天再喷1次。

小麦纹枯病株率达5%，每亩可用5%井冈素水剂200克或30%爱苗乳油（苯醚甲环唑+丙环唑）15毫升或12.5%烯唑醇可湿性粉剂20~35克或25%丙环唑乳油25~30毫升或2%嘧啶核苷类抗生素150~200毫升或40%多菌灵胶悬剂50~100克或70%甲基硫菌灵可湿性粉剂50~75克，加水40~50千克均匀喷雾。

锈病为害时，每亩用15%三唑酮可湿性粉剂50克或12.5%烯唑醇可湿性粉剂15~30克，加水50~70千克喷雾或加水10~15千克进行低容量喷雾。可兼治白粉病等其他病害。

小麦锈病、叶枯病、纹枯病混发时，于发病初期，亩用12.5%烯唑醇可湿性粉剂20~35克，加水50~80千克喷施效果优异，既防治锈病，又可兼治叶枯病和纹枯病。

结合小麦病害的防治，喷洒15%多效唑粉剂，每亩用药50~60克，加水40~50千克，可有效地控制旺长，缩短基部节间，防治小麦倒伏。

（六）抽穗至灌浆期病虫害防治技术

该期是蚜虫、红蜘蛛、白粉病、赤霉病的重要发生期，应注意田间调查，及时防治，控制病虫为害，减少损失。

麦蚜发生期，可用10%吡虫啉可湿性粉剂2 000~3 000倍液或3%啶虫脒乳油可湿粉剂1 500~3 000倍液或1.8%阿维菌素乳油2 000~4 000倍液或50%抗蚜威可湿性粉剂1 500~3 000倍液或40%氧乐果乳油1 500倍液或50%马拉硫磷乳油1 000倍液或2.5%溴菊酯乳油3 000倍液，进行均匀喷雾防治。

麦田红蜘蛛发生较重时，每亩用20%三氯杀螨醇乳油20~30毫升或40%氧化乐果乳油10毫升或20%哒螨灵可湿性粉剂10~20克或73%炔螨特乳油30~50毫升或5%噻螨酮乳油50~66毫升，加水40~50千克均匀喷雾，可有效地防治麦蜘蛛。

防治麦叶蜂，可用40%氧化乐果乳油1 500~2 000倍液、50%辛硫磷乳油1 500倍液、5%氯氰菊酯乳油800倍液、10%虫螨腈乳油800~1 000倍液均匀喷雾。

小麦白粉病发生较重时，用12.5%烯唑醇可湿性粉剂，亩用有效成分4~6克；45%硫胶悬剂300倍液、20%三唑酮乳油1 000倍液均匀喷雾。

小麦纹枯病发生较重时，每亩可用5%井冈霉素水剂200克或30%爱苗乳油（本醚甲环唑+丙环唑）15毫升或12.5%烯唑醇可湿性粉剂20~35%克或25%丙环唑乳油25~30毫升或20%三唑酮乳油750倍液或2%嘧啶核苷类抗生素水剂150~200毫升，加水40~50千克均匀喷雾。

小麦锈病发生较重时，每亩可用15%三唑酮可湿性粉剂量30~40克或25%戊唑醇水乳剂25~33毫升或25%粉唑醇悬乳剂16~20毫升或15%粉锈灵可湿性粉剂80克或12.5%烯唑醇可湿性粉剂25~30克或25%丙环唑乳油40毫升或12.5%氟环唑悬浮剂45~60毫升或25%腈菌唑乳油45~54毫升或40%氟硅唑乳油

6～8 毫升，加水 40～50 千克均匀喷雾。

田间小麦赤霉病等开始发生期，每亩用 60%多菌灵盐酸可湿性粉剂 70～90 克或 50%多·福·硫可湿性粉剂（多菌灵·福·硫黄）100～150 克或 40%百菌灵可湿性粉剂（多菌灵·三唑酮）100～125 克或 25%咪鲜胺乳油 50～75 毫升或 40.5%氯溴异氰尿酸可溶性粉剂 40 克或 42%甲·醚可湿性粉剂（甲基硫菌灵·苯醚甲环唑）40～60 克或 36%多·咪鲜可湿性粉剂（多菌灵·咪鲜胺）40～60 克。

（七）成熟期病虫害防治技术

5 月中旬以后，小麦进入成熟期，是小麦丰产丰收关键时期。该期应加强预测预报，及时防治病虫害，在防治策略上以治疗为主，具有针对性，确保丰收。

小麦在生育后期，可视具体情况浇麦黄水，既能满足需水要求，又能防御轻干热风为害。小麦进入黄熟后，应及时抓住晴朗天气，成熟一片收一片，以防灾害天气出现。

四、麦田化学除草技术

麦田杂草在生长过程中，与小麦争阳光、水分、养分、空间，同时，有的还是其他有害生物的中间寄主，大量杂草的滋生，影响小麦的产量与品质。人工与机械除草效率低，所以，目前大多采用化学除草技术。化学除草省工、省时、高效、降低了劳动强度（表 1-3）。

表 1-3　麦田常用除草剂用法用量

氯氟吡氧乙酸	使它隆	20%乳油	麦田阔叶杂草	喷雾	60 毫升
苯磺隆	巨星、阔叶净、麦客隆、麦镰、巨鑫	10%可湿性粉剂、75% 干粒剂	麦田阔叶杂草	喷雾	20 克、1 克

（续表）

氯氟吡氧乙酸	使它隆	20%乳油	麦田阔叶杂草	喷雾	60毫升
苄嘧黄隆	苄黄隆	30%、10%可湿性粉剂	麦田阔叶杂草	喷雾	20~30克
噻吩磺隆	宝收、麦草光、噻磺隆	75%干悬浮剂、15%、75%可湿性粉剂	麦田阔叶杂草	喷雾	1克
唑草酮	快灭灵、氟唑草酮、唑酮草酯、唑草酯、福农	40%、50%干悬浮剂（DF）、22.5%浓乳剂	麦田阔叶杂草	喷雾	4~5克
双氟磺草胺	麦喜（复配剂-双氟磺草胺+唑嘧磺草胺）、麦施达、普瑞麦	58%悬浮剂	麦田阔叶杂草	喷雾	20~30毫升
唑嘧磺草胺	阔草清	80%水分散粒剂	麦田茎叶处理，大豆、玉米播后苗前	喷雾	1.5~2克、2~4克
甲基二磺隆	世玛	3%油悬剂（OF）	麦田一年生禾本科杂草	喷雾	25~35毫升
炔草酸	炔草酯、麦极、顶尖	15%可湿性粉剂	麦田一年生禾本科杂草	喷雾	16~20克

1. 杂草种类

麦田杂草种类：荠菜、播娘蒿、婆婆纳、猪殃殃、麦家公、小蓟、泽漆、绞股蓝、野燕麦、节节麦、鹅冠草等。优势种主要有猪殃殃、播娘蒿及恶性杂草小蓟、野燕麦、猫儿眼等。

2. 防治方法

针对不同的优势种群采用相应的有效药剂。

（1）施用时间。

①适宜施药时间：11月中下旬。

②补充防治时间：年后 3 月 15 日以前小麦返青期至拔节前。施药时气温需 5℃ 以上，晴天无风，且 3～4 天内无寒流来袭。

（2）药剂选择。

①10%苯磺隆可湿性粉剂每亩 10～15 克加水 30 千克，喷雾防治播娘蒿、荠菜、婆婆纳、佛座等阔叶杂草。

②30%苄嘧磺隆每亩 10～15 克加水 30 千克，喷雾防治猪殃殃、婆婆纳、播娘蒿等阔叶杂草。

③20%氯氟吡氧乙酸每亩 30～50 毫升加水 30 千克，喷雾防治猫儿眼（泽漆）、猪殃殃等阔叶杂草。

④6.9%骠马乳油每亩 60 毫升，防治野燕麦等禾本科杂草。可以与以上药剂混合使用，各加各量。

第二章　夏玉米绿色优质高产高效栽培技术

第一节　玉米品种及栽培技术要点

一、郑单958

审定编号：

国审玉2000009

特征特性：

属中熟杂交种，夏播生育期105天左右，活秆成熟。苗期发育较慢，第一子叶椭圆形，幼苗叶鞘紫色，叶片浅绿色。株型紧凑，株高241厘米左右，穗位104厘米左右。雄穗分枝11个，花药黄色。果穗筒形，穗轴白色，花丝粉红色，穗长16.2厘米左右，穗粗4.8厘米左右，穗行数14~16行，千粒重320克左右，籽粒黄色，半马齿形，出籽率87.8%左右。河北省农林科学院植物保护研究所抗病鉴定结果，抗大斑病、小斑病、黑粉病、粗缩病，高抗矮花叶病，轻感茎腐病。品质：籽粒粗蛋白质含量9.33%，赖氨酸0.25%，脂肪3.98%，淀粉73.02%。

产量表现：

1998、1999年参加国家黄淮海夏玉米组区试，其中1998年

23 个试点平均亩产 577.3 千克，比对照掖单 19 号增产 28%，达极显水平，居首位；1999 年 24 个试点，平均亩产 583.9 千克，比对照掖单 19 号增产 15.5%，达极显著水平，居首位。1999 年在同组生产试验中平均亩产 587.1 千克，居首位，29 个试点中有 27 个试点增产 2 个试点减产，有 19 个试点位居第一位，在各省均比当地对照品种增产 7%以上。

栽培要点：

6 月上中旬足墒早播，种植密度4 000~5 000株/亩。注意增施磷钾提苗肥，重施拔节肥，大喇叭口期注意防治玉米螟。

种植区域：

适宜在黄淮海夏玉米区推广种植。

二、浚单 20

审定编号：

国审玉 2003054

特征特性：

出苗至成熟 97 天，比农大 108 早熟 3 天，需有效积温 2 450℃。幼苗叶鞘紫色，叶缘绿色。株型紧凑、清秀，株高 242 厘米，穗位高 106 厘米，成株叶片数 20 片。花药黄色，颖壳绿色。花丝紫红色，果穗筒形，穗长 16.8 厘米，穗行数 16 行，穗轴白色，籽粒黄色，半马齿形，百粒重 32 克。

抗病鉴定：

经河北省农林科学院植物保护研究所两年接种鉴定，感大斑病，抗小斑病，感黑粉病，中抗茎腐病，高抗矮花叶病，中抗弯孢菌叶斑病，抗玉米螟。

品质分析：

经农业部谷物品质监督检验测试中心（北京）测定，籽粒容重为 758 克/升，粗蛋白含量 10. 2%，粗脂肪含量 4. 69%，粗淀粉含量 70. 33%，赖氨酸含量 0. 33%。经农业部谷物品质监督检验测试中心（哈尔滨）测定：籽粒容重 722 克/升，粗蛋白含量 9. 4%，粗脂肪含量 3. 34%，粗淀粉含量 72. 99%，赖氨酸含量 0. 26%。

产量表现：

2001—2002 年参加黄淮海夏玉米组品种区域试验，42 点增产，5 点减产，两年平均亩产 612. 7 千克，比农大 108 增产 9. 19%；2002 年生产试验，平均亩产 588. 9 千克，比当地对照增产 10. 73%。

栽培要点：

适宜密度为4 000~4 500株/亩。

种植区域：

适宜在河南、河北中南部、山东、陕西、江苏、安徽、山西运城夏玉米区种植。

三、中科 11 号

审定编号：

国审玉 2006034

特征特性：

在黄淮海地区出苗至成熟 98. 6 天，比对照郑单 958 晚熟 0. 6 天，比农大 108 早熟 4 天，需有效积温 2 650℃左右。幼苗叶鞘紫色，叶片绿色，叶缘紫红色，雄穗分枝密，花药浅紫色，颖壳绿色。株型紧凑，叶片宽大上冲，株高 250 厘米，穗位高 110 厘米，成株叶片数 19~21 片。花丝浅红色，果穗筒形，穗长 16. 8 厘米，穗行数 14~16 行，穗轴白色，籽粒黄色、半马齿形，百粒重 31. 6 克。

抗病鉴定：

经河北省农林科学院植物保护研究所两年接种鉴定，高抗矮花叶病，抗茎腐病，中抗大斑病、小斑病、瘤黑粉病和玉米螟，感弯孢菌叶斑病。

品质鉴定：

经农业部谷物品质监督检验测试中心（北京）测定，籽粒容重 736 克/升，粗蛋白含量 8.24%，粗脂肪含量 4.17%，粗淀粉含量 75.86%，赖氨酸含量 0.32%。

产量表现：

2004—2005 年参加黄淮海夏玉米品种区域试验，42 点次增产，6 点次减产，两年区域试验平均亩产 608.4 千克，比对照增产 10.0%。2005 年生产试验，平均亩产 564.3 千克，比当地对照增产 10.1%。

栽培要点：

每亩适宜密度 3 800~4 200株，注意防治弯孢菌叶斑病。

种植区域：

适宜在河北、河南、山东、陕西、安徽北部、江苏北部、山西运城夏玉米区种植。

四、登海 605

审定编号：

国审玉 2010009

特征特性：

在黄淮海地区出苗至成熟 101 天，比郑单 958 晚一天，需有效积温 2 550℃左右。幼苗叶鞘紫色，叶片绿色，叶缘绿带紫色，花药黄绿色，颖壳浅紫色。株型紧凑，株高 259 厘米，穗位高 99 厘米，成株叶片数 19～20 片。花丝浅紫色，果穗长筒形，穗长 18 厘米，穗行数 16～18 行，穗轴红色，籽粒黄色、马齿形，百粒重 34.4 克。

抗病鉴定：

经河北省农林科学院植物保护研究所接种鉴定，高抗茎腐病，中抗玉米螟，感大斑病、小斑病、矮花叶病和弯孢菌叶斑病，高感瘤黑粉病、褐斑病和南方锈病。

品质鉴定：

经农业部谷物品质监督检验测试中心（北京）测定，籽粒容重 766 克/升，粗蛋白含量 9.35%，粗脂肪含量 3.76%，粗淀粉含量 73.40%，赖氨酸含量 0.31%。

产量表现：

2008—2009 年参加黄淮海夏玉米品种区域试验，两年平均亩产 659.0 千克，比对照郑单 958 增产 5.3%。2009 年生产试验，平均亩产 614.9 千克，比对照郑单 958 增产 5.5%。

栽培要点：

在中等肥力以上地块栽培，每亩适宜密度4 000～4 500株，注意防治瘤黑粉病，褐斑病、南方锈病重发区慎用。

种植区域：

适宜在山东、河南、河北中南部、安徽北部、山西运城地区夏播以及内蒙古自治区适宜区域、陕西省、浙江省种植，注意防治瘤黑粉病，褐斑病、南方锈病重发区慎用。

五、伟科 702

审定编号：

豫审玉 2011008

特征特性：

夏播生育期 97~101 天。株型紧凑，叶片数 20~21 片，株高 246~269 厘米，穗位高 106~112 厘米；叶色绿，叶鞘浅紫，第一叶匙形；雄穗分枝 6~12 个，雄穗颖片绿色，花药黄，花丝浅红；果穗筒形，穗长 17.5~18.0 厘米，穗粗 4.9~5.2 厘米，穗行数 14~16 行，行粒数 33.7~36.4 粒，穗轴白色；籽粒黄色，半马齿形，千粒重 334.7~335.8 克，出籽率 89.0%~89.8%。

抗病鉴定：

2008 年高抗大斑病（1 级）、矮花叶病（0.0%），抗小斑病（3 级）、弯孢菌叶斑病（3 级），中抗茎腐病（16.28%），高感瘤黑粉病（45.71%），中抗玉米螟（6.0 级）；2009 年高抗大斑病（1 级）、矮花叶病（0.0%），抗小斑病（3 级），中抗茎腐病（24.4%）、瘤黑粉病（7.7%），高感弯孢菌叶斑病（9 级），感玉米螟（7 级）。

品质鉴定：

2009 年粗蛋白质 10.5%，粗脂肪 3.99%，粗淀粉 74.7%，赖氨酸 0.314%，容重 741 克/升。籽粒品质达到普通玉米 1 等级国标；淀粉发酵工业用玉米 2 等级国标；饲料用玉米 1 等级国标；高淀粉玉米 2 等级部标。

产量表现：

2008 年参加省玉米区试（4 000株/亩三组），10 点汇总，全部增产，平均亩产 611.9 千克，比对照郑单 958 增产 4.9%，差异不显著，居 17 个参试品种第 2 位；2009 年续试（4 000株/亩三组），10 点汇总，全部增产，平均亩产 605.5 千克，比对照郑单 958 增产 11.9%，差异极显著，居 19 个参试品种第 1 位。综合两年试验结果：平均亩产 608.7 千克，比对照郑单 958 增产 8.2%，增产点比率为 100%。2010 年省玉米生产试验（4 000

株/亩 BI 组)，13 点汇总，全部增产，平均亩产 584.2 千克，比对照郑单 958 增产 9.6%，居 10 个参试品种第 2 位。

栽培技术要点：

6 月 20 日前播种，密度4 000株/亩。播种时用 50%福美双可湿性粉剂拌种，苗期注意防治蓟马、棉铃虫、玉米螟等害虫，保证苗齐苗壮。苗期少施肥，大喇叭口期重施肥，同时用辛硫磷颗粒丢芯，防治玉米螟。突出抓好中前期田间管理以达到夺取稳产高产的目的。玉米籽粒乳线消失或籽粒尖端出现黑色层时收获。

种植区域：

河南各地夏播种植。

六、中单 909

审定编号：

国审玉 2011011

特征特性：

在黄淮海地区出苗至成熟 101 天，比郑单 958 晚一天。幼苗叶鞘紫色，叶片绿色，叶缘绿色，花药浅紫色，颖壳浅紫色。株型紧凑，株高 260 厘米，穗位高 108 厘米，成株叶片数 21 片。花丝浅紫色，果穗筒形，穗长 17.9 厘米，穗行数 14~16 行，穗轴白色，籽粒黄色、半马齿形，百粒重 33.9 克。

抗病鉴定：

经河北省农林科学院植物保护研究所两年接种鉴定，中抗弯孢菌叶斑病，感大斑病、小斑病、茎腐病和玉米螟，高感瘤黑粉病。

品质鉴定：

经农业部谷物品质监督检验测试中心（北京）测定，籽粒容重794克/升，粗蛋白含量10.32%，粗脂肪含量3.46%，粗淀粉含量74.02%，赖氨酸含量0.29%。

产量表现：

2009—2010年参加黄淮海夏玉米品种区域试验，两年平均亩产630.5千克，比对照增产5.1%。2010年生产试验，平均亩产581.9千克，比对照郑单958增产4.7%。

栽培要点：

①在中等肥力以上地块种植。②适宜播种期6月上中旬。③每亩适宜密度4 500~5 000株。④注意防治病虫害，及时收获。

种植区域：

适宜在河南、河北保定及以南地区、山东（滨州除外）、陕西关中灌区、山西运城、江苏北部、安徽北部（淮北市除外）夏播种植。瘤黑粉病高发区慎用。

七、圣瑞999

审定编号：

豫审玉2013005、国审玉2013009

特征特性：

河南夏播育期98~102天。株型紧凑，全株总叶片数19~21片，株高240~250厘米，穗位高99~107厘米；叶片绿色，叶鞘浅紫，第一叶尖端圆到匙形，雄穗分枝6~10个，花药黄色，花丝浅紫，果穗锥形；穗长15.6~16.7厘米，秃尖长0.6厘米，穗粗4.9厘米，穗行数12~16行，行粒数36.0粒，千粒重367.0克，籽粒黄色，半马齿形，穗轴白色，出籽率89.8%，田间倒折率0.5%。

抗病鉴定：

2010年河南农业大学植物保护学院人工接种鉴定：感大斑病（7级），高抗小斑病（1级）、抗弯孢菌叶斑病（3级），高感矮花叶病（9级），高抗茎腐病（1级），高抗瘤黑粉病（1级），中抗玉米螟（5级）；2011年河南农业大学植物保护学院人工接种鉴定：高抗大斑病（1级），高抗小斑病（1级）、感弯孢菌叶斑病（7级），中抗矮花叶病（5），抗茎腐病（5级），抗瘤黑粉病（3级），高感玉米螟（9级）。

品质分析：

2010年农业部农产品质量监督检验测试中心（郑州）检测：粗蛋白质9.80%，粗脂肪4.51%，粗淀粉72.92%，赖氨酸0.270%，容重744克/升。2011年农业部农产品质量监督检验测试中心（郑州）检测：粗蛋白质9.32%，粗脂肪4.46%，粗淀粉74.32%，赖氨酸0.30%，容重732克/升。

产量表现：

2010年河南省玉米新品种区域试验（4 500株/亩一组），12点汇总，12点增产，平均亩产608.2千克，比对照郑单958增产6.3%，差异极显著，居20个参试品种第7位；2011年续试，9点汇总，8点增产1点减产，平均亩产为528.9千克，比对照郑单958增产7.1%，差异极显著，居20个参试品种第2位。2012年河南省玉米品种生产试验（4 500株/亩组），11点汇总，11点增产，平均亩产为742.9千克，比对照郑单958增产6.8%，差异极显著，居7个参试品种第3位。

栽培要点：

（1）播期和密度。播期6月5—20日，种植密度4 500株/亩。

（2）田间管理。播种前亩施复合肥40千克做底肥，喇叭口期每亩追施尿素30千克，或播种前亩施缓释肥50千克，喇叭口期喷施叶面肥，遇干旱及时浇水，播种前用种衣剂包衣防治地下害虫，大喇叭口期用辛硫磷颗粒剂丢芯防治玉米螟。

（3）适时收获。籽粒尖端黑色层出现后收获。

种植区域：

适宜在河北保定及以南地区、河南、山东、陕西关中灌区、江苏北部、安徽北部及山西南部夏播种植。粗缩病、瘤黑粉病高发区慎用。

八、豫单112

审定编号：

豫审玉2014006

特征特性：

夏播生育期99~103天。株型半紧凑，全株总叶片数19~20片，株高278~301厘米，穗位高117~122厘米；叶色深绿，叶鞘浅紫色，第一叶尖端椭圆形；雄穗分枝8~10个，雄穗颖片微红，花药浅紫色，花丝浅紫色；果穗长筒形，穗长16.9~17.4厘米，秃尖长0.3~0.7厘米，穗粗4.5~4.8厘米，穗行数12~16行，行粒数36.1~36.6粒；穗轴红色，籽粒黄色，半马齿粒形，千粒重320.0~331.8克，出籽率88.0%~90.5%，田间倒折率0.7%~1.4%。

抗病鉴定：

2012年河南农业大学植物保护学院人工接种鉴定：感大斑病（7级），中抗小斑病（5级），高抗弯孢菌叶斑病（1级），高抗茎腐病（1级），高抗瘤黑粉病（1级），高抗矮花叶病（1级），高感玉米螟（9级）。2013年鉴定：抗大斑病（3级），高抗弯孢菌叶斑病（1级），感茎腐病（7级），中抗玉米螟（5

级)。2013 年河南科技学院鉴定：中抗小斑病（5 级），高抗矮花叶病（病株率 3.8），中抗瘤黑粉病（病株率 7.0）。

品质分析：

2013 年农业部农产品质量监督检验测试中心（郑州）检测：粗蛋白质 12.4%，粗脂肪 4.0%，粗淀粉 70.8%，赖氨酸 0.33%，容重 782 克/升。

产量表现：

2012 年河南省玉米品种区域试验（4 500株/亩组），9 点汇总，8 点增产 1 点减产，平均亩产 774.6 千克，比对照郑单 958 增产 8.0%，差异极显著，居 16 个参试品种第 2 位；2013 年续试（4 500株/亩组），8 点汇总，全部增产，平均亩产为 669.0 千克，比对照郑单 958 增产 10.4%，差异极显著，居 17 个参试品种第 2 位。2013 年河南省玉米新品种生产试验（4 500株/亩组），10 点汇总，全部增产，平均亩产 636.5 千克，比对照郑单 958 增产 9.1%，居 10 个参试品种第 2 位。

栽培技术要点：

（1）播期和密度。6 月上中旬麦后直播，中等水肥地4 500株/亩，高水肥地不超过5 000株/亩。

（2）田间管理。科学施肥，浇好三水，即拔节水、孕穗水和灌浆水；苗期适当蹲苗，注意防治蓟马、蚜虫、地老虎；大喇叭口期用颗粒杀虫剂丢芯，防治玉米螟虫。

（3）适时收获。玉米籽粒乳线消失或籽粒尖端出现黑色层时收获，以充分发挥该品种的增产潜力。

种植区域：

适宜河南各地推广种植。

九、宇玉 30 号

审定编号：

国审玉 2014010

特征特性：

株型紧凑，全株叶片数 19~21 片，幼苗叶鞘绿色，花丝浅红色，花药红色。区域试验结果：夏播生育期 106 天，株高 287 厘米，穗位 107 厘米，倒伏率 2.4%、倒折率 0.9%。果穗筒形，穗长 17.5 厘米，穗粗 4.4 厘米，秃顶 0.7 厘米，穗行数平均 14.8 行，穗粒数 486 粒，红轴，黄粒、半硬粒型，出籽率 85.6%，千粒重 317 克，容重 754 克/升。

抗病鉴定：

2011 年经河北省农林科学院植物保护研究所抗病性接种鉴定：中抗小斑病、大斑病，感弯孢叶斑病，中抗茎腐病，高感瘤黑粉病，高抗矮花叶病。

品质鉴定：

2011 年经农业部谷物品质监督检验测试中心（泰安）品质分析：粗蛋白含量 10.0%，粗脂肪 3.7%，赖氨酸 0.44%，粗淀粉 72.7%。

产量表现：

2012—2013 年参加京津唐夏播玉米品种区域试验，两年平均亩产 704.6 千克，比对照增产 6.7%；2013 年生产试验，平均亩产 631.7 千克，比对照京单 28 增产 11.6%。2012—2013 年参加黄淮海夏玉米品种区域试验，两年平均亩产 691.9 千克，比对照增产 6.6%；2013 年生产试验，平均亩产 622.9 千克，比对照郑单 958 增产 6.4%。

栽培要点：

中等地力以上地块种植，亩种植密度5 000株左右，注意防治大斑病、弯孢叶斑病和茎腐病。

种植区域：

适宜北京、天津、河北、河南、山东、陕西关中灌区、山西运城地区、江苏北部、安徽北部夏播种植。瘤黑粉病和粗缩病高发区慎用。

十、农大 372

审定编号：

国审玉 2015014

特征特性：

黄淮海夏玉米区出苗至成熟 103 天，与对照郑单 958 相当。幼苗叶鞘紫色，叶片绿色，叶缘浅紫色，花药浅紫色，颖壳浅紫色。株型半紧凑，株高 280 厘米，穗位高 105 厘米，成株叶片数 21 片。花丝绿色，果穗长筒形，穗长 21 厘米，穗行数 14~16 行，穗轴红色，籽粒黄色、半马齿形，百粒重 35. 7 克。

抗病鉴定：

抗镰孢茎腐病和大斑病，中抗小斑病和腐霉茎腐病，感弯孢叶斑病、茎腐病和穗腐病，高感瘤黑粉病和粗缩病。

品质鉴定：

籽粒容重 764 克/升，粗蛋白含量 8. 61%，粗脂肪含量 3. 05%，粗淀粉含量 75. 86%，赖氨酸含量 0. 28%。

产量表现：

2013—2014 年参加黄淮海夏玉米品种区域试验，两年平均亩产 691. 1 千克，比对照增产 6. 1%；2014 年生产试验，平均亩产 689. 3 千克，比对照郑单 958 增产 8. 3%。

栽培要点：

中上等肥力地块种植，6 月上中旬播种，亩种植密度4 500~

5 000株；亩施农家肥 2 000~3 000千克或三元复合肥 30 千克做基肥，大喇叭口期亩追施尿素 30 千克。

种植区域：

适宜河北保定以南地区、山西南部、山东、河南、江苏淮北、安徽淮北、陕西关中灌区夏播种植。注意防治瘤黑粉病、粗缩病。

第二节　夏玉米绿色免耕密植简化栽培技术

一、选用优良品种

“科技兴农，种子先行”。选用优良的玉米杂交种，是获得玉米优质高产高效的关键技术措施之一。选用适宜的优良玉米杂交种，在不增加其他投入的条件下，也可获得较好的收成，若做到良种与良法配套，增效更加显著。因此，要实现玉米优质高产高效，就必须根据当地的实际情况，坚持“专家推荐、市场认可，群众欢迎”的原则选用品种。所选品种应通过省级或国家品种审定委员会审定，适宜该生态区域种植，且种子质量符合国家标准规定。2016 年农业部发布黄淮海地区玉米主导品种为郑单 958、浚单 20、隆平 206、金海 5 号、中科 11 号、中单 909、登海 605、伟科 702、苏玉 29、圣瑞 999、宇玉 30。

二、选择高质量种子

品种优良并不等于种子质量好。种子质量的好坏，与苗全、苗齐、苗壮有直接的关系。所以在购买玉米种子时就要慎重，为防止买到假冒伪劣种子，一是到证照齐全的售种单位或个体经营户购种。选信誉好、服务好、守法经营的售种单位或个体户，看清经营单位的“三证一照”（种子生产许可证、种子经营许可证、植物检疫证、营业执照）是否齐全，不要贪图便宜购买无照经营单位或个体户的种子。二是购买大公司或知名品牌的玉米种。俗话说：“大树底下好乘凉，瘦死的骆驼比马大。”大公司在制种、管理、销售等方面均有雄厚的人力、物力和财力，根本不存在造假、售假；即使种子出现问题，也有能力赔偿。相反小公司或没有实力的个体户，遇事惊慌失措，根本无能力承担责任。大公司或知名品牌种子包装精美、档次高、字体清晰度高、图像清晰；种子外观加工要求严格、籽粒饱满、均匀度高、包衣均匀完好；包装袋内有标签，标签上详细标明生产厂家、质量标准、生产日期、产地、经营许可证号等，同时种子袋内有本品种的简单介绍及信誉卡。

三、抢时早播

夏玉米早播是高产的关键措施之一。农谚有“春争日，夏争时”“夏玉米播种没有早，越是早播越是好”的说法，可见早播的重要意义。

1. 早播的增产原因

（1）早播可以满足玉米对光、热的需求。玉米是喜温作物，同时又是喜强光的 C4 作物，在高温强光照的条件下光合强度大，合成的有机物质多，向籽粒运输的比率高，若处于 18℃以下的条件下，其光合作用基本停止。只有早播才能满足玉米对光热资源的需求，保证正常成熟。

（2）早播可以发挥中晚熟杂交种的增产潜力。玉米杂交种的产量水平是与杂交种的生育期呈显著正相关的，在一般情况下，生育期越长的杂交种生产潜力越大，夏玉米早播，可以延长玉米的有效生长时间，以便充分发挥中晚熟杂交种的增产潜力。

（3）早播能够有效地减轻病害造成的损失。玉米的大小斑病是造成夏玉米减产的主要原因，而大小斑病的发生流行则需要冷凉的气候条件，夏玉米早播，生长发育快，成熟早，能够避过玉米大小斑病适宜发生的冷凉条件，从而避免或减轻大小斑病发生流行给玉米产量造成的损失。

（4）早播可以利用自然降水规律协调玉米的生长。早播的夏玉米，在 6 月处于苗期，需水少，且需要蹲苗，此时降水少不影响玉米生长且对蹲苗有利，到了 7 月中旬，玉米进入旺盛生长期，需水量剧增，这时又适逢雨季到来，自然降水能满足玉米生长发育的需要。

2. 早播技术

夏玉米早播的主要方法有麦垄套种和“免耕播种”两种，具体技术如下。

（1）麦垄套种技术。

①适时套种：“玉米套种能增产，关键技术是时间。”套种过早，玉米苗与小麦的共同时间长，玉米苗在麦棵下得不到充足的光照和水肥供应，容易形成“小老苗”，且在收麦时常把玉米苗弄断造成缺苗；套种过晚，起不到早播的应有作用，因此，适时套种是套种增产的关键。具体套种时间，应根据玉米的品种特性和土壤肥力、小麦的长势来确定，一般在麦收前的 7~15 天套种比较适宜。

②足墒套种：套种玉米能否实现一播全苗，是套种成败的关键。麦垄套种玉米，往往因不能实现一播全苗而失败，造成套种玉米苗不全的重要原因是播种时土壤墒情较差，因此，在套种前要适时浇好玉米底墒水，若此时浇水确有困难，也可先套种后浇水，即在套种以后立即浇水。

③麦收后的早管：麦垄套种的玉米苗一般都生长较弱，在麦收以后必须立即进行早管，即要早间苗、早定苗、早中耕灭茬、早追肥浇水，促弱转壮，为高产奠定基础。

（2）免耕精密播种技术。所谓“免耕精密播种”，就是在麦收后不进行耕翻整地，就把玉米种子种到麦茬行中间的播种方法。“免耕精密播种”要做到以下几点。

①麦收时选择带有秸秆切碎装置的小麦收割机收获小麦，麦收后立即趁墒抢种，足墒下种；墒情不足时，播种后浇蒙头水。

②玉米种子选用1级、2级适宜单粒播种的种子（玉米精播种子发芽势和发芽率在90%和95%以上、发芽指数在70%以上等），并且要选用包衣种子，预防苗期病虫害。

③选用种肥同播的夏玉米免耕精密播种机，选用玉米控施肥每亩40~50千克，配备有丰富驾驶经验的农机手，做到匀速行驶、人机一体、播深一致（种子播在耕层土壤中的位置保证在镇压后种子至地表的距离为3~4厘米，误差不能大于1厘米），确保不重播、不漏播、不来回碾压。

四、合理密植

（一）合理密植增产的原因

1. 充分利用光能

挖掘玉米增产潜力的根本途径是充分利用光能。玉米单产一般随着种植密度的增加而提高，但也并不是种植密度越大产量越高，若种植密度过大，株间通风透光不良，合成的有机物虽然较多，但呼吸消耗的也较多。

2. 充分利用地力

合理密植，植株在地里分布比较匀称，能较多地吸收利用土壤中的水分和养分，使其充分发挥作用，并制造和积累较多的有机物质，达到增加玉米经济产量的目的。

3. 协调和统一产量构成因素间的矛盾

玉米的产量是由单位土地面积上的有效穗数、穗粒数和粒重构成的，在一般情况下是随着单位面积穗数的增加，穗粒数和粒重降低。在合理密植的情况下，穗数增加获得的效益大于穗粒数和粒重降低的损失，产量构成因素相对协调，因而能获得高产。

（二）合理密植的原则

目前，平原地区夏玉米种植的密度范围在每亩3 000~6 000株，其合理密植的原则要把握以下几点。

1. 肥地易密，瘦地易稀

以生产籽粒为目的的玉米，与小麦、水稻不同，它不发生分蘖，自身的群体调节能力低，其单位面积穗数不会因土壤的肥沃程度大幅度变动，在高水肥地就应以增加种植密度来挖掘土地的增产潜力；在土壤肥力差的地块，要保证玉米生长发育对水肥的需求，以便玉米生长良好，就应适当减少种植密度。

2. 株型紧凑的品种宜密，株型松散的品种宜稀

株型紧凑、叶片上举的品种，适宜的叶面积系数较大，消光系数小，适宜密植，种植的密度宜大些；反之宜小些。

3. 早播宜稀，晚播宜密

夏玉米播种早的，一般利用的是植株较高大的中晚熟杂交种，宜稀；反之宜密。

（三）种植方式

种植方式指的是玉米植株在田间株行距的配置情况。

1. 等行距种植

就是田间玉米种植的行距都相等，行距为60~80厘米，其株距随种植密度大小而定。

2. 宽窄行种植

又称大小行种植，一般宽行距60~80厘米，窄行距40~60厘米，株距随密度而定。

五、田间管理

（一）苗期管理

1. 苗期生育特点和管理主攻方向

玉米苗期，一般指的是从播种出苗到拔节所经历的时期。这一时期，夏玉米一般为 25 天左右。此期是玉米的营养生长阶段，田间管理的主攻方向是在保证苗全的基础上，促根、蹲苗、育壮苗，为穗期的健壮生长奠定基础。

2. 管理内容

（1）查苗补苗。玉米播种以后，常因种子质量或播种质量不高，或墒情差及虫、鼠为害等原因造成缺苗断垄，因此，对玉米来说，在出苗以后及时进行查苗补苗就显得尤为重要。查苗补苗，时间越早越好，补晚了，补的苗生长势弱，不是抽不出穗就是授不上粉，所以，玉米在出苗后要立即进行查苗补苗。补苗最好采取带土移栽的方法，可先用移苗器在缺苗处打个穴，而后在苗多处选壮苗，用移苗器将苗带土移栽在预先打好的穴内，再浇足水。

（2）中耕除草灭茬。中耕能够疏松土壤，流通空气，促进土壤微生物的活动，加速土壤有机质养分的分解，提高有效养分含量，有利根系下扎，增强根系对水肥的吸收能力，确保苗壮早发，健壮生长。同时，中耕在干旱时能保墒，在土壤水分过多时能散墒，也就是群众说的“锄头上有水又有火”的道理。苗期中耕 2~3 次，中耕深度按照“苗旁浅，行间深”和“头遍浅、二遍深、三遍扒土亮出根”的原则。第一次中耕在玉米现行时进行，不宜太深，中耕深度 6~8 厘米，带护苗器防止埋苗；第二次（拔节前）中耕深度 15 厘米；第三次（拔节后）中耕深度为 10~12 厘米。

（3）化学除草。玉米田杂草生长期高温多雨，种类繁多，且雨水会影响杂草出苗时间，目前多采用茎叶处理与封闭除草相结合的措施。

杂草种类：玉米田主要禾本科杂草有马唐、牛筋草、狗尾草、稗草等；阔叶杂草有铁苋菜、反枝苋、凹头苋、皱果苋、马齿苋、苘麻、鸭跖草、藜、牵牛花、田旋花、打碗花、苣荬菜、刺儿菜等；莎草科杂草有香附子、异型莎草等。

防治时间和方法：播后苗前喷施封闭性除草剂和苗后喷施茎叶处理剂。

①播种前或播后苗前喷施封闭性除草剂：实行麦茬粉碎、浅耕或施耕后播种的玉米田可以采用此种化学除草方式。每亩用50%乙草胺乳油75~100毫升+38%莠去津悬浮剂100~150毫升或72%异丙甲草胺乳油100毫升+38%莠去津悬浮剂100~150毫升或48%乙莠悬浮剂200~300毫升或40%异丙莠悬浮剂250~300毫升。要求土表秸秆残留少，麦茬低，加水40~60千克，效果较好。

②苗后喷施茎叶处理剂：玉米苗后2~5叶期，杂草3~5叶，使用茎叶处理剂，每亩4%烟嘧磺隆悬浮剂75~100毫升加水30~40千克均匀喷雾。也可以用38%莠去津悬浮剂100~150毫升+4%烟嘧磺隆悬浮剂75~100毫升或38%莠去津悬浮剂100~150毫升+4%烟嘧磺隆悬浮剂75~100毫升，加水30~40千克均匀喷雾，防治已出土和即将出土的杂草。

③玉米化学除草注意事项：化学除草不论施用哪种除草剂，都要严格按照说明书指定的用药量施用，但用水量每亩不能低于30千克；土壤干旱时严禁喷施化学除草剂；在喷药时不能重喷，也不能漏喷，最好在10时以前和16时以后喷药，如天气干旱或气温超过35℃应停止喷药，以免发生药害。严格掌握用药时期，土壤封闭处理应掌握在玉米播后苗前进行，苗后茎叶处理宜在玉米3~5叶期（播后15天左右），若过早施药（玉米3叶前），会因自生麦苗、莎草等出土不齐而降低防效。若玉米超

过 5 叶，应采取定向喷雾并压低喷头的方式施药，切忌将药液喷到玉米心叶上，以免产生药害，玉米 7 叶后严禁喷施化学除草剂；玉米田化学除草技术只适用于玉米单作田，套作田不宜选用；土壤封闭处理后，一周内人畜不得进地，以免破坏药膜，降低防效；无论土壤封闭处理还是茎叶处理，施药后 24 小时遇降雨应重喷；使用苗后除草剂时，不能与任何药剂混用，特别是施药前后 7 天内禁用有机磷类农药，若需防治玉米苗期害虫，可选用毒死碑等非有机磷类农药并单独使用；使用除草剂时要稀释两次，即按施药面积计算所需药量，先加少量水配成母液，然后量取母液加入喷雾器中对适量水充分搅匀；使用除草剂时，施药前后均要认真清洗喷雾器，以免对当茬或其他作物产生药害。

（4）科学追肥，减少用肥量。夏玉米苗期时间短，一般 25 天左右，干物质的积累量约占总积累量的 3%，对氮、磷、钾的吸收量也相对较少，对未实行种肥同播的玉米田，苗期追肥多结合中耕进行，此期追肥，要把需施用的有机肥和磷、钾肥以及总施用量的 30%的氮肥一次性施入（具体用肥量见本章第四节）。

（5）科学浇水，控制浇水量。夏玉米苗期需水较少，约占一生总耗水量的 20%，且生长比较缓慢，对土壤水分要求不严格，若土壤水分不低于田间最大持水量的 60%，则不必浇水，若低于此值，就需要进行浇水，但浇水量也不必太大。

（6）蹲苗。蹲苗就是采用控制肥水、扒土晒根的方法，控制地上部生长，促进地下部根系生长，实现壮苗的技术措施。具体方法是在底肥充足、底墒较好的情况下，苗期不追肥、不浇水，而进行多次中耕，造成上干下湿的土壤环境，促根下扎，或在定苗后结合中耕，把苗四周的土扒开，使地下茎节外露，晒根 7~15 天，晒后结合追肥封土。夏玉米蹲苗一般不要超过 20 天，应在拔节前结束蹲苗。蹲苗的原则是“蹲黑不蹲黄、蹲肥不蹲瘦、蹲湿不蹲干”。

（7）偏管弱苗。在定苗以后，若田间有弱苗，这些弱苗若不早管、偏管，就会在大苗欺小苗的情况下越来越弱，最后形成空棵，因此，当发现弱苗后要立即早管，对其偏施肥、偏浇水，促弱转壮，赶上其他苗，以免影响产量。

（8）病虫害防治。采取早防早治的措施，以减少用药量。苗期常有苗枯病、粗缩病、顶腐病、矮花叶病、根腐病、蝼蛄、金针虫、地老虎、灰飞虱、蓟马、蚜虫等病虫害。蝼蛄、金针虫、地老虎等地下害虫取食植株的地下部分，毁坏萌发的种子，咬断胚轴或幼根，导致幼苗死亡，造成缺苗断垄。将豆饼炒香，每100千克拌入90%的敌百虫1千克加水10千克，混拌成毒饵，在傍晚空气潮湿时撒于地面，可以有效防治地下害虫。玉米4~5叶期，亩用10%吡虫啉30~50克或25%噻嗪酮50~60克或25%吡蚜酮可湿性粉剂15~20克或48%毒死碑50~80毫升等药剂，加水30~50千克均匀喷雾防治灰飞虱、蓟马、蚜虫等。苗期有病害发生时，针对病症选择适宜的杀菌剂加以防治（具体防治措施见本章第六节）。

（二）穗期管理

1. 穗期的生育特点与主攻方向

玉米穗期指的是从拔节到抽出雄穗所经历的时期，夏玉米穗期一般在30天左右。穗期是玉米营养生长和生殖生长并进的时期。此期田间管理的主攻方向是协调营养生长和生殖生长的矛盾，促进茎秆粗壮，争取穗大粒多。

2. 穗期管理的内容

（1）追肥。从拔节到抽雄，是玉米一生中对氮、磷、钾吸收量迅速增加的时期，穗期的吸收量要占一生总肥量的50%左右，一般认为在播种后35~40天时追施穗肥，有利于穗长和千粒重的提高，达到增产效果（具体用肥量见本章第四节）。

（2）浇水。玉米穗期植株生长旺盛，蒸腾量大，且气温高，蒸发量也大，此期耗水要占一生总耗水量的50%左右，如若干旱，对玉米的生长发育影响很大，一般此期田间持水量应保持在70%~80%，以保证对水分的需要。具体浇水时间要视土壤墒情而定，以保持田间持水量不低于70%为原则，但在一般情况下，应在大喇叭口期前浇好孕穗水。

（3）中耕培土。在玉米拔节以后就迅速进入了孕穗期，此时进行中耕培土，既可消灭杂草，疏松土壤，促进根系迅速生长，扩大根系吸收水肥的范围和防止倒伏，又有利于以后浇水，但培土不宜过早和过高，过早和过高则不利于次生根的发生，对防止倒伏是没有作用的，甚至还会因此造成减产。培土时间以拔节以后大喇叭口期之前为好，培土高度以10厘米左右为宜。

（4）拔除弱苗。玉米拔节以后，大株欺小株、强株欺弱株的现象十分明显，到大喇叭口期以后，仍表现瘦弱的植株，一般是不能抽穗结实的，发现之后应立即拔除，以免与健株争水、争肥、争光。

（5）防治病虫害。采取早防早治的措施，以减少用药量。玉米螟是造成玉米减产的主要害虫之一，且世代交替重叠，给防治造成了一定难度，为了彻底防治，应抓住玉米小喇叭口期的防治关键时期，在7月中旬前后，用辛硫磷、毒死蜱或Bt等颗粒剂施入喇叭口内防治（具体防治措施见本章第四节）。

（三）花粒期管理

1. 花粒期的生育特点与主攻方向

花粒期是指玉米从开花到成熟所经历的时期，夏玉米该期一般经历50天左右的时间。玉米花粒期的生育特点是营养器官基本建成并逐渐衰败，此期管理的主攻方向是养根护叶防早衰，提高光合效率增粒重。

2. 花粒期管理内容

（1）隔行（株）去雄。玉米雄穗开花散粉，将消耗掉大量养分，去雄不仅可以节省养分，促使雌穗早吐丝、早授粉，确保结实充足，而且可以降低株高，改善叶片的光照条件，提高光合效率和抗倒伏能力，同时去雄还能将一部分玉米螟带出田外减少其为害，因此，是一项简单易行的增产措施。其具体技术是：在雄穗刚抽出而未散粉时，选晴天 10 时到 15 时去雄，以利伤口愈合，避免病菌感染。一般采用隔行或隔株去雄的方法，地头和地边的植株不去雄，在连阴雨天和高温干旱的天气，也不必去雄，以防止花粉不足影响充分授粉而造成缺粒秃尖。

（2）人工辅助授粉。玉米生长整齐一致，且在开花授粉时不遇到连阴雨和高温干旱天气，就是田间有一半植株进行人工去雄，花粉量还是足够用的，也不必要进行人工辅助授粉。但对于生长不整齐，特别是育苗移栽的田块一定要在晴天上午露水干后进行人工辅助授粉，提高结实率，减少缺粒秃尖。每天上午用绳拉一次，连续拉 3~4 次。

（3）补施粒肥。对穗期施肥量少的地块，为防早衰，可在开花散粉后每亩施入尿素 5 千克左右，也可用 2%的尿素水溶液在晴天 15 时后进行人工叶面喷肥，每亩喷肥液 30~50 千克。

（4）浇水与排涝。玉米抽雄散粉后的 20~30 天内，仍处于需水高峰期，缺墒将严重影响籽粒形成灌浆，要在散粉结束后浇一次攻籽灌浆水。但浇水量不能太大，以防因根系缺少氧气早衰而死。此时若遇涝灾，也应及时排水。

（5）去除空棵空穗。在授粉结束后，对没有授粉的植株和果穗，都要及时除去，以防争夺水分和养分，保证授粉良好的植株和果穗正常生长，做到穗大粒多籽饱。

（6）病虫害综合防治。

六、适时收获

适时收获是提高籽粒产量和品质的重要措施。玉米籽粒灌浆乳线消失是成熟的标志，此时收获千粒重最高，适宜收获。

第三节　玉米测土配方施肥技术

一、玉米需肥规律与缺素症补救

（一）玉米需肥规律

玉米在不同的生长发育时期对养分的要求比例也不同。

玉米从出苗到拔节，吸收氮素2.5%、有效磷1.12%、有效钾3%；从拔节到开花，吸收氮素51.15%、有效磷63.81%、有效钾97%；从开花到成熟，吸收氮素46.35%、有效磷35.07%，有效钾0%。

一般春玉米苗期（拔节前）吸氮仅占总量的2.2%，中期（拔节至抽穗开花）占51.2%，后期（抽穗后）占46.6%。而夏玉米苗期吸氮占9.7%，中期占78.4%，后期占11.9%。春玉米吸磷，苗期占总吸收量的1.1%，中期占63.9%，后期占35.0%；夏玉米苗期吸收磷占10.5%，中期占80%，后期占9.5%。玉米对钾的吸收，春夏玉米均在拔节后迅速增加，且在开花期达到峰值，吸收速率大，容易导致供钾不足，出现缺钾症状。

玉米营养临界期：玉米磷素营养临界期在3叶期，一般是种子营养转向土壤营养时期；玉米氮素临界期则比磷稍后，通常在营养生长转向生殖生长的时期。临界期对养分需求并不大，但养分要全面，比例要适宜。这个时期营养元素过多过少或者不平衡，对玉米生长发育都将产生明显不良影响，而且以后无论怎样补充缺乏的营养元素都无济于事。

玉米营养最大效率期：玉米最大效率期在大喇叭口期。这是玉米养分吸收最快最大的时期。这期间玉米需要养分的绝对数量和相对数量都最大，吸收速度也最快，肥料的作用最大，此时肥料施用量适宜，玉米增产效果最明显。

因此，玉米需肥拔节前较少，拔节到大喇叭口期最多，以后又逐渐减少，应根据这一规律，合理调剂追肥的次数和用量。追肥一般分两次进行，可在拔节后 10 天和玉米抽雄前 10~15 天大喇叭口期两次追肥，前轻后重（掌握比例 2∶3）。一次性追肥的地块，可在大喇叭口初期追肥。另外，玉米对锌比较敏感，可在拔节期叶面喷施硫酸锌（0.1%~0.3%）或其他含锌叶面肥。

（二）玉米整个生育期内对养分的需求量

玉米生长需要从土壤中吸收多种矿质营养元素，其中以氮素最多，钾次之，磷居第三位。一般每生产 100 千克籽粒需从土壤吸收纯氮 2.5 千克、五氧化二磷 1.2 千克、氧化钾 2.0 千克。氮磷钾比例为：1∶0.48∶0.8。

1. 大量元素吸收特点

（1）氮素。夏玉米生长期间处于高温多雨季节，氮素吸收速度比较快，在吐丝期补充少量氮素化肥，有助于改善玉米生长后期的氮素营养状况。

（2）磷素。夏玉米对磷素的吸收较早，苗期吸收 10.16%，拔节孕穗期吸收 62.96%，抽穗受精期吸收 17.37%，籽粒形成期吸收 9.51%，说明 70%以上的磷素在抽穗前已被吸收。

（3）钾素。夏玉米对钾素的吸收在抽穗前已吸收 70%以上，至抽穗受精时已吸收全部的钾，因此钾肥一般要在生育前期施用。从钾素在植株的累积吸收变化看，其高峰期在拔节至抽穗前，在此期间其吸收累积量约占其总量的 74.16%，抽穗至灌浆期吸收略有减少，蜡熟至完熟期有时会出现植株累积吸收量增加的现象。

2. 微量元素吸收特点

玉米对锌肥敏感，因此注意增锌肥对玉米产量的提高起着至关重要的作用。玉米成熟时籽粒积累的锌比例较高，占59.9%。试验结果表明，每生产100千克籽粒需要吸收锌3.76克。说明在玉米生育初期满足氮、磷、钾肥料供应的同时，应适量配施微量元素肥料，有助于提高玉米产量。

（三）玉米常见缺素症及防治方法

1. 缺氮

症状：玉米苗期缺氮，植株生长缓慢、矮小细弱，叶色黄绿，抽雄迟。生长盛期缺氮，叶的症状更为明显。首先是下部老叶从叶尖沿中脉向叶片基部枯黄，枯黄部分呈“V”形，叶边缘仍保持绿色，而略卷曲，最后整个叶片呈焦灼状，变黄干枯死亡。另外，缺氮还会引起雌穗形成延迟，甚至不能发育，或穗小粒少产量降低。缺氮严重的或关键期缺氮，果穗小，缺粒严重，成熟提早，产量和品质下降。

原因：是因有机质含量少，低温或淹水，大量施用秸秆，特别是中期干旱或大雨易出现缺氮症。

防治方法：①培肥地力，提高土壤供氮能力。②在大量施用碳氮比高的有机肥料（如小麦秸秆）时，应注意配施速效氮肥。③在翻耕整地时，配施一定量的速效氮肥作基肥。④对地力不均引起的缺氮症，要及时补施速效氮肥。夏玉米来不及施底肥的，要分次追施苗肥、拔节肥和攻穗肥。⑤后期缺氮，进行叶面喷施，用2%的尿素溶液连喷2次。

2. 缺磷

症状：苗期缺磷，根系发育差，玉米苗生长缓慢，即使后期磷供给充足，也难以弥补早期缺磷的不良影响。5叶期后缺磷，叶色紫红，叶缘卷曲（由于碳元素代谢在缺磷时受到破坏，糖分在叶中积累，形成花青素的结果），但是，叶上的这种症状，也可能因虫害、冷害和涝害而引起，所以遇到此类情况，要作全面分析；开花期缺磷，抽丝延迟，影响授粉，并且果穗卷缩，穗行不整齐；后期缺磷，籽粒不饱满，出现秃顶现象，果穗成熟推迟。

原因：低温、土壤湿度小利于发病，酸性土、红壤、黄壤易缺有效磷。

防治方法：夏玉米由于时间紧，一般应施在前茬作物上。玉米生长中若发现缺磷，早期还可开沟追施磷肥，酸性土壤宜选用钙镁磷肥、钢渣磷肥等含石灰质的磷肥；中性或碱性土壤宜选用过磷酸钙、磷酸二铵、腐植酸肥或复混肥。如中性或碱性土壤每亩追施过磷酸钙 20 千克，后期叶面喷施 0.2%~0.5% 的磷酸二氢钾溶液。

3. 缺钾

症状：苗期缺钾，根系发育不良，植株生长缓慢，叶色淡绿且有黄色条纹。但玉米缺钾症多发生在生育中后期，表现为植株生长缓慢、矮化，中下部老叶叶尖、叶缘黄化或似火红焦枯；节间缩短，叶片与茎节的长度比例失调，叶片长，茎节短，二者比例失调而呈现叶片密集堆叠矮缩的异常株型。茎秆细小柔弱，容易倒伏，成熟期推迟，果穗发育不良，穗小粒少，籽粒不饱满，产量低，品质劣。

原因：一般沙土含钾低，如前作为需钾量高的作物，易出现缺钾。

防治方法：①确定钾肥的施用量：夏玉米苗期和拔节期追施，每亩追施 10~13 千克氯化钾。②选择适当的钾肥施用期：由于钾在土壤中较易淋失，钾肥的施用应做到基肥与追肥相结合。太严重缺钾的土壤上，化学钾肥作基肥的比例应适当大一些，在玉米大喇叭口期（吸氮高峰）要及时追施钾肥，以防氮钾比例失调而促发缺钾症。在有其他钾源（如秸秆还田、有机肥料、草木灰等）作基肥时，化学钾肥以在生育中后期作追肥为宜。③开辟钾源：充分利用秸秆、有机肥料和草木灰等钾肥资源，实行秸秆还田，增施有机肥料和草木灰等。④控制氮肥用量：目前生产上缺钾症的发生在相当大的程度上是由于单一施用氮肥或施用过量而引起的，在供钾能力较低或缺钾的土壤上确定氮肥用量时，尤其需要考虑土壤的供钾水平，在钾肥施用得不到充分保证时，要适当控制氮肥的用量。

4. 缺硼

症状：玉米前期缺硼，幼苗展开困难，根系不发达、植株矮小，上部叶片脉间组织变薄，呈白色透明的条状纹，叶薄、发白，甚至枯死。严重的节间伸长受阻或不能抽雄及吐丝，果穗退化或呈畸形，顶端籽粒空瘪。

原因：干旱、土壤酸度高或沙土易出现缺硼症。

防治方法：夏玉米前期缺乏，可以在苗期至拔节期开沟追施或叶面喷洒两次浓度 0.1%~0.2%的硼酸溶液亩喷施 50~75 千克。灌水抗旱，防止土壤干燥。

5. 缺铁

症状：玉米缺铁幼苗叶脉间失绿呈条纹状，中下部叶片为黄绿色条纹，老叶绿色；严重时整个心叶失绿发白，失绿部分色泽均一，一般不出现坏死斑点。

原因：碱性土壤中易缺铁。

防治方法：每亩用混入 5~6 千克硫酸亚铁的有机肥1 000~1 500千克做基肥，以减少与土壤接触，提高铁肥有效性，根外追肥，以 0.2%~0.3%尿素、硫酸亚铁混合液连喷 2~3 次，选用耐缺铁品种也是上策。

6. 缺锌

症状：玉米缺锌症俗名“花白苗”。“花白苗”为苗期症状。出苗后，新生幼叶呈淡黄玉白色，基部 2/3 部位尤为显著。

拔节后，病叶中肋两侧出现黄色条斑，严重时呈宽而白化的斑块，叶肉消失。呈半透明，状如白绸，以后患部出现紫红色，并渐渐变浓成紫红色斑块。病叶遇风容易撕裂；病株节间缩短、矮化；抽雄、吐丝延迟，有的不能吐丝，或能吐丝抽穗，但果穗发育不良。

原因：系土壤或肥料中含磷过多，酸碱度高、低温、湿度大或有机肥少的土壤易发生缺锌症。

防治方法：锌的施肥方法主要有基施、拌种和喷施。在基施上每亩施硫酸锌 1~2 千克，玉米出苗后发生缺锌的可作叶面喷施，用 0.2%的硫酸锌溶液，在苗期和拔节期喷 2~3 次，亦可在苗期条施于玉米苗两侧，播种时对缺锌地块，可种子处理，每千克种子用 4~6 克硫酸锌，加适量水溶解后浸种或拌种。

7. 缺钙

症状：发病初期，植株生长矮小，玉米的生长点和幼根即停止生长，玉米新叶叶缘出现白色斑纹和锯齿状不规则横向开裂。新叶分泌透明胶质，相邻幼叶的叶尖相互粘连在一起，使得新叶抽出困难，不能正常伸展，卷筒状下弯呈“牛尾状”，严重时老叶尖端也出现棕色焦枯。

原因：是因为土壤酸度过低或矿质土壤，pH 值 5.5 以下，土壤有机质在 48 毫克/千克以下或钾、镁含量过高易发生缺钙。

防治方法：在玉米苗期叶面喷施 0.5%过磷酸钙溶液 1~2 次。

8. 缺镁

症状：幼苗上部叶片发黄。叶脉间出现黄白相间的褪绿条纹，下部老叶片尖端和边缘呈紫红色；缺镁严重的叶边缘、叶尖枯死，全株叶脉间出现黄绿条纹或矮化。

原因：土壤酸度高或受到大雨淋洗后的沙土易缺镁，含钾量高或因施用石灰致含镁量减少土壤易发病。

防治方法：在玉米苗期叶面喷施 0.5%硫酸镁溶液 1~2 次。

9. 缺硫

症状：玉米缺硫时表现为叶色褪绿，呈现淡绿色或黄绿色，新叶重于老叶，叶片变薄，植株矮化、叶丛发黄，成熟期延迟，与缺氮症状相似。

原因：酸性沙质土、有机质含量少或寒冷潮湿的土壤易发病。

防治方法：可以在苗期至拔节期亩喷施 0.2%硫酸锌溶液 50~75 千克或者在播种前期用硫酸锌溶液拌种。

10. 缺锰

症状：玉米缺锰时幼苗叶片的脉间组织逐渐变黄，而叶脉及其附近组织仍可保持绿色，形成黄绿相间的条纹；叶片弯曲下披，根系细长呈白色。严重缺锰时，叶片会出现黑褐色斑点，并逐渐扩展至整个叶片。

原因：pH 值大于 7 的石灰性土壤或靠近河边的田块，锰易被淋失。生产上施用石灰过量也易引发缺锰。

防治方法：可以在苗期至拔节期亩喷施 0.2%硫酸锰溶液 50~75 千克。

二、玉米施肥量与施肥技术

（一）玉米施肥原则

玉米种植区的土壤中磷、锌含量偏低，有机肥用量少；氮磷钾养分比例不平衡，重视氮肥的施用，而磷钾肥的比例相对偏低，尤其是钾肥的比例更低；一次性施肥面积大；种植密度不合理，密度过大或密度较低，影响根系发育，影响肥料应用效果，易旱易倒伏。针对上述问题，提出以下施肥原则。

（1）依据测土配方施肥结果，确定合理的氮磷钾肥用量。

（2）氮肥分次施用，尽量不采用一次性施肥，高产田适当增加钾肥施用比例和次数。

（3）加大秸秆还田力度，增施有机肥，提高土壤有机质含量。

（4）重视锌等中微量元素的施用。

（5）肥料施用必须与增密等高产栽培技术相结合。

（二）玉米施肥量

1. 确定目标产量

目标产量就是当年种植玉米要定多少产量，它是由耕地的土壤肥力高低情况确定的。另外，也可以根据地块前三年玉米的平均产量，再提高 10%~15%作为玉米的目标产量。例如，某地块为较高肥力土壤，当年计划玉米产量达到 600 千克，玉米整个生育期所需要的氮、磷、钾养分量分别为 15 千克、7.2 千克和 12 千克。

2. 计算土壤养分供应量

测定土壤中含有多少速效养分，然后计算出 1 亩地中含有多少养分。1 亩地表土按 20 厘米算，共有 15 万千克土，如果土壤碱解氮的测定值为 120 毫克/千克，有效磷含量测定值为 40 毫克/千克，速效钾含量测定值为 90 毫克/千克，则 1 亩地土壤有效碱解氮的总量为：15 万千克×120 毫克/千克×10^{-6}=18 千克，有效磷总量为：15 万千克×40 毫克/千克×10^{-6}=6 千克，速效钾总量为：15 万千克×90 毫克/千克×10^{-6}=13.5 千克。由于土壤多种因素影响土壤养分的有效性，土壤中所有的有效养分并不能全部被玉米吸收利用，需要乘上一个土壤养分校正系数。我国各省配方施肥参数研究表明，碱解氮的校正系数在 0.3~0.7（o/sen 法），有效磷校正系数在 0.4~0.5，速效钾的校正系数在 0.5~0.85。氮磷钾化肥利用率为：氮 30%~35%、磷 10%~20%、钾 40%~50%。

3. 确定玉米施肥量

有了玉米全生育期所需的养分量和土壤养分供应量及肥料

利用率就可以直接计算玉米的施肥量了。再把纯养分量转换成肥料的实质量，就可以用来指导施肥。根据1、2当中的数据，亩产600千克玉米，所需纯氮量为（15−18×0.6）÷0.30=14千克。磷肥用量为（7.2−6×0.5）÷0.2=21千克，考虑到磷肥后效明显，所以磷肥可以减半施用，即施10千克。钾肥用量为（12−13.5×0.6）÷0.50=8千克。若施用磷酸二铵，尿素和氯化钾，则每亩应施磷酸二铵20~22千克，尿素22~25千克，氯化钾14千克。

4. 微肥的施用

玉米对锌非常敏感，如果土壤中有效锌少于0.5~1.0毫克/千克，就需要施用锌肥。土壤中锌的有效性在酸性条件下比碱性条件要高，所以现在碱性和石灰性土壤容易缺锌。长期施磷肥的地区，由于磷与锌的拮抗作用，易诱发缺锌，应给予补充。常用锌肥有硫酸锌和氯化锌，基肥亩用量0.5~2.5千克，拌种4~5克/千克，浸种浓度0.02%~0.05%。如果复混肥中含有一定量的锌就不必单独施锌肥了。

（三）玉米的测土施肥配方

1. 基追结合施肥方案

推荐配方：18−12−15（$N-P_2O_5-K_2O$）或相近配方。

施肥建议：①产量水平450~550千克/亩，配方肥推荐用量20~25千克/亩，大喇叭口期追施尿素13~16千克/亩；②产量水平550~650千克/亩，配方肥推荐用量25~30千克/亩，大喇叭口期追施尿素16~19千克/亩；③产量水平650千克/亩以上，配方肥推荐用量30~35千克/亩，大喇叭口期追施尿素19~22千克/亩；④产量水平450千克/亩以下，配方肥推荐用量15~20千克/亩，大喇叭口期追施尿素10~13千克/亩。

2. 一次性施肥方案

推荐配方：控释肥40%（26−5−9）（$N-P_2O_5-K_2O$）或相近

配方。

施肥建议：①产量水平450~550千克/亩，控释肥推荐用量35~43千克/亩，作为基肥或苗期追肥一次性施用；②产量水平550~650千克/亩，控释肥推荐用量43~51千克/亩，作为基肥或苗期追肥一次性施用；③产量水平650千克/亩以上，控释肥推荐用量51~58千克/亩，作为基肥或苗期追肥一次性施用；④产量水平450千克/亩以下，控释肥推荐用量27~35千克/亩，作为基肥或苗期追肥一次性施用。

（四）玉米的施肥技术

1. 底肥

要求深度为20厘米左右，以农家肥为主，配合施用化肥，有利于改善土壤结构和肥力，且有机肥的肥效长，可以满足玉米对养分的需要。氮肥底肥最好是尿素，施用量应占全生育期所需总量的15%左右。据试验，施用适量氮肥做底肥，比氮肥全部做追肥增产10%左右。磷、钾化肥应占用施用总量的75%~80%。当前可以选用氮、磷、钾有效成分各为15%的三元复合肥。施用底肥要尽量达到要求深度，否则容易底肥、种肥不分，局部土壤溶液浓度过高，造成烧种、烧苗现象。

2. 种肥

播种时施在种子附近的肥料称为种肥，种肥可满足玉米苗期对养分的需求，在基肥量不足或土质瘠薄的情况下施用种肥效果更为显著。口肥应以幼苗容易吸收的速效肥为主，即优质氮、磷、钾化肥及微肥。施种肥一定要做到种子与化肥隔离，种肥最好要施到种子侧下方3~5厘米处。

3. 追肥

在玉米生育期间施入的肥料称为追肥，主要提供玉米吸肥高峰所需肥料。玉米一生中有3个吸肥高峰，即拔节期、大喇叭口期和抽雄吐丝期。玉米进入拔节期以后，营养体生长加快，雄穗分化正在进行，雌穗分化将要开始，对营养物质要求日渐增加，故及时追拔节肥，一般能获得增产效果。如果底肥足，可以适当控制追肥，时间可晚些；在土地瘠薄、基肥量少、植株瘦弱情况下应多施、早施，占追肥量的20%~30%。在土壤肥力低或底肥、口肥不足时，应在6片叶展开时追拔节肥。

4. 穗肥

在雌穗生长锥伸长期至雄穗抽出前施用的肥料称为穗肥。此期正处于雌穗小穗、小花分化期，营养生长和生殖生长都很旺盛，需要的水分和养分最多，是决定果穗大小、粒数多少的关键时期，因此追肥的效果非常显著，占追肥30%~60%。只要在苗期生长正常的情况下，重施穗肥都能获得显著的增产效果，特别在化肥不足的情况下，一次集中追施穗肥，增产效果显著。土壤肥沃、基肥和种肥充足，集中施穗肥；反之，分施追肥，并重施穗肥。土壤肥力高、底肥、口肥充足时，可在抽雄前7~10天追穗肥。这样可以避免早追肥前期植株营养生长过于繁茂，又有利于延长生育后期叶片功能期，对增加穗粒数和提高千粒重有重要作用。

5. 分次追肥

砂质土壤，特别是砂土地，不宜一次追肥过多，应分次追肥，可减少渗漏和挥发损失。追肥一定要深追。实践表明，追肥深度达到8~10厘米比2厘米深度增产10%~15%，肥料利用率提高15%左右。粒肥可根据情况而定，主要防止叶片早衰，提高百粒重。高产田占追肥的10%~20%。总而言之，按叶龄指数进行追肥，按照“低产田前重后轻；中产田前轻后重；高产田前轻、中重、后补”的要求分次进行深追肥。

6. 适当补充微量元素肥

微量元素肥对玉米的生长发育影响很大，玉米对锌的反应很敏感。锌肥属微量元素肥料，作物需要量小，适量和过量的界限相差很小，所以严格施肥量很重要，使用不当易引起作物受害。施用锌肥时，应注意与氮、磷、钾肥的配合施用，才能发挥更大的肥效。试验表明，每亩施硫酸锌 0.75 千克可增产 8%~15%。

7. 种肥同播

目前夏玉米播种基本已经实现机械化，但施肥还比较传统，劳动力投入较大。因此利用缓控释肥料进行“种肥同播”。玉米“种肥同播”技术是在玉米播种时，按有效距离，将种子、化肥一起播进地里，具有省工省时省力，提高肥效利用率，确保玉米苗齐苗壮，增加产量的作用。

第四节　玉米病虫害的综合防治

一、玉米病害的症状、发生特点、发病原因及综合防治措施

（一）玉米大斑病

1. 症状

玉米大斑病又称条斑病、煤纹病、枯叶病、叶斑病等。一般在玉米株高 70~100 厘米开始发病，直至成熟期。玉米大斑病主要为害叶片，严重时也为害叶鞘和苞叶。一般是先从底部叶片开始发生，逐步向上扩展，但也常有从中上部叶片开始发病。病斑一般长 5~10 厘米，宽 1 厘米左右，有的可长达 15~20 厘米，宽 2~3 厘米，后期变为青褐色或黄褐色。叶上病斑较多时，常相互连接成不规则形大斑，引起叶片早枯。有时在叶鞘或苞叶上也产生不规则形的暗褐色病斑。在雨后潮湿或有露的条件下，病斑上密生灰黑色霉层，即病菌的分生孢子梗及分生孢子。

2. 传播途径

病原菌在田间地表和玉米秸垛中残留的病叶组织里以菌丝体或分生孢子或由分生孢子形成的厚壁孢子均能附着在病残组

织内越冬。这些病残体成为翌年初侵染源，种子也能带少量病菌。但埋在地下 10 厘米深的病叶中的菌丝体越冬后全部死亡。在玉米的生长季节，病残组织中的菌丝体，恢复活动后新产生的分生孢子及越冬的分生孢子、厚壁孢子随雨水的飞溅或气流传播到玉米叶片上，经 10~14 天在病斑上可产生分生孢子，借气流传播进行再侵染。玉米大斑病的流行除与玉米品种感病程度有关外，还与当时的环境条件关系密切。

3. 发病条件

温度 20~25℃、相对湿度 90%以上利于病害发展。气温高于 25℃或低于 15℃，相对湿度小于 60%，持续几天，病害的发展就受到抑制。在春玉米区，从拔节到出穗期间，气温适宜，又遇连续阴雨天，病害发展迅速，易大流行。玉米孕穗、出穗期间氮肥不足发病较重。低洼地、密度过大、连作地易发病。夏玉米一般在夏末秋初玉米结穗期多雨时发病最盛，晚播玉米受害重。

4. 发病原因分析

（1）生产上主要推广品种抗病耐病性较差。

（2）土壤及病残体中带菌率高。玉米连作地及离村庄近的地块，由于越冬菌源量多，初侵染发生的早而多，再侵染频繁，易造成流行。

（3）气候条件适宜发病。气温 20~25℃，相对湿度 90%以上，对孢子形成、萌发、侵染有利，所以中温、高湿的气候条件利于大斑病流行。6—7 月降水量均超过 80 毫米，雨日较多，加之 8 月雨量适中，病情发展严重。

（4）栽培条件。栽培条件对病害轻重程度也有一定影响。如秋翻地病轻，不翻地病重；间作病轻，单作病重；轮作病轻，连作病重；肥沃地病轻，瘠薄地病重；合理密植病轻，种植过密病重；追肥病轻，不追肥病重等。总之，凡能促进玉米生长健壮，而不利于病菌侵染的栽培措施都有利于减轻病害，反之，则使病害加重。

5. 综合防治措施

（1）选用抗病耐病品种。根据当地生产实际，有针对性地选用抗耐病品种。

（2）实行轮作倒茬制度。由于此病的初侵染源主要是病田土壤，病株残体和带有病残体的堆肥等，所以发病地区应实行大面积一年轮作，重病地实行秋翻更好，使病残体埋入地下10厘米以下，以消灭菌源。

（3）改善栽培技术，增强玉米抗病性。秋季深翻土壤，深翻病残株，消灭菌源；作燃料用的玉米秸秆，开春后及早处理完，并可兼治玉米螟；病残体作堆肥要充分腐熟，秸秆肥最好不要在玉米地施用。夏玉米早播可减轻发病；玉米与小麦、花生、甘薯套种，宽窄行种植；合理灌溉，洼地注意田间排水。

（4）喷药防治。在玉米抽雄前后，田间病株率达70%以上，病叶率20%时，开始喷药。可选用30%苯甲·丙环唑乳油1 500倍液或25%丙环唑乳油2 000倍液或50%多菌灵可湿性粉剂或90%代森锰锌可湿性粉剂等500倍液进行喷雾，每亩用药液50~75千克，隔7~10天喷药1次，共防治2~3次。

（二）玉米小斑病

玉米小斑病又称玉米斑点病。由半知菌亚门丝孢纲丝孢目长蠕孢菌侵染所引起的一种真菌病害。为我国玉米产区重要病害之一，在黄河和长江流域的温暖潮湿地区发生普遍而严重。一般造成减产15%~20%，减产严重的达50%以上，甚至绝收。

1. 症状

常和大斑病同时出现或混合侵染，因主要发生在叶部，故统称叶斑病。此病除为害叶片、苞叶和叶鞘外，对雌穗和茎秆的致病力也比大斑病强，可造成果穗腐烂和茎秆断折。其发病时间，比大斑病稍早。发病初期，在叶片上出现半透明水渍状褐色小斑点，后扩大为（5~16）毫米×（2~4）毫米大小的椭圆形褐色病斑，边缘赤褐色，轮廓清楚，上有二三层同心轮纹。病斑进一步发展时，内部略褪色，后渐变为暗褐色。天气潮湿时，病斑上生出暗黑色霉状物（分生孢子盘）。叶片被害后，使叶绿组织常受损，影响光合机能，导致减产。

2. 发病条件

主要以休眠菌丝体和分生孢子在病残体上越冬，成为翌年发病初侵染源。分生孢子借风雨、气流传播，侵染玉米，在病株上产生分生孢子进行再侵染。发病适宜温度26~29℃。产生孢子最适温度23~25℃。孢子在24℃下，1小时即能萌发。遇充足水分或高温条件，病情迅速扩展。玉米孕穗、抽穗期降水多、湿度高，容易造成小斑病的流行。低洼地、过于密植荫蔽地；连作田发病较重。

3. 发病特点

主要以菌丝体在病残株上（病叶为主）越冬，分生孢子也可越冬，但存活率低。玉米小斑病的初侵染菌源主要是上年收获后遗落在田间或玉米秸秆堆中的病残株，其次是带病种子，从外地引种时，有可能引入致病力强的小种而造成损失。玉米生长季节内，遇到适宜温度、湿度，越冬菌源产生分生孢子，传播到玉米植株上，在叶面有水膜条件下萌发侵入寄主，遇到适宜发病的温、湿度条件，经5~7天即可重新产生新的分生孢子进行再侵染，这样经过多次反复再侵染造成病害流行。在田间，最初在植株下部叶片发病，向周围植株传播扩散（水平扩展），病株率达一定数量后，向植株上部叶片扩展（垂直扩展）。自然条件下，还侵染高粱。

4. 流行规律

病菌以菌丝和分生孢子在病株残体上越冬，第二年产生分生孢子，成为初次侵染源。分生孢子靠风力和雨水的飞溅传播，在田间形成再次侵染。其发病轻重，和品种、气候、菌源量、栽培条件等密切相关。一般抗病力弱的品种，生长期中露日多、露期长、露温高、田间闷热潮湿以及地势低洼、施肥不足等情况下，发病较重。播期越晚，发病越重。

5. 综合防治措施

（1）选用抗病耐病品种。因地制宜，选用抗耐病品种。

（2）实行轮作倒茬制度。由于此病的初侵染源主要是病田土壤、病株残体和带有病残体的堆肥等，所以发病地区应实行大面积一年轮作，重病地实行秋翻更好，使病残体埋入地下，以消灭菌源。

（3）改善栽培技术，增强玉米抗病性。秋季深翻土壤，深翻病残株，消灭菌源；作燃料用的玉米秸秆，开春后及早处理完，并可兼治玉米螟；病残体作堆肥要充分腐熟，秸秆肥最好不要在玉米地施用；增施磷、钾肥，合理灌溉，洼地注意田间排水等均可减轻发病。

（4）喷药防治。在玉米抽雄前后，田间病株率达 70%以上，病叶率 20%时，开始喷药。可选用 30%苯甲·丙环唑乳油1 500倍液或 25%丙环唑乳油2 000倍液或 50%多菌灵可湿性粉剂或 90%代森锰锌可湿性粉剂等 500 倍液进行喷雾，每亩用药液 50~75 千克，隔 7~10 天喷药 1 次，共防治 2~3 次。

（三）玉米褐斑病

玉米褐斑病是近几年才发现的玉米新病害。在全国各玉米产区均有发生，其中在河北、山东、河南、安徽、江苏等地为害较重。是近年来在我国发生严重且较快的一种玉米病害。

1. 症状

玉米褐斑病主要发生在玉米叶片、叶鞘及茎秆上，病斑先在顶部叶片的尖端发生，以叶和叶鞘交接处病斑最多，常密集成行，最初为浅黄色，逐渐变为黄褐色或红褐色小斑点，病斑为圆形或椭圆形到线形，隆起附近的叶组织常呈红色，小病斑常汇集在一起，严重时叶片上出现几段甚至全部布满病斑，在叶鞘上和叶脉上出现较大的褐色斑点，发病后期病斑表皮破裂，叶细胞组织呈坏死状，散出褐色粉末（病原菌的孢子囊），病叶局部散裂，叶脉和维管束残存如丝状。发病后期叶片的病斑处呈干枯状。茎秆上病斑多发生于节的附近。

2. 发病规律

病菌以休眠孢子（囊）在土地或病残体中越冬，第二年病菌靠气流传播到玉米植株上，遇到合适条件萌发产生大量的游动孢子，游动孢子在叶片表面上水滴中游动，并形成侵染丝，侵害玉米的嫩组织。在 7 月、8 月若温度高（23~30℃）、湿度大（相对湿度 85%以上），且阴雨日较多时，利于发病；密度过大，田间郁闭发病重；低洼潮湿，雨后有积水的地块和连作地块发病较重；土壤瘠薄的地块发病重。土壤肥力较高的地块，玉米生长健壮，叶色深绿，病害较轻甚至不发病。一般在玉米 8~10 片叶时易发生褐斑病，玉米 12 片叶以后一般不会再发生此病害。

3. 发病原因

土壤中及病残体组织中有褐斑病病原菌。首先，高感品种连作时，土壤中菌量每年增加 5~10 倍；其次，施肥方面，用有病残体的秸秆还田，施用未腐熟的厩肥堆肥或带菌的农家肥使病菌随之传入田内，造成菌源数量相应的增加。

玉米 5~8 片叶期，土壤肥力不够，玉米叶色变黄，出现脱肥现象，玉米抗病性降低，是发生褐斑病的主要原因。

空气温度高、湿度大，也是诱发褐斑病原因之一。

4. 综合防治措施

（1）选用抗病耐病品种。因地制宜，选用抗耐病品种。

（2）实行轮作倒茬制度。由于此病的初侵染源主要是病田土壤，病株残体和带有病残体的堆肥等，所以发病地区应实行大面积一年轮作，重病地实行秋翻更好，使病残体埋入地下，以消灭菌源。

（3）改善栽培技术，增强玉米抗病性。秋季深翻土壤，深翻病残株，消灭菌源；作燃料用的玉米秸秆，开春后及早处理完，并可兼治玉米螟；病残体作堆肥要充分腐熟，秸秆肥最好不要在玉米地施用；施足底肥，适时追肥。夏玉米如果没有施用底肥或种肥的，应在玉米4~5叶期追施尿素10~15千克，施肥上注意氮、磷、钾肥搭配；应根据品种特性选择合适的密度，适当稀植，提高田间通透性。

（4）喷药防治。发病初期喷洒30%苯甲·丙环唑乳油3 000倍液或25%丙环唑乳油3 000倍液或75%百菌清可湿性粉剂800倍液。为提高防治效果，可在药剂中适当添加磷酸二氢钾、尿素等叶面肥，促玉米植株健壮生长，以提高抗病能力。

（四）玉米弯孢霉叶斑病

玉米弯孢霉叶斑病又称黄斑病，俗称黄叶病，是近年来黄淮夏玉米上继大、小斑病、锈病之后的又一重要病害。该病在玉米抽雄后迅速扩展蔓延，叶片布满病斑，提早干枯，一般减产10%~30%，严重地块减产50%以上。

1. 症状

该病主要为害玉米叶片，也可为害叶鞘和苞叶。病斑初为水浸状或淡黄色半透明小点，之后扩大为圆形、椭圆形、梭形或长条形病斑，病斑因品种抗性不同而表现不一样，一般长1~5毫米，宽1~2毫米，大小不等；病斑中央枯白色，呈半透明状，周围有褐色环带，外围有明显的黄色晕圈；感病品种叶片密布病斑，病斑联合后形成大面积组织坏死，导致叶片枯死。湿度大时，病斑正、背两面均可见灰色分生孢子梗和分生孢子，背面居多。

2. 发病规律

病原菌为新月弯孢菌和不等弯孢霉，属半知菌亚门真菌弯孢霉属。病菌以菌丝潜伏于病残体上越冬，也能以分生孢子状态越冬，遗落于田间的病叶、杂草和秸秆是主要的初侵染源，菌丝体产生分生孢子，借气流和雨水传播到玉米叶片上，进行再侵染。玉米弯孢菌叶斑病属于典型的成株期病害，玉米苗期抗病性较强，随着植株生长抗性减弱。病菌生长最适湿度28～32℃，分生孢子最适萌发温度为30～32℃，最适湿度为饱和湿度，相对湿度低于90%很少萌发。一般以7—8月高温高湿或多雨季节利于该病的发生和流行，8月中旬至9月上旬达到发病高峰期。由于该病潜育期短（2～3天），7～10天即可完成一次侵染循环，如遇高温、高湿，可在短时期内大面积流行发生，另外此病发生轻重与玉米播种早晚、施肥水平关系密切，玉米播种较晚，密度过大，地势低洼，四周屏障等，会使田间通风透光性差，造成高湿小气候而有利病菌滋生，病害发生严重。

3. 发病原因

由于玉米抗病品种的推广，玉米大斑病、小斑病等叶部病害已得到有效控制，发生较轻，而随着耕作制度的改变，品种的更换，以及气候等原因，造成玉米弯孢霉叶斑病由过去的次要病害逐渐发展为目前的主要病害。

（1）不同品种间抗性有差异。生产上品种间抗病性差异明显。

（2）高温多雨寡照天气有利于病害的发生。7—8月降水偏多，日照偏少，有利于病害发生蔓延。

（3）存在大量菌源。玉米秸秆已不作为燃料，大量堆放在田间地头；近年来提倡玉米秸秆还田，粉碎秸秆随犁翻入土中，带菌的病残体成为翌年的主要初侵染来源。

（4）防治不力。由于该病多在玉米生长中后期发生，此时田间植株高大，施药困难，群众一般不注重防治，病情不能及时控制，造成其发生较重。

4. 综合防治措施

（1）做好监测。高温高湿气候因素是该病流行的重要条件，及时掌握中长期气候预报，注意灾害性天气监测。及时调查病害发生情况，一旦出现阴雨天气和中心病株，立即发布预报，及时指导开展防治。

（2）选用抗病品种。加强品种抗病性鉴定，推广抗病品种是防治该病的根本措施。田间调查表明，不同品种对玉米弯孢霉叶斑病的抗病性存在差异，可经多年多地调查鉴定，综合评价不同玉米品种对玉米主要病虫害的抗性，因地制宜选用这些品种来替代感病品种，同时注意品种间的合理布局和轮换。经过抗性鉴定的，目前较为抗病品种有伟科 702、登海 605；发病较重的有浚单 18、郑单 958 等。

（3）适时早播，合理密植。因地制宜，适时早播，促进早熟。玉米弯孢霉叶斑病发病盛期正值玉米灌浆期，此病造成功能叶片受害，光合产物降低，晚播玉米受害损失率高于早播地块。合理密植可创造有利于玉米生长，不利于病害发生的环境条件，可减轻病害发生。

（4）清除残株。玉米收获后及时清理病残体，集中烧毁，以减少初侵染源。发病的玉米秸秆不宜秸秆还田，尽量清除干净并焚烧残留茎叶，减少越冬菌源，若秸秆直接还田，则应充分粉碎，并深耕，减少越冬虫卵和初侵染源。

（5）加强栽培管理，科学施肥。合理轮作，合理密植，增施有机肥，合理增施钾、锌肥，能使玉米发育健壮、快速，增强植株抗病能力，明显提高抗病性。

（6）药剂防治。于 7 月中下旬，玉米拔节期至大喇叭口期，田间发病率 10%左右进行喷药防治，可用 75%百菌清可湿性粉剂 500~600 倍液或 80%甲基硫菌灵可湿性粉剂 600~800 倍液或 50%福美双可湿性粉剂 600~800 倍液或 50%多菌灵 600~800 倍液或 30%苯甲·丙环唑乳油3 000倍液或 25%丙环唑乳油3 000倍液。如果气候条件适宜发病时，一周后最好再防治1次。

（五）玉米锈病

玉米锈病主要侵染叶片，严重时也可侵染果穗、苞叶乃至雄穗。初期仅在叶片两面散生浅黄色长形至卵形褐色小脓疤，后小疱破裂，散出铁锈色粉状物，即病菌夏孢子；后期病斑上生出黑色近圆形或长圆形突起，开裂后露出黑褐色冬孢子。

玉米锈病多发生在玉米生育后期，一般为害性不大，但在有的自交系和杂交种上也可严重染病，使叶片提早枯死，造成较重的损失。

1. 症状

普通锈病可发生在玉米植株上的各个部位，但主要发生在叶片上。在受害部位初形成乳白色、淡黄色，后变黄褐色乃至红褐色的夏孢子堆，夏孢子堆在叶两面散生或聚生，椭圆或长椭圆形，隆起，表皮破裂散出锈粉状夏孢子，呈黄褐色至红褐色。后期在叶两面形成冬孢子堆，长椭圆形，后突破表皮呈黑色，长1~2毫米，有时多个冬孢子堆汇合连片，使叶片提早枯死。

2. 病原

病原菌有3种，即玉米柄锈菌引起的普通型锈病、玉米多堆柄锈菌引起的南方型锈病、玉米壳锈菌引起的热带型锈病。我国只有普通型和南方型两种锈病，均属担子菌亚门真菌。

3. 发生原因

（1）充足的菌源量是导致玉米锈病大发生的根本原因。玉米锈病发生都是由大量外来病菌引起的，特别是近几年来，随着玉米秸秆还田技术的推广应用，以及农村青壮年劳力外出务工的增多、劳力缺乏，许多玉米田收获后腾茬不及时、不彻底，导致大量秸秆和病残株滞留或遗留田中，病源菌不断积累扩大并以冬孢子越冬，成为次年初侵染的来源，也为病害的大发生提供了基础条件。

（2）品种抗病性差是导致病害发生的重要因素。玉米锈病不是玉米常发病害，且历年来玉米锈病发病轻，为害不严重，没有引起重视。目前高抗锈病的品种很少，为玉米锈病的发生流行埋下隐患。

（3）不良的气候条件是引起玉米锈病发生的主要原因。以大发生的2004年为例，连续的阴雨天气和适宜气温，加上降雨前后多以偏南风为主，风多、风大，有利于南方锈菌孢子随东南气流北上，并且病菌孢子随风在田间反复侵染，加快侵染进程，造成玉米锈病的大发生。

（4）关键技术和田间管理措施落实不到位，导致植株抗病性减弱。①种植密度偏大，造成田间植株相互隐蔽，通风透光不良，湿度增大。②施肥不合理：多数田块有机肥施用量不足，仅以磷肥、尿素（碳氨）作为积肥施入；追肥以尿素为主，导致偏施氮肥现象严重，加重病害发生。③土壤板结严重：多数玉米田定苗后中耕培土的次数少，加上持续降雨影响，土壤板结严重，导致根系发育不良，影响玉米正常发棵，降低植株抗性。④田间积水：田间大面积积水，田间小气候湿度增大，也有利于锈菌孢子的萌发和再侵染。

（5）农民对该病的认识和防治意识淡薄。由于玉米锈病是不常见病害，多数农民对该病害缺乏认识，加上玉米植株高大，客观上增加了防治的难度，导致防治工作进展慢，效果差。

4. 综合防治措施

（1）选用抗病品种。选择抗病、高产、优质中早熟品种。

（2）清洁田园。玉米收获后，要彻底清除田间病株残体，集中深埋或焚烧，降低菌源基数，减少发病概率。对已发病的植株早期应拔除，带出玉米地销毁，以减少病菌孢子传播蔓延。

（3）加强栽培管理。适时播种，合理密植，均衡施肥，有机肥与无机肥合理搭配，增施P、K肥，不偏施氮肥。

(4) 化学防治。立足预防，在发病初期，田间出现发病中心立即用药，可采用25%三唑酮可湿性粉剂1 500~2 000倍液，或用43%戊唑醇悬浮剂4 000倍液，或用25%丙环唑乳油4 000倍液，12.5%烯唑醇可湿性粉剂3 000倍液，均匀喷雾，一般可间隔7~10天连喷2~3次即可，若喷后24小时内遇雨，应当在雨停后采取补喷办法弥补。

(六) 玉米瘤黑粉病

1. 分布为害

玉米瘤黑粉病又叫玉米黑穗病、玉米黑粉病，在我国各玉米产区均有发生，是玉米生产中的重要病害。由于病菌侵染植株的茎秆、果穗、雄穗、叶片等幼嫩部位，所形成的黑粉瘤消耗大量的植株养分或导致植株空秆不结实，因此可造成30%~80%的产量损失，严重威胁玉米生产。

2. 症状与诊断

玉米瘤黑粉病病原为玉蜀黍黑粉菌，属担子菌亚门真菌，是局部侵染。植株的气生根、茎、叶、叶鞘、雄花及雌穗等幼嫩组织都可被侵害。被侵染的组织因病菌代谢产物的刺激而肿大成菌瘤，外包有寄主表皮组织形成薄膜，均为白色或淡紫红色，渐变成灰色，后期变为黑灰色。有的群众称之为长“蘑菇”。菌瘿成熟后散出大量黑粉（冬孢子）。田间幼苗高33厘米左右时即可发病，多在幼苗基部或根茎交界处产生菌瘿。病苗扭曲抽缩，叶鞘及心叶破裂，严重的会出现早枯。如叶片被感染，一般形成的菌瘿有豆粒或花生粒大小；如在茎或气生根上被感染，则形成的菌瘿如拳头大小；雌穗被侵染，多在果穗上中部或个别籽粒上形成菌瘿，严重的全穗形成大而畸形的菌瘤。

3. 发生规律

该病在玉米的生育期内可进行多次侵染，玉米抽穗前后1个月为该病盛发期。玉米抽雄前后遭遇干旱，抗病性受到明显削弱，此时若遇到小雨或结露，病原菌得以侵染，就会严重发病。玉米生长前期干旱，后期多雨高湿，或干湿交替，有利于发病。遭受暴风雨或冰雹袭击后，植株伤口增多，也有利于病原菌侵入，发病趋重。玉米螟等害虫既能传带病原菌孢子，又造成虫害伤口，因而虫害严重的田块，瘤黑粉病也严重。病田连作，收获后不及时清除病残体，施用未腐熟农家肥，都使田间菌源增多，发病趋重。种植密度过大，偏施氮肥的田块，通风透光不良，玉米组织柔嫩，也有利于病原菌侵染发病。

4. 综合防治措施

（1）种植抗病品种。

（2）与非禾谷类作物轮作 2~3 年。

（3）摘除病瘤。在玉米生长期间，结合田间管理，应将发病部位的病原菌“瘤子”，在病瘤未变色时进行人工摘除，用袋子带出田外进行集中深埋或焚烧销毁，减少田间菌源量。切不可随意丢在田间。成熟的病瘤丢在田间后，病瘤产生的黑粉（病原菌）会随风、雨漂移，再次感染玉米幼嫩组织，直到玉米完全成熟。实践证明，摘除销毁病瘤是防治玉米瘤黑粉病的最好措施之一。

（4）加强栽培管理。避免偏施氮肥；及时灌溉，特别是抽雄前后加强灌溉；及时防治玉米螟等害虫；尽量减少机械损伤。

（5）药剂防治。可用 15%三唑酮可湿性粉剂 80 克拌玉米种 100 千克或用 50%福美双可湿性粉剂 250 克拌玉米种 50 千克。在玉米抽雄前 10 天左右，用 50%福美双可湿性粉剂 500~800 倍液或 50%多菌灵可湿性粉剂 800~1 000倍液或 12. 5%烯唑醇可湿性粉剂 800 倍液或 25%丙环唑乳油 600~1 000倍液喷雾防治。

（七）玉米纹枯病

玉米纹枯病（Corn Sheath Blight）在中国最早于 1966 年在吉林省有发生报道。20 世纪 70 年代以后，由于玉米种植面积的迅速扩大和高产密植栽培技术的推广，玉米纹枯病发展蔓延较快，已在全国范围内普遍发生，且为害日趋严重。一般田块发病率为10%～30%，重病田达50%以上，造成的减产损失在10%～20%，严重的高达35%。由于该病害为害玉米近地面几节的叶鞘和茎秆，引起茎基腐败，破坏输导组织，影响水分和营养的输送，因此造成的损失较大。

1. 症状

玉米纹枯病主要发生在玉米籽粒形成期至灌浆期，苗期和生长后期很少发生。该病主要为害叶鞘和果穗，也可为害茎秆和叶片。发病初期多在基部1～2茎节叶鞘上产生暗绿色水渍状病斑，后扩展融合成不规则形或云纹状大病斑。病斑中部灰褐色，边缘深褐色，由下向上蔓延扩展。穗苞叶染病也产生同样的云纹状斑。果穗染病后秃顶，籽粒细扁或变褐腐烂。严重时根茎基部组织变为灰白色，次生根黄褐色或腐烂。多雨、高湿持续时间长时，病部长出稠密的白色菌丝体，菌丝进一步聚集成多个菌丝团，形成小菌核。成熟的菌核极易脱离寄主，遗落田间。

2. 传播途径

病菌以菌丝和菌核在病残体或在土壤中越冬。翌春条件适宜，菌核萌发产生菌丝或以病株上存活的菌丝接触寄主茎基部表面引起发病。发病后，菌丝又从病斑处伸出，很快向上和左右邻株蔓延，形成第2次和多次病斑。形成病斑后，病原气生菌丝伸长，向上部叶鞘发展，病原常透过叶鞘而为害茎秆，形成下陷的黑色斑块。湿度大时，病斑上亦可出现担孢子，担孢子可借风力传播侵染。再侵染是通过与邻株接触进行的，该病是短距离传染病害。

3. 发病因素

（1）菌核基数。耕地菌核越冬残留量与玉米初期发病轻重有密切关系。上年发病轻的耕地或新垦地，一般发病轻，反之则重。

（2）品种抗病性。玉米不同品种对纹枯病的抗性有较大差别。一般生育期长的中晚熟品种发生时间长，病情较重；矮秆阔叶型比高秆窄叶型易感病；杂交种较本地常规种感病；糯玉米、甜玉米较感病。

（3）气象因素。这是导致玉米纹枯病流行的关键因素。玉米纹枯病属高温高湿型病害，当日平均温度达24℃，田间湿度大时，开始零星发病；在气温28～32℃，空气相对湿度90%以上时，最有利于纹枯病蔓延为害。因此，8月上旬至9月上旬，玉米籽粒形成期至灌浆期，若遇雨日多、雨量大的天气，则易出现病害流行。

（4）栽培因素。地势低洼、土壤排水不良，土壤湿度和株间湿度加大，有利于病菌发育，且土壤通气不良，影响根系发育和吸收能力，植株生长不健壮，降低抗性，发病重。玉米播种过密、施氮过多，发病重，玉米连作易造成病原菌积累，有利于发病。

4. 综合防治

玉米纹枯病的防治应采用以农业防治为基础，药剂防治为关键，选用抗（耐）病品种的综合防治措施。

（1）消灭菌源。玉米收获后，秸秆应堆放在远离农田的地方，并将田间的玉米残茬收集到地外烧毁或深埋。利用秸秆堆肥的，肥料必须充分腐熟后才可适用，以防堆肥中携带病原菌。冬前翻耕土地晒垡，以杀灭和减少菌源，能有效减轻发病。与非禾本科作物如大豆、花生轮作，也可较好地降低田间菌源数量。

（2）选用抗病品种。玉米不同品种的纹枯病抗性差别较大。因此，选用抗病品种防治纹枯病是经济、有效的防治措施。

（3）加强田间管理。合理排灌，改善田间小气候，防止湿度过大，雨后应及时排水。在施肥种类上做到基肥为主，种肥、追肥为辅；有机肥为主，化肥为辅；早施磷、钾肥，分期追施氮肥，增强植株长势，提高植株抗病力。结合中耕铲除田间除草，随手摘除基部老叶、病叶，带出田间集中处理，既可增加田间通风透光，又可降低田间湿度，减轻发病。

（4）药剂防治。播种前用种子重量0.2%的25%粉锈宁可湿性粉剂或用种子重量0.25%的33%的纹霉净可湿性粉剂拌种；田间病株率达到3%~5%时，应进行喷雾防治。药剂可选用5%井冈霉素水剂1 500倍液，40%菌核净可湿性粉剂1 000倍液，50%农利灵可湿性粉剂1 000~2 000倍液。50%速克灵可湿性粉剂1 000~2 000倍液。一般间隔7天防治1次，连喷2次。亦可在发病初期亩用井冈霉素200克拌过筛无菌细土20千克，点入玉米“喇叭口”内，不仅防效高，而且药效持续时间长，至成熟期药效仍在80%以上。

（八）玉米青枯病

1. 发生及为害

玉米青枯病也叫玉米茎基腐病，是由几种镰刀菌（*Fusarium* spp.）或几种腐霉菌（*Pythium* spp.）引起的为害玉米根和茎基部的一类重要土传真菌病害，当前玉米生产上的一大病害。发病率一般为10%~20%，严重的达30%以上。青枯病一旦发生，全株很快枯死，一般只需5~8天，快的只需2~3天。

2. 症状

（1）茎叶青枯型。主要有青枯、黄枯和青黄枯3种类型，以前两种为主。青枯型也称急性型，发病时多从下部叶片逐渐向上扩展，呈水烫状或霜打状而青枯，而后全株青枯。有的病株出现急性症状，即在乳熟末期或蜡熟期全株急骤青枯，没有明显的由下而上逐渐发展的过程，这种情况在雨后忽晴天气时多见，该类型主要发生在感病品种上。黄枯型也称慢性型，发病后叶片自下而上逐渐黄枯，该症状类型主要发生在抗病品种上或环境条件不适合时。

（2）茎基腐烂型。植株根系明显发育不良，根少而短，病株茎基节间产生纵向扩展的不规则状褐色病斑，随后缢缩，变软或变硬，后期茎内部空松。剖茎检视，组织腐烂，维管束呈丝状游离，可见白色或粉红色菌丝，茎秆腐烂自茎基第一节开始向上扩展，可达第二、第三节，甚至第四节，极易倒折。

（3）果穗腐烂型。有的果穗发病后下垂，穗柄变柔软，不易掰下，苞叶青枯，不易剥离，病穗籽粒排列松散，易脱粒，粒色灰暗、干瘪，无光泽，千粒重下降，脱粒困难。

3. 发病规律

病菌在土壤中的病残组织上越冬，翌年从植株气孔或伤口侵入。青枯病发病的轻重与玉米的品种、生育期、种植密度、田间排灌、气候条件等有关。青枯病是由多种病原菌单独或复合侵染造成根系和茎基腐烂的一类病害的总称。一般在玉米灌浆期开始发病，乳熟末期至蜡熟期为显症高峰。种植密度大，天气炎热，又遇大雨，田间有积水时发病重。最常见的是雨后天晴，太阳暴晒时发生。夏玉米则发生于9月上中旬，一般玉米散粉期至乳熟初期遇大雨，雨后暴晴发病重，久雨乍晴，气温回升快，青枯症状出现较多。在夏玉米生长前期干旱，中期多雨、后期温度偏高年份发病较重。一般早播和早熟品种发病重，适期晚播或种植中晚熟品种可延缓和减轻发病。一般平地发病轻，岗地和洼地发病重。土壤肥沃、有机质丰富、排灌条件良好、玉米生长健壮的发病轻；而砂土地、土质瘠薄、排灌条件差、玉米生长弱的发病重。

4. 发病因素

（1）品种。种植玉米品种抗青枯病能力差。

（2）雨量。玉米茎腐病多发生在气候潮湿的条件下，如在黄淮区域，凡是7、8月间降雨多、雨量大的年份，玉米青枯病发生就严重，因为此时降雨造成了病原菌孢子萌发及侵入的条件，使9月上旬玉米抗性弱的乳熟阶段植株大量发病。

（3）植株生育阶段。玉米幼苗及生长前期很少发生青枯病，这是由于植株这一生长阶段对病菌有较强抗性，但到灌浆、乳熟期植株抗性下降，遇到适宜的发病条件，就大量发病。

（4）连作的玉米地发病重。这是由于在连作的条件下，土壤中积累了大量病原菌，易使植株受侵染。

5. 综合防治措施

（1）种植抗病品种。

（2）轮作倒茬。在条件许可下，提倡轮作，以减少土壤中的病原菌，如玉米与大豆、花生、棉花等的轮作或套种等，都能减轻病害。

（3）加强田间管理。合理排灌，改善田间小气候，遇旱浇水，遇涝及时排水，浇水或雨后及时中耕松土。在施肥种类上做到基肥为主，种肥、追肥为辅；有机肥为主，化肥为辅；早施磷、钾肥，分期追施氮肥，避免偏施氮肥，增强植株长势，提高植株抗病力。结合中耕铲除田间除草，随手摘除基部老叶、病叶，带出田间集中处理，既可增加田间通风透光，又可降低田间湿度，减轻发病。及时拔除重病折倒病株，收获后及时清除田间病残植株，深翻深理或集中烧毁，可避免病害传播，并减少浸染来源。

（4）药剂防治。用25%叶枯灵加25%瑞毒霉粉剂600倍液或用58%瑞毒锰锌粉剂600倍液喇叭口期喷雾预防。发现零星病株可用甲霜灵400倍液或多菌灵500倍液灌根，每株灌药液500毫升。发病初期用50%多菌灵可湿性粉剂500倍液或65%代森锰锌可湿性粉剂500倍液或70%百菌清可湿性粉剂800倍液或20%三唑酮乳油3 000倍液或50%苯菌灵可湿性粉剂1 500倍液喷雾防治。发病中期用98%恶霉灵2 000~3 000倍灌根。

（九）玉米粗缩病

玉米粗缩病是由玉米粗缩病毒（MRDV）引起的一种玉米

病毒病，由灰飞虱传播，为毁灭性病害。玉米发病后，植株矮化，叶色浓绿，节间缩短，基本上不能抽穗，单株产量损失达70%~100%，病重地块甚至绝收。

1. 症状

玉米整个生育期都可感染发病，以苗期受害最重，5~6 片叶即可显症，开始在心叶基部及中脉两侧产生透明的油浸状褪绿虚线条点，逐渐扩及整个叶片。病苗叶色浓绿，心叶不能正常展开，病株生长迟缓、矮化，节间粗短，顶叶簇生状如君子兰，叶背、叶鞘及苞叶的叶脉上具有粗细不一的蜡白色条状突起，用手触摸有明显的粗糙感。9~10 叶期，病株矮化现象更为明显，上部节间短缩粗肿，顶部叶片簇生，病株高度不到健株一半，多数不能抽穗结实，个别雄穗虽能抽出，但分枝极少，没有花粉。果穗畸形，花丝极少，植株严重矮化，雄穗退化，雌穗畸形，严重时不能结实。

2. 发病特点

粗缩病毒在冬小麦及其他杂草寄主越冬，也可在传毒昆虫体内越冬。第二年玉米出土后，借传毒昆虫将病毒传染到玉米苗或高粱、谷子、杂草上，辗转传播为害。发病地块具有明显的地域分布特点。从地块分布看，靠近果园、树林、沟渠、池塘、荒地的地块发病重。从茬口看，50%以上的发病地块前茬作物是油菜、大蒜和小部分早收麦田。从播期看，发病地块播种时间集中在 5 月 15 日至 6 月 1 日左右。从发病品种看，不同品种间发病程度有差异。普查显示，6 月 4 日后播种的麦茬、大蒜茬、油菜茬、马铃薯茬玉米无论哪个品种发病都很轻。玉米 5 叶期以前易感病，10 叶期以后抗性增强，即便受侵染发病也轻。玉米出苗至 5 叶期如果与传毒昆虫迁飞高峰相遇，发病严重，所以玉米播期和发病轻重关系密切。田间管理粗放，杂草多，灰飞虱多，发病重。

3. 发病原因

（1）毒源积累多。多种禾本科作物和杂草是玉米粗缩病病毒的寄生植物。黄淮区域是小麦玉米主产区，越冬寄主面积大，传播灰飞虱以老龄若虫在小麦或禾本科杂草老龄基部越冬。近年来，小麦长势好，夏季降雨充沛，耕地周边杂草多，加之近年的暖冬天气等，有利于灰飞虱的繁殖和越冬。

（2）玉米感病敏感期与灰飞虱的传毒期吻合。前茬作物是油菜、大蒜、马铃薯等作物时，成熟收获后大多播种玉米。5月末至6月初这些玉米正处于5叶前的感病敏感期，此时却恰好是小麦成熟收获期，是一代灰飞虱成虫期，加上田间又无其他禾本科作物，灰飞虱便从麦田及其他越冬寄主上集中迁入玉米田取食传毒。

（3）病害侵染循环复杂。玉米粗缩病的发生与传毒灰飞虱的密度、带毒率和玉米幼苗期受灰飞虱的为害程度等有关，且该病潜伏期长、无明显的病征，致使农民对该病认识不够，导致预防工作不力，发生后防治困难。

4. 综合防治措施

在玉米粗缩病的防治上，要坚持以农业防治为主、化学防治为辅的综合防治方针，其核心是控制毒源、减少虫源、避开为害。

（1）加强监测和预报。在病害常发地区有重点地定点、定期调查小麦、田间杂草和玉米的粗缩病病株率和严重度，同时调查灰飞虱发生密度和带毒率。在秋末和晚春及玉米播种前，根据灰飞虱越冬基数和带毒率、小麦和杂草的病株率，结合玉米种植模式，对玉米粗缩病发生趋势做出及时准确的预测预报，指导防治。

（2）选用抗病品种。尽管目前玉米生产中应用的主栽品种中缺少抗病性强的良种，但品种间感病程度仍存在一定差异。因此，要根据本地条件，选用抗性相对较好的品种，同时要注意合理布局，避免单一抗源品种的大面积种植。

（3）改善耕作制度。油菜、大蒜、马玲薯等作物收获后，有条件的地方可改种其他作物，无条件的可调整播期，随当地大部分小麦收获后播种玉米，避开灰飞虱的传毒盛期。

（4）改善玉米生长环境。采取人工和化学相结合的方法，消灭玉米田间地边杂草，破坏灰飞虱的栖息场所，结合间定苗拔除病株，减少侵染源。合理施肥、浇水，加强田间管理，促进玉米健壮生长，缩短感病期，减少传毒机会，并增强玉米抗耐病能力。

（5）搞好化学防治。化学防治是有效控制玉米粗缩病发生的主要措施。首先是搞好玉米种的药剂处理。在种子未进行包衣的情况下，采用内吸性杀虫剂拌种，如 100 千克玉米种子用 10%吡虫啉 125~150 克拌种，或用螨适金 100 毫升加锐胜 100 克拌种，对灰飞虱的防治效果可达一个月以上，有效控制灰飞虱在玉米苗期发生量，从而达到控制其传播玉米粗缩病毒的目的。其次是苗期用有效成分为 10%的吡虫啉可湿性粉剂1 000倍液进行喷雾，间隔期为 7 天，直至玉米进入 7 叶期，预防效果在 95%左右。最后是发病初期使用 40%病毒 A 500 倍液或 5. 5%植病灵 800 倍液喷洒防治病毒病，常发和重发区与吡虫啉混用，效果事半功倍。

（十）玉米丝黑穗病

玉米丝黑穗病又称乌米、哑玉米，是玉米生产上的主要病害之一，造成玉米减产甚至绝收。

1. 症状

玉米丝黑穗病属苗期侵入的系统侵染性病害。一般在穗期表现典型症状，主要为害雌穗和雄穗。

（1）苗期症状。受害严重的植株，在苗期可表现各种症状。

①矮化型：节间短，全株矮小，下粗上细，如笋状，向一

侧弯曲，叶片簇生，叶色暗绿，叶片上出现与叶脉平行的黄白色条斑，抽出的雌雄穗为黑穗。

②矮化丛生型：病株明显矮化，节间缩短，叶片丛生，整个植株短粗繁茂，果穗增多，一般每个腋芽都能长出黑穗。

③多分蘖型：病株分蘖较多，每个分蘖茎上均形成黑粉，且大部分顶生。

（2）成株期症状。玉米成株期病穗上的症状可分为两种类型，即黑穗和变态畸形穗。

①黑穗：受害果穗较短，基部粗，顶端尖，近似球形，不吐花丝。除苞叶外，整个果穗变成一个黑粉包，外观不呈瘤状。后期有些苞叶破裂，散出黑粉，即病菌的冬苞子。黑粉一般结成块，内部混有丝状寄主维管束组织，因此称为丝黑穗病。

②变态畸形穗：雄穗染病，有的整个花序被破坏变黑，整个雄穗变成一个大黑粉包；有的花器变形增生，颖片增多、延长；有的部分花序被害，雄花变成黑粉。雌穗染病较健穗短，下部膨大顶部较尖，呈刺猬头状，整个果穗变成一团黑褐色粉末和很多散乱的黑色丝状物，中央空松，长短不一，由穗基部向上丛生，整个果穗呈畸形。

2. 病原菌

玉米丝黑穗病的病原菌为孢堆黑粉菌，属担子菌亚门真菌，病组织中散出的黑粉为冬孢子，冬孢子黄褐色至暗紫色，球形或近球形，直径 9~14 微米，表面有细刺。冬孢子在成熟前常集合成孢子球并由菌丝组成的薄膜所包围，成熟后分散。冬孢子萌发温度范围为 25～30℃，适温约为 25℃，低于 17℃或高 32. 5℃不能萌发；缺氧时不易萌发。病菌发育温度范围为 23～36℃，最适温度为 28℃。冬孢子萌发最适 pH 值 4. 0~6. 0，中性或偏酸性环境利于冬孢子萌发，但偏碱性环境抑制萌发。丝黑粉菌有明显的生理分化现象。侵染玉米的丝黑粉菌不能侵染高粱；侵染高粱的丝黑粉菌虽能侵染玉米，但侵染力很低，这是两个不同的专化型。

3. 侵染途径

该菌主要以冬孢子在土壤中越冬，有些则混入粪肥或黏附在种子表面越冬。土壤带菌是最主要的初次侵染来源，种子带菌则是病害远距离传播的主要途径。冬孢子在土壤中能存活 2~3 年。冬孢子在玉米雌穗吐丝期开始成熟，且大量落到土壤中，部分则落到种子上（尤其是收获期）。播种后，一般在种子发芽或幼苗刚出土时侵染胚芽，有的在 2~3 叶期也发生侵染，特别是幼芽至 3 叶期以前最易侵染，5 叶期后受侵染很少，或不再浸染，也有报道认为侵染终期为 7~8 叶期。冬孢子萌发产生有分隔的担孢子，担孢子萌发生成侵染丝，从胚芽或胚根侵入，并很快扩展到茎部且沿生长点生长。花芽开始分化时，菌丝则进入花器原始体，侵入雌穗和雄穗，最后破坏雄花和雌花。由于玉米生长锥生长较快，菌丝扩展较慢，未能进入植株茎部生长点，这就造成有些病株只在雌穗发病而雄穗无病的现象。

4. 发病流行的条件

（1）感病品种的大量种植，是导致丝黑穗病严重发生的因素之一。另外，病原菌可能出现新的生理小种，导致原来抗病的品种丧失抗性。

（2）长期连作致使土壤含菌量迅速增加。据报道，如果以病株率来反映菌量，那么土壤中含菌量每年可大约增长 10 倍。

（3）使用未腐熟的厩肥。据试验，施猪粪的田块发病率为 0.1%，而沟施带菌牛粪的田块发病率高达 17.4%~23%，施牛粪的田块发病率为 10.6%~11.1%。

（4）种子带菌未经消毒、病株残体未被妥善处理都会使土壤中菌量增加，导致该病的严重发生。

（5）玉米播种至出苗期间的土壤温、湿度与发病关系极为密切。土壤温度在 15~30℃ 范围内都利于病菌侵入，以 25℃ 最为适宜。土壤湿度过高或过低都不利于病菌侵入，在 20% 的湿度条件下发病率最高。另外，海拔越高、播种过深、种子生活力弱的情况下发病较重。

5. 综合防治措施

（1）选用优良抗病品种。选用抗病品种是解决该病的根本性措施。一般双亲抗病，杂种一代也抗病，双亲感病，杂种一代也感病。所以在抗病育种工作中，应选择优良抗病自交系作亲本，以获得抗病的后代。

（2）播前种子处理。用药剂处理种子是综合防治中不可忽视的重要环节。方法有拌种、浸种和种衣剂处理3种。玉米丝黑穗病的传染途径是种子、土壤、粪肥带菌。玉米在苗期（有人说五叶期以前），土中的病菌都能从幼芽和幼根入侵，所以，药剂防治必须选择内吸性强、残效期长的农药，效果才比较好。三唑类杀菌剂拌种防治玉米丝黑穗病效果较好，大面积防效可稳定在60%~70%。目前在生产上推广使用以下几种药剂进行种子处理：用有效成分占种子重量0.2%~0.3%的15%三唑酮可湿性粉剂拌种，是目前较为有效的方法；或用0.3%的氧环宁缓释剂拌种，防效可达90%以上；或用50%多菌灵可湿性粉剂按种子重量0.3%~0.7%用量拌种，或甲基托布津50%可湿性粉剂按种子重量0.5%~0.7%用量拌种。选用包衣种子也具有很好的防治效果。

（3）拔除病株。该病主要为害雌、雄穗，但苗期已表现病状，随着叶龄的增加，特征愈明显，确诊率越高。可结合间苗、定苗及中耕除草等予以拔除病苗、可疑苗，拔节至抽穗期病菌黑粉末散落前拔除病株，抽雄后继续拔除。拔除的病株要深埋、烧毁，不要在田间随意丢放。

（4）合理轮作。与大豆、芝麻、花生、甘薯等作物，实行3年以上轮作。

（5）改进栽培措施。在高质量播种的基础上，适时播种，低温年份及土壤带菌较多的地块，丝黑穗病易发生，切忌播种过早，并加强田间管理，施用净肥减少菌量，禁止用带病秸秆等喂牲畜和作积肥。肥料要充分腐熟后再施用，减少土壤病菌来源。另外，清洁田园，处理病株残体，同时秋季进行深翻土地，减少病菌来源，从而减轻病害发生。

（十一）玉米顶腐病

玉米顶腐病是最近几年才出现的玉米一种新病害，主要由土壤中的串珠镰刀菌引发。顶腐病的发生呈上升趋势，为害损失重，潜在危险性较高。

1. 症状

玉米从苗期到成株期都可发生顶腐病，症状复杂多样。

（1）苗期症状。植株生长缓慢，叶片边缘失绿，出现黄色条斑，叶片皱缩、扭曲。重病苗茎基部变灰、变褐、变黑，枯萎死亡。

（2）中后期症状。病株多矮小，但也有矮化不明显的，其他症状更呈多样化。

①叶缘缺刻型：植株叶片的基部或边缘常出现刀削状缺刻，叶缘和顶部褪绿呈黄色条纹，严重时1个叶片的半边或者全叶脱落，只留下叶片中脉以及中脉上残留的少量叶肉组织。

②叶片枯死型：叶片基部边缘褐色腐烂，叶片有时呈撕裂状或断叶状，严重时顶部4~5叶的叶尖或全叶枯死。

③扭曲卷裹型：顶部叶片卷缩呈直立长鞭状，有的在形成鞭状时被其他叶片包裹不能伸展形成弓状，有的顶部几个叶片扭曲成缠结不能伸展，缠结的叶片常呈撕裂状或绉缩状。

④叶鞘、茎秆腐烂型：穗位节的叶片基部有时病株变褐腐烂的病株，常常在叶鞘和茎秆髓部也出现腐烂，叶鞘内侧和紧靠的茎秆皮层呈铁锈色腐烂，剖开茎部，可见内部维管束和茎节出现褐色病点或短条状变色，有的出现空洞，内生白色或粉红色霉状物，刮风时容易折倒。

⑤弯头型：穗位节叶基和茎部发病后发黄，叶鞘茎秆组织软化，植株顶端向一侧倾斜。

⑥顶叶丛生型：有的品种感病后顶端叶片丛生、直立。

⑦败育型或空秆型：感病轻的植株可抽穗结实，但雌穗小，结籽少，严重的雌雄穗败育、畸形而不能抽穗或形成空秆。

（3）其他症状。病株根系不发达，主根短小，根毛细而多，呈绒毛状，根冠变褐腐烂。高湿时，病部出现粉白色至粉红色霉状物。

2. 发病规律

病源菌在土壤、病残体和带菌种子中越冬，成为下一季玉米发病的初侵染菌源。特别是种子带菌可远距离传播，使发病区域不断扩大。顶腐病具有某些系统侵染的特征，病株产生的病源菌分生孢子还可以随风雨传播，进行再侵染。与玉米其他病害相比，玉米顶腐病的为害损失更重，潜在危险性较大。

该病可在玉米整个生长期侵染发病，但以抽穗前后表现最为明显，在低洼地块、土壤黏重地块相对发病严重。因其症状复杂多样，且一些症状与玉米的其他病虫害、缺素症有相似之处，易于混淆，因此在诊断识别和防治上应仔细对照、及时对症防治。

3. 综合防治措施

（1）选用抗病品种。

（2）适时化除。及时消灭杂草，为玉米苗生长提供好的环境，以增强抗病能力。

（3）及时追肥。玉米生育进程进入大喇叭口期，要迅速对玉米进行追施氮磷钾肥，尤其对发病较重地块更要做好及早追施。同时，要做好叶面喷施营养剂，促苗早发，补充养分，提高抗逆能力 。

（4）科学合理使用药剂。对发病地块可用广谱杀菌剂进行防治，如50%多菌灵可湿性粉剂500倍液或12.5%烯唑醇1 000

倍液或10%苯醚甲环唑1 000倍液等杀菌剂喷施。为同时防治玉米螟、棉铃虫等害虫和促进玉米增产，可混合杀虫剂、锌肥、硼肥一起喷施。

二、玉米害虫为害症状及特征

（一）玉米螟

玉米螟（别名玉米钻心虫）是玉米的主要虫害。春播、夏播玉米都有不同程度受害，尤以夏播玉米最重。可为害玉米植株地上的各个部位，使受害部分丧失功能，降低籽粒产量。

1. 形态

（1）成虫。雄蛾体长10~13毫米，翅展20~30毫米，体背黄褐色，腹末较瘦尖，触角丝状，灰褐色，复眼褐色。前翅内横线为暗褐色波状纹，内侧黄褐色，基部褐色。外横线为暗褐色锯齿状纹，外侧黄褐色，外横线与外缘线之间，有1褐色带。内横线与外横线之间淡褐色，有2个褐色斑。缘毛内侧褐色，外侧白色，后翅灰黄色，中央和近外缘处各有1褐色带。雌蛾形态与雄蛾相似，体形比雄蛾大，体色较浅，前翅淡黄色，线纹与斑纹均淡褐色，外横线与外缘线之间的阔带极淡，不易察觉。后翅灰白或淡灰褐色。后翅基部有翅缰，雄蛾1根，较粗壮，雌蛾2根，稍细。

（2）卵。卵长1毫米，扁平，椭圆形，略有光泽。初产时为乳白色，渐变为黄白色，半透明。临孵化前卵粒中央呈现黑点，为幼虫头壳边，边缘仍为白色，半透明。数粒至数十粒组成卵块，呈鱼鳞状排列。

（3）幼虫。幼虫初孵化时长约1.5毫米，头壳黑色，体乳白色，半透明。老熟幼虫，体长25毫米左右，宽3毫米左右，圆筒形，头壳深棕色，体淡灰褐或淡红褐色，有纵线3条，以背线较明显，背部颜色有浅褐、深褐、灰黄等多种，中、后胸背面各有毛瘤 4 个，腹部 1～8 节背面有两排毛瘤前后各两个，均为圆形，前大后小。

（4）蛹。长纺锤形，体长 15～18 毫米，黄褐色至红褐色，体背密布细小波状横皱纹。雄蛹腹部较瘦削，尾端较尖。雌蛹腹部较雄蛹肥大，尾端较钝阔。

2. 发生规律

黄淮区域一般年份发生 2～4 代。通常以老熟幼虫在玉米茎秆、根茬、穗轴内越冬，次年 4—5 月化蛹，蛹经过 10 天左右羽化。成虫夜间活动，飞翔力强，有趋光性，寿命 5～10 天，6 月中旬为产卵盛期，喜欢在离地 50 厘米以上、生长较茂盛的玉米叶背面中脉两侧产卵，一个雌蛾可产卵 350～700 粒，卵期 3～5 天。第一代成虫 7 月中旬出现，7 月下旬至 8 月上旬为成虫及卵盛期，8 月中旬为幼虫盛期，9 月下旬开始越冬。玉米螟适合在高温、高湿条件下发育，冬季气温较高，天敌寄生量少，有利于玉米螟的繁殖，为害较重；卵期干旱，玉米叶片卷曲，卵块易从叶背面脱落而死亡，为害也较轻。

3. 为害特征

幼虫孵出后，先聚集在一起，然后在植株幼嫩部分爬行，开始为害。初孵幼虫，能吐丝下垂，借风力飘迁邻株，形成转株为害。幼虫多为 5 龄，3 龄前主要集中在幼嫩心叶、雄穗、苞叶和花丝上活动取食，被害心叶展开后，即呈现许多横排小孔；4 龄以后，大部分钻入茎秆。玉米螟的为害，主要是因为叶片被幼虫咬食后，会降低其光合效率；雄穗被蛀，常易折断，影响授粉；苞叶、花丝被蛀食，会造成缺粒和秕粒；茎秆、穗柄、穗轴被蛀食后，形成隧道，破坏植株内水分、养分的输送，使茎秆倒折率增加，籽粒产量下降。

4. 综合防治措施

（1）越冬期。处理越冬寄主秸秆，在春季越冬幼虫化蛹羽化前处理完毕。在夏玉米区尽量压低春播寄主作物种植面积。

实行玉米与豆科等作物间套作，保护天敌等。

（2）抽雄前。掌握玉米心叶初见排孔、幼龄幼虫群集心叶而未蛀入茎秆之前，亩用1.5%的辛硫磷颗粒剂500~800克，或3.6%杀虫双颗粒剂1千克，直接丢放于喇叭口内，也可喷洒1%甲维盐乳油1 500倍液或5%氟氯氰菊酯乳油1 000倍液等，均可收到较好的防治效果。

（3）穗期防治。花丝蔫须后，剪掉花丝，用90%的敌百虫0.5千克、水150千克、黏土250千克配制成泥浆涂于剪口，效果良好；也可用50%或80%的敌敌畏乳剂600~800倍液，或用90%的敌百虫800~1 000倍液或75%的辛硫磷乳剂1 000倍液，滴于雌穗顶部，效果亦佳。

（4）人工摘除。发现玉米螟卵块，人工摘除田外销毁。

（5）生物防治。玉米螟的天敌种类很多，主要有寄生卵赤眼蜂、黑卵蜂，寄生幼虫的寄生蝇、白僵菌、细菌、病毒等。捕食性天敌有瓢虫、步行虫、草蜻蛉等，都对虫口有一定的抑制作用。

① 释放赤眼蜂：赤眼蜂是一种卵寄生性昆虫天敌。能寄生在玉米螟卵。用于防治玉米螟，安全、无毒、无公害、方法简单、效果好。在玉米螟产卵期释放赤眼蜂，选择晴天大面积连片放蜂。放蜂量和次数根据螟蛾卵量确定。一般每亩释放1万~2万头，分两次释放，每亩放3个点，在点上选择健壮玉米植株，在其中部一个叶面上，沿主脉撕成两半，将蜂卡挂在中叶脉，应掌握在赤眼蜂的蜂蛹后期，个别出蜂时释放，把蜂卡挂到田间一天后即可大量出现。释放赤眼蜂的田块不能使用化学农药。

②利用白僵菌：

僵菌封垛：白僵菌可寄生在玉米螟幼虫和蛹上。在早春越冬幼虫开始复苏化蛹前，对残存的秸秆，逐垛喷撒白僵菌粉封垛。方法是每立方米秸秆垛，用每克含100亿个孢子的菌粉100

克，喷一个点，即将喷粉管插入垛内，摇动把子，当垛面有菌粉飞出即可。

白僵菌丢芯：一般在玉米心叶中期，用500克含孢子量为50亿~100亿个的白僵菌粉，对煤渣颗粒5千克，每株施入2克，可有效防治玉米螟的为害。

Bt可湿性粉剂：在玉米螟卵孵化期，田间喷施每毫升100亿个孢子的Bt乳剂Bt可湿性粉剂200倍液，有效控制虫害。

（6）物理防治。

灯光诱杀：利用高压汞灯或频振式杀虫灯诱杀玉米螟成虫。开灯时间为7月上旬至8月上旬。

（二）玉米蚜虫

玉米蚜虫为害特点是成、若蚜刺吸植物组织汁液，导致叶片变黄或发红，影响生长发育，严重时植株枯死。玉米蚜多群集在心叶，为害叶片时分泌蜜露，产生黑色霉状物。别于高粱蚜。在紧凑型玉米上主要为害雄花和上层1~5叶，下部叶受害轻，刺吸玉米的汁液，致叶片变黄枯死，常使叶面生霉变黑，影响光合作用，降低粒重，并传播病毒病造成减产。寄主玉米、高粱、小麦、狗尾草等。

1. 形态

有翅胎生雌蚜体长1.5~2.5毫米，头胸部黑色，腹部灰绿色，腹管前各节有暗色侧斑。触角6节，触角、喙、足、腹节间、腹管及尾片黑色。无翅孤雌蚜体长卵形，活虫深绿色，披薄白粉，附肢黑色，复眼红褐色。头、胸黑色发亮，腹部黄红色至深绿色。触角6节比身体短。其他特征与无翅型相似。卵椭圆形。

2. 发生规律

从北到南一年发生10~20余代，一般以无翅胎生雌蚜在小麦苗及禾本科杂草的心叶里越冬。4月底5月初向春玉米、高粱迁移。玉米抽雄前，一直群集于心叶里繁殖为害，抽雄后扩散至雄穗、雌穗上繁殖为害，扬花期是玉米蚜繁殖为害的最有利时期，故防治适期应在玉米抽雄前。适温高湿，即旬平均气温23℃左右，相对湿度85%以上，玉米正值抽雄扬花期时，最适于玉米蚜的增殖为害，而暴风雨对玉米蚜有较大控制作用。杂草较重发生的田块，玉米蚜也偏重发生。

3. 综合防治措施

（1）及时清除田间地头杂草，消灭玉米蚜的滋生基地。

（2）在玉米心叶期有蚜株率达50%，百株蚜量达2 000头以上时，可用50%抗蚜威3 000倍液或40%氧化乐果1 500倍液或50%敌敌畏1 000倍液或2.5%敌杀死3 000倍液等均匀喷雾，也可用上述药液灌心。

（三）蓟马

蓟马是一种靠吸取植物汁液为生的昆虫，在动物分类学中属于昆虫纲缨翅目。幼虫呈白色、黄色或橘色，成虫则呈棕色或黑色。进食时会造成叶子与花朵的损伤。

1. 形态特征

体微小，体长0.5~2.0毫米，很少超过7.0毫米；黑色、褐色或黄色；头略呈后口式，口器锉吸式，能挫破植物表皮，吸允汁液；触角6~9节，线状，略呈念珠状，一些节上有感觉器；翅狭长，边缘有长而整齐的缘毛，脉纹最多有两条纵脉；足的末端有泡状的中垫，爪退化；雌性腹部末端圆锥形，腹面有锯齿状产卵器，或呈圆柱形，无产卵器。

2. 蓟马的成长历程

一年四季均有发生。春、夏、秋三季主要发生在露地，冬季主要在温室大棚中，为害茄子、黄瓜、芸豆、辣椒、西瓜等作物。发生高峰期在秋季或入冬的11—12月，3—5月是第二个高峰期。雌成虫主要进行孤雌生殖，偶有两性生殖，极难见到雄虫。卵散产于叶肉组织内，每雌产卵22~35粒。雌成虫寿命8~10天。卵期在5—6月为6~7天。若虫在叶背取食到高龄末期停止取食，落入表土化蛹。

蓟马喜欢温暖、干旱的天气，其适温为23~28℃，适宜空气湿度为40%~70%；湿度过大不能存活，当湿度达到100%，温度达31℃时，若虫全部死亡。在雨季，如遇连阴多雨，葱的叶腋间积水，能导致若虫死亡。大雨后或浇水后致使土壤板结，使若虫不能入土化蛹和蛹不能孵化成虫。

3. 综合防治措施

（1）农业防治。早春清除田间杂草和枯枝残叶，集中烧毁或深埋，消灭越冬成虫和若虫。加强肥水管理，促使植株生长健壮，减轻为害。

（2）物理防治。利用蓟马趋蓝色的习性，在田间设置蓝色粘板，诱杀成虫，粘板高度与作物持平。

（3）化学防治。常规使用吡虫啉、啶虫脒等常规药剂，防效逐步降低；目前国际上推广以下防治方法。

①蔬菜：茄果、瓜类、豆类使用25%噻虫嗪水分散粒剂3 000~5 000倍灌根，减少病毒病的发生，同时减少地下害虫为害，进口品种阿克泰，国内知名品种大功牛。

②果树：蓟马为害较重作物，可以使用25%噻虫嗪大功牛喷雾，但要提高使用量，如800倍喷雾，同时可以加微乳剂类的阿维菌素混合使用。

③烟草：移栽前灌根或者定植时喷根，可以使用吡虫啉、噻虫嗪、噻虫胺；25%吡虫啉1 000倍、25%噻虫嗪大功牛3 000~5 000倍。

④高抗性蓟马，如豆角、茄类、辣椒等作物上的蓟马，种类繁杂，抗性奇强，常规噻虫嗪、吡虫啉等成分很难做出防治效果，沙蓟马表现非常优秀，触杀仅10分钟就能击毙，24小时正打反死率能做到90%以上。

⑤防治要点：

根据蓟马昼伏夜出的特性，建议在下午用药。

蓟马隐蔽性强，药剂需要选择内吸性的或者添加有机硅助剂，而且尽量选择持效期长的药剂。

如果条件允许，建议药剂熏棚和叶面喷雾相结合的方法。

提前预防，不要等到泛滥了再用药。在高温期间种植蔬菜，如果没有覆盖地膜，药剂最好同时喷雾植株中下部和地面，因为这些地方是蓟马若虫栖息地。

蓟马施药小技巧：蓟马的活动有两种形式，一种是叶蓟马（在南方称头蓟马），在叶上或者生长点上活动，一种是花蓟马，在花里活动，如果是叶蓟马，观察活动规律，看什么时间段多就什么时间打药，如果是花蓟马，一定要早起 9 时前施药，因为早起花是张开的，打药的时候用喷雾器托着向上打，效果是最好的，如果下午打花蓟马，花朵已经闭合，效果没有早起打好，如果是早起打的话，当天下午看就会死虫 70% 以上，第二天下午看的话基本死完。

（四）甜菜夜蛾

甜菜夜蛾属鳞翅目、夜蛾科，是一种世界性分布、间歇性大发生的以为害蔬菜为主的杂食性害虫。

1. 形态

成虫：体长 10~14 毫米，翅展 25~34 毫米。体灰褐色。前翅中央近前缘外方有肾形斑 1 个，内方有圆形斑 1 个。后翅银白色。成虫昼伏夜出，有强趋光性和弱趋化性。

卵：圆馒头形，白色，表面有放射状的隆起线。

幼虫：体长约 22 毫米。体色变化很大，有绿色、暗绿色、黄褐色、黑褐色等。腹部体侧气门下线为明显的黄白色纵带，有时带粉红色，带的末端直达腹部末端，不弯到臀足上去。

蛹：体长 10 毫米左右，黄褐色。

2. 发生规律、为害特点

成虫昼伏夜出，有强趋光性和弱趋化，隐蔽在麻田或附近的丛林、灌木林中，夜间活动。成虫在植株的顶部叶背面集中产卵。初孵幼虫群集在产卵株的顶部叶背，取食叶肉，留下表皮，成透明的小孔。严重时，可吃光叶肉，仅留叶脉，甚至剥食茎秆皮层。幼虫可成群迁移，稍受震扰吐丝落地，有假死性。3~4 龄后，白天潜于植株下部或土缝，傍晚移出取食为害。老熟幼虫入土吐丝化蛹。一年发生 6~8 代，7—8 月发生多，高温、干旱年份更多，常和斜纹夜蛾混发。

3. 综合防治措施

（1）农业措施。一是晚秋初冬耕地灭蛹；二是结合田间管理，及时摘除卵块和虫叶，集中消灭。

（2）物理防治。黑光灯诱杀成虫。

（3）化学防治。

①此虫体壁厚，排泄效应快，抗药性强，防治上一定要掌握及早防治，初孵幼虫未造成为害前喷药防治。在发生期每隔 3~5 天田间检查一次，发现有点片的要重点防治。喷药应在傍晚进行。药剂：使用卡死克、抑太保、农地乐、快杀灵1 000倍，或万灵、保得、除尽1 500倍，及时防治，将害虫消灭于 3 龄前。对 3 龄以上的幼虫，用 30%虫螨腈专攻悬浮液 30 毫升/亩喷雾，每隔 7~10 天喷 1 次。可达到理想的防效；以除尽、卡死克、专攻防效最佳。还可选用 50%高效氯氰菊酯乳油1 000倍液加 50%辛硫磷乳油1 000倍液或加 80%敌敌畏乳油1 000倍液喷雾，防治效果均在 85%以上。也可用 5%抑太保乳油、5%卡死克乳油，或 75%农地乐乳油 500 倍液或 5%夜蛾必杀乳油1 000倍液喷雾防治，5 天后的防治效果均达 90%以上。

②抓住 1~2 龄幼虫盛期进行防治，可选用下列药剂喷雾：5%抑太保乳油4 000倍液或 5%卡死克乳油4 000倍液、5%农梦特乳油4 000倍液或 20%灭幼脲 1 号悬浮剂 500~1 000倍液、

25%灭幼脲 3 号悬浮剂 500~1 000倍液、40%菊杀乳油 2 000~3 000倍液、40%菊马乳油 2 000~3 000倍液、20%氰戊菊酯 2 000~4 000倍液、茴蒿素杀虫剂 500 倍液。

（五）二点委夜蛾

二点委夜蛾，是我国夏玉米区新发生的害虫，各地往往误认为是地老虎为害。该害虫随着幼虫龄期的增长，害虫食量将不断加大，发生范围也将进一步扩大，如不能及时控制，将会严重威胁玉米生产。因此，需加强对二点委夜蛾发生动态的监测，做好虫情预报或警报，指导农民适时防治，以减轻其为害损失。

二点委夜蛾属鳞翅目夜蛾科，分布于日本、朝鲜、俄罗斯、欧洲等地，国内未见报道。2011 年 7 月 9 日，中央电视台新闻联播首次报告。

1. 形态特征

卵馒头状，上有纵脊，初产黄绿色，后土黄色。直径不到 1 毫米。成虫体长 10~12 毫米，翅展 20 毫米。雌虫体会略大于雄虫。头、胸、腹灰褐色。前翅灰褐色，有暗褐色细点；内线、外线暗褐色，环纹为一黑点；肾纹小，有黑点组成的边缘，外侧中凹，有一白点；外线波浪型，翅外缘有一列黑点。后翅白色微褐，端区暗褐色。腹部灰褐色。雄蛾外生殖器的抱器瓣端半部宽，背缘凹，中部有一钩状突起；阳茎内有刺状阳茎针。老熟幼虫体长 20 毫米左右，体色灰黄色，头部褐色。幼虫 1. 4~1. 8 厘米长，黄灰色或黑褐色，比较明显的特征是个体节有一个倒三角的深褐色斑纹，腹部背面有两条褐色背侧线，到胸节消失。蛹长 10 毫米左右，化蛹初期淡黄褐色，逐渐变为褐色，老熟幼虫入土做一丝质土茧包被内化蛹。

2. 发生规律

棉田倒茬玉米田比重茬玉米田发生严重，麦糠麦秸覆盖面积大比没有麦秸麦糠覆盖的严重，播种时间晚比播种时间早的严重，田间湿度大比湿度小的严重。二点委夜蛾主要在玉米气生根处的土壤表层处为害玉米根部，咬断玉米地上茎秆或浅表层根，受为害的玉米田轻者玉米植株东倒西歪，重者造成缺苗断垄，玉米田中出现大面积空白地。为害严重地块甚至需要毁种，二点委夜蛾喜阴暗潮湿畏惧强光一般在玉米根部或者湿润的土缝中生存，遇到声音或药液喷淋后呈“C”形假死，高麦茬厚麦糠为二点委夜蛾大发生提供了主要的生存环境，二点委夜蛾比较厚的外皮使药剂难以渗透是防治的主要难点，世代重叠发生是增加防治次数的主要原因。

近几年据安新、曲周、正定、藁城、栾城、辛集、宁晋、临城、内丘、深州、晋州等地调查，该虫在河北省部分夏玉米，尤其以小麦套播的玉米田发生重，主要以幼虫躲在玉米幼苗周围的碎麦秸下或在2~5厘米的表土层为害玉米苗，一般一株有虫1~2头，多的达10~20头。在玉米幼苗3~5叶期的地块，幼虫主要咬食玉米茎基部，形成3~4毫米圆形或椭圆形孔洞，切断营养输送，造成地上部玉米心叶萎蔫枯死。在玉米苗较大（8~10叶期）的地块幼虫主要咬断玉米根部，包括气生根和主根，造成玉米倒伏，严重者枯死。为害株率一般在1%~5%，严重地块达15%~20%。由于该虫潜伏在玉米田的碎麦秸下为害玉米根茎部，一般喷雾难以奏效。

3. 综合防治措施

防治工作中要掌握早防早控，当发现田间有个别植株发生倾斜时要立即开始防治。

（1）农业措施。及时清除玉米苗基部麦秸、杂草等覆盖物，消除其发生的有利环境条件。一定要把覆盖在玉米垄中的麦糠麦秸全部清除到远离植株的玉米大行间并裸露出地面，便于药剂能直接接触到二点委夜蛾。只是全田药剂喷雾而不是不顺垄灌根的防治几乎没有效果，不清理麦秸麦糠只顺垄药剂灌根的玉米田防治效果稍差。最好的防治方法：清理麦秸麦糠后使用三六泵机动喷雾机，将喷枪调成水柱壮直接喷射玉米根部。同时要培土扶苗。对倒伏的大苗，在积极进行除虫的同时，不要毁苗，而应培土扶苗，力争促使以后的气生根健壮，恢复正常生长。

（2）化学防治。主要方法有喷雾、毒饵、毒土、灌药等。

①撒毒饵：亩用克螟丹 150 克加水 1 千克拌麦麸 4~5 千克，顺玉米垄撒施。亩用 4~5 千克炒香的麦麸或粉碎后炒香的棉籽饼，与对少量水的 90%晶体敌百虫或 48%毒死蜱乳油 500 克拌成毒饵，于傍晚顺垄撒在玉米苗边。

②毒土：亩用 80%敌敌畏乳油 300~500 毫升拌 25 千克细土，于早晨顺垄撒在玉米苗边，防效较好。

③灌药：随水灌药，亩用 50%辛硫磷乳油或 48%毒死蜱乳油 1 千克，在浇地时灌入田中。

④喷雾：使用 4%高氯甲维盐稀释1 000~1 500倍喷雾，或 10~20 毫升加水 15 千克进行喷雾。施药要点：水量充足。一般每亩地用水量为 30 千克（两桶水），全田喷施，对玉米幼苗、田块表面进行全田喷施，着重喷施。喷施农药时，要对准玉米的茎基部及周围着重喷施。

⑤开展毒饵诱杀：每亩用炒香的麦麸或棉籽饼 10 千克拌药 100 克，药液灌根可用 2. 5%高效氯氟氰菊酯或农喜 3 号1 500倍液，适当加入敌敌畏会提高效果或毒砂熏蒸，用 25 千克细砂与敌敌畏 200~300 毫升加适量水拌匀，于早晨顺垄施于玉米苗基部的方法，有一定防治效果。如果虫龄较大，可适当加大药量。喷灌玉米苗，可以将喷头拧下，逐株顺茎滴药液，或用直喷头喷根茎部，药剂可选用 48%毒死蜱乳油1 500倍液、30%乙酰甲胺磷乳油1 000倍液，或 4. 5%高效氟氯氰菊酯乳油 2 500倍液。药液量要大，保证渗到玉米根围 30 厘米左右的害虫藏匿的地方。

（六）蜗牛

蜗牛俗名水牛，属软体动物门腹足纲，是旱作农田重要的致灾性有害生物之一。发生为害的主要有同型巴蜗牛和灰巴蜗牛，两种蜗牛外形相似，在田间混合发生，以前主要在雨水较多的南方地区发生。近几年来，随着棚室蔬菜栽培的广泛应用和秸秆还田技术的大力推广，在我国北方地区蜗牛发生面积逐渐扩大，为害程度持续加重，已由次要害虫上升为主要害虫。主要为害豆科、十字花科和茄科蔬菜以及粮、棉、果树等多种作物。

1. 形态

蜗牛成贝身体分头、足和内脏囊三部分。头上有 2 对可翻转的触角，眼在后触角顶端。足在身体腹面，适于爬行。幼贝体形较小，形似成贝。

灰巴蜗牛呈圆球形，壳高 18~21 毫米，宽 20~23 毫米，有 5~6 个螺层，顶部几个螺层增长缓慢，略膨胀，体螺层急剧增长膨大，壳面黄褐色或琥珀色，常分布暗色不规则斑点，并且有细致而稠密的生长线和螺纹，壳顶尖，缝合线深，壳口呈椭圆形，口缘完整，略外折，锋利易碎。

同型巴蜗牛壳质厚，呈扁球形，壳高 11.5~12.5 毫米，宽 15~17 毫米，有 5~6 个螺层，顶部几个螺层增长缓慢，略膨胀，体螺层增长迅速、膨大，壳面黄褐色或灰褐色，有细致而稠密的生长线，壳顶钝，缝合线深，壳口呈马蹄形，口缘锋利，轴缘外折。

2. 为害症状

初孵幼贝只取食叶肉，稍大后以齿舌刮食叶、茎，形成孔洞或缺刻，造成叶片、茎秆破损，僵苗迟发，成苗率下降。严重时咬断幼苗，全部吃光，造成缺苗断垄。例如在玉米上，蜗牛为害始期一般是在拔节期，为害盛期是在玉米生长中后期，即大喇叭口期以后。主要为害玉米叶片，还可为害苞叶、花丝、籽粒等。可造成叶片撕裂，严重时仅剩叶脉。为害花丝造成授粉不良，严重时吃光全部花丝，使玉米不能授粉结实。还可为害细嫩籽粒，造成雌穗秃尖。

3. 发生规律

据田间系统调查资料显示，同型巴蜗牛和灰巴蜗牛都以成贝和幼贝在潮湿阴暗处，如菜田、绿肥田、灌木丛及作物根部、草堆下、石块下及房前屋后土缝中等越冬，壳口有白膜封闭。翌年3月当气温回升到10~15℃时开始活动，先在豌豆、麦类及油菜等作物上取食为害，蜗牛成贝于4月中旬开始交配产卵，5月底6月初为产卵高峰，气温偏低或多雨年份的产卵期可延迟到7月。卵粒成堆，多产于潮湿疏松的土里或枯叶下，卵期14~31天。

因为蜗牛为雌雄同体，除异体交配受精外，也可以自体受精繁殖。每只蜗牛每年可产卵6~7次，每次平均可产卵200粒。稍大的蜗牛每次可产卵300~400粒，而且蜗牛的生殖不受年龄的限制。在同等适宜的生殖条件下，蜗牛越大产卵量就越多。

蜗牛性喜潮湿，阴雨天气可全天为害，晴天早晚活动取食，白天潜伏或栖息在作物叶片反面与作物根部的土缝中，爬行处留下黏液痕迹。在7月、8月的盛夏干旱季节，蜗牛钻入土中，并且封闭壳口，不吃不动，蛰伏越夏；在此期间若环境条件适宜，蜗牛亦会伺机活动。进入9月前后当气温逐步下降到20~25℃时，蜗牛再次复出活动，并且进行交配产卵和繁殖后代。晚大豆、玉米和蔬菜等作物深受其害，严重的能被吃光叶片和幼荚（铃），仅剩秃秆，造成很大的损失。蜗牛持续活动到11月底至12月初，气温下降到10℃以下时，才以成、幼贝体进入越冬场所越冬。

蜗牛在露地环境条件，多于4月上旬开始活动为害，10月下旬至11月上旬潜伏越冬，7月、8月、9月是为害盛期，多在晴天傍晚至清晨活动，取食为害。在温室及大棚内发生早，为害期更长。

4. 重发原因

（1）气候条件较适宜。夏秋季降水偏多，田间湿度大，利于成贝取食、产卵。

（2）生态环境利于其发生为害。近年来，农村青壮年大量外出务工，农村劳动力缺乏，农民种粮积极性不高，部分田块耕作粗放，田间及路边沟渠杂草得不到及时清除，植株残体长久置于田间路边，加之小麦已全部用联合收割机收获，麦秸撒于田间，为蜗牛提供了适宜生存繁衍的场所，田间条件有利于蜗牛卵孵化和幼螺生长取食。

（3）农民对蜗牛缺乏足够的认识。蜗牛繁殖力强，蔓延迅速，为害严重，多数农民缺乏蜗牛的防治技术，不能抓住防治适期，进行有效的控制。

（4）天敌数量极少。天敌少，自然控制能力弱，有利于蜗牛的发生蔓延。蜗牛的主要天敌有老鼠、蟾蜍、蛇、刺猬、步行虫、蜥蜴等。由于长期大量使用农药及环境条件的日益恶化，最近几年的调查发现蜗牛的天敌很少，调查中很难找到。

（5）快速便捷的交通运输，加快了有害生物的蔓延。蜗牛成贝、幼贝及卵附着在作物秸秆或残体上，通过长距离的运输而被广泛传播，加速了其蔓延速度。

5. 综合防治措施

蜗牛的防治通常要采取综合措施，着重减少其数量。消灭成螺的主要时期是春末夏初，尤其是在5—6月蜗牛繁殖高峰期，在这期间要恶化蜗牛生长及繁殖的环境。

（1）农业措施。

①控制土壤中水分：上半年雨水较多，特别是地下水位高的地区，应及时开沟排除积水，降低土壤湿度。

②破坏蜗牛栖息和产卵场所：人工锄草或喷洒除草剂等手

段清除田园、苗圃四周、花坛的杂草，去除植物残体、石头等杂物，可降低湿度，减少蜗牛隐藏地，恶化蜗牛栖息的场所。

③耕翻土地：春末夏初要勤松土或翻地，使蜗牛成螺和卵块暴露于土壤表面，使其在日光下暴晒而亡。特别是成贝怕高温干旱，晒数小时即可死亡，卵块暴晒数秒钟即可爆裂死亡。在冬、春季天寒地冻时进行翻耕，可使部分成螺、幼螺、卵暴露地面而被冻死或被天敌啄食。

④人工捕杀：坚持每天日出前、傍晚或阴天在土壤表面和绿叶上捕捉。当其群体数量大幅度减少后可改为每周一次，捕捉的蜗牛一定要杀死，不能扔在附近，以防其体内的卵在母体死亡后孵化。

⑤诱杀：于傍晚用树枝、杂草、蔬菜叶等作诱集堆，每隔3~5米放置一堆让蜗牛潜伏于诱集堆内，次日清晨再集中捕捉。

⑥撒生石灰：在作物的四周或行间撒一层生石灰，但不要撒在作物的叶片上，以免影响光合作用。蜗牛晚间出来取食时碰到生石灰会失水死亡。每亩用生石灰5~7千克，地面潮湿时效果较差。

（2）药剂防治。于发生始盛期每亩用5%四聚乙醛颗粒剂500~600克，或8%灭蜗灵颗粒剂600~1 000克，或10%多聚乙醛（蜗牛敌）颗粒剂600~1 000克拌干细土或细沙后，于傍晚均匀撒施于田间垄上诱杀。防治的最佳时期是蜗牛产卵前。

当清晨蜗牛未潜入土时，用70%贝螺杀（百螺杀、灭螺杀）1 000倍液或灭蜗灵或硫酸铜800~1 000倍液或氨水70~100倍液或1%食盐水喷洒，每7~10天喷1次，连喷2~3次，可有效防止蜗牛的为害。

建议对上述药品交替使用，以保证杀蜗保叶，并延缓蜗牛对药剂产生抗药性。

三、玉米各生育期病虫害防治技术

（一）玉米病虫害综合防治日历的制定

玉米栽培管理过程中，应总结本地玉米病虫害的发生特点和防治经验，制订病虫害防治计划，适时进行田间调查，及时采取防治措施，有效控制病虫的为害，保证丰产、丰收。

玉米田病虫害的综合防治工作，各地应根据自己的情况采取具体的防治措施，见下表。

表　玉米不同生育期主要病虫害综合防治日历

生育期	日期	主要防治对象	次要防治对象
播种期	4月中下旬至6月中旬	地下害虫、茎基腐病、瘤黑粉病、丝黑穗病	纹枯病、病毒病
苗　期	5月下旬至6月下旬	病毒病、灰飞虱、蓟马、粘虫、二点委夜蛾	地下虫、甜菜夜蛾
喇叭口期至抽雄期	6月中旬至8月上旬	玉米螟、叶斑病、茎基腐病、瘤黑粉病、纹枯病、玉米蚜虫、黏虫	弯孢霉叶斑病、褐斑病、棉铃虫、甜菜夜蛾
穗期至成熟期	7月中旬至9月下旬	锈病、蚜虫	玉米螟、棉铃虫

（二）玉米播种期病虫害防治技术

播种期是防治病虫害的关键时期，玉米茎基腐病是典型的土传病害，玉米瘤黑粉病、玉米丝黑穗病、玉米纹枯病、玉米褐斑病主要是靠种子或土壤带菌进行传播的，而且从幼苗期就开始侵染。所以对这些病害，进行种子处理是最有效的防治措施。

药剂拌种，防治玉米茎基腐病，用50%甲基硫菌灵可湿粉剂500~1 000倍液浸种子2小时，清水洗净后播种。

15%三唑酮可湿性粉剂按种子量0.4%拌种、50%多菌灵可湿性粉剂按种子重量0.5%~0.7%拌种；或2%戊唑醇可湿性粉剂 400~600 克、12.5%烯唑醇可湿性粉剂 60~80 克拌 100 千克种子；或用 2.5%咯菌腈悬浮种衣剂 1：500、40%萎锈灵可湿性粉剂 1：400 进行种子包衣；可防治丝黑穗病、瘤黑粉病、纹枯病，同时兼治全蚀病、褐斑病。

这一时期防治的主要虫害有蛴螬、蝼蛄、金针虫等地下害虫，药剂拌种可以减少地下害虫为害。

（三）玉米苗期病虫害防治技术

玉米苗期是防治病毒病、蚜虫、二点委夜蛾等害虫的有利时期。

防治玉米病毒病，喷施 5%菌毒清水剂 500 倍液、15%三氮唑核苷可湿性粉剂 500~700 倍液，0.5%菇类蛋白多糖水剂 300 倍液抑制该病的发生。

玉米苗期主要以防治玉米钻心虫、蛀茎夜蛾等害虫为主，兼防蛴螬、金针虫、地老虎、蝼蛄等地下害虫和蚜虫、灰飞虱等传播病毒害虫。

对发生玉米钻心虫、蛀茎夜蛾的田块，用 50%敌敌畏乳油 400 倍液、40%乐果乳油 500 倍液、90%晶体敌百虫 300 倍液喷根防治。

发生蚜虫时，可用 40%氧化乐果乳油 80~100 毫升/亩、25 噻嗪酮可湿性粉剂 20~25 毫升/亩，80%敌敌畏乳油 40~50 毫升/亩加水 40~50 千克均匀喷雾防治。

在玉米 5 叶期，灰飞虱向玉米田迁飞之前，用 50%敌敌畏乳油 100 克/亩或 40%氧化乐果乳油 50~75 克/亩或 25%噻嗪酮可湿性粉剂 25~30 克/亩加水 50~60 千克喷雾进行防治，对灰飞虱有很好的效果。

用 50%辛硫磷乳油 200~250 克/亩加细土 25~30 千克拌匀后顺垄条施，或用 3%辛硫磷颗粒剂 4 千克/亩对细砂混合条施防治地下害虫。

（四）玉米喇叭口期至抽雄期病虫害防治技术

该期是叶斑病、茎基腐病、纹枯病的重要发生期，应注意田间调查，及时防治，控制病害、减少损失。

防治叶斑病，可用50%甲基硫菌灵可湿性粉剂500倍液，75%百菌清可湿性粉剂500倍液、50%多菌灵可湿性粉剂500倍液、80%代森锰锌可湿性粉剂1 000倍液、25%三唑酮可湿性粉剂1 000倍液、0.5%氨基寡糖素水剂500倍液、65%代森锌可湿性粉剂500倍液、25%苯菌灵乳油800倍液、50%敌菌灵可湿性粉剂500倍液喷施，间隔10天防1次，连防2~3次。防治纹枯病，用5%井冈霉水剂100~150毫升/亩或25%三唑酮可湿性粉剂50克/亩、12.5%烯唑醇可湿性粉剂30克/亩加水40~50千克均匀喷雾；或喷施40%菌核净可湿性粉剂800倍液、50%乙烯菌核利或50%腐霉利可湿性粉剂1 000~2 000倍液，重点喷玉米基部，可兼治茎基腐病。

该期是害虫的重发期，以防治玉米螟、黏虫为主，兼治玉米蚜、红蜘蛛。应注意田间调查，及时防治，控制害虫为害，减少损失。

在心叶初期，用1%甲维盐乳油1 500倍液或5%氟氯氰菊酯乳油1 000倍液喷雾防治玉米螟，同时兼治条螟。

在心叶末期，用10%二嗪磷颗粒剂0.4~0.6千克/亩或3%辛硫磷颗粒剂0.5~0.7千克/亩或3%氯菊·毒死碑颗粒剂拌细土灌心，防治玉米螟。

可用阿维菌素、40%氧化乐果乳油1 500倍液喷雾防治粘虫、红蜘蛛。

（五）玉米抽穗至成熟期病虫害防治技术

7月中旬以后，玉米进入穗期及灌浆期，是玉米丰产丰收关键时期。该期应加强预测预报，及时防治病虫害，在防治策略上以治疗为主，具有针对性，确保丰收。

防治玉米锈病，田间病株率达6%时开始喷药防治。可用25%三唑酮可湿性粉剂100克/亩或12.5%烯唑醇可湿性粉剂40克/亩加水40~50千克均匀喷雾；或用20%锈灵乳油4 000倍液、30%氟菌唑可湿性粉剂2 000倍液、40%氟硅唑乳油9 000倍液、40%多·硫悬浮剂600倍液喷雾，间隔10天左右喷1次，连防2~3次。

防治玉米大小斑病、弯雹霉叶斑病，可喷施25%三唑酮可湿性粉500~600倍液、70%代森锰锌可湿性粉剂400~500倍液、70%甲基硫菌灵可湿性粉剂500倍液，间隔7~10天喷1次，连喷2次。

第三章 夏大豆绿色优质高产高效栽培技术

第一节 夏大豆品种简介及栽培技术要点

一、中黄13

审定编号：

国审豆2001008

特征特性：

该品种夏播生育期105~108天。春播为130~135天。株高50~70厘米，系半矮秆品种，适于密植，抗倒伏性强。主茎节数14~16节，结荚高度在10~13厘米，有效分枝3~5个。粒形圆，种皮黄色，百粒重为24~26克，脐褐色，紫斑粒率和虫蚀率低，商品品质较好。中抗孢囊线虫和根腐病。

产量表现：

1999—2000年参加安徽省区试，两年区试安徽平均亩产202.73千克，较对照增产16.0%；1998和2000年参加天津市区试，1998年平均亩产163.8千克，与对照持平；2000年平均亩产157.6千克，较对照增产5.1%。2000年参加安徽生产试验，平均亩产191.96千克，较对照增产12.71%。1999—2000年参加天津市生产试验，平均亩产166.85千克，较对照增产

18.15%。本品种增产潜力大，如肥水等管理措施得当，亩产可达250千克左右。

栽培要点：

每亩密度1.7万~2.0万株，根据土壤肥力来调节，肥地宜稀，瘦地宜密。亩施有机肥2 000~3 000千克，最好在前茬施进或播前施进。每亩施磷酸二铵10~15千克，钾肥5千克。开花前后，注意防治蚜虫。整个生育期注意防治病虫害。注意前期锄草，后期及时拔大草。本品种属大粒型，在出苗及鼓粒期需要充足水分，应及时灌溉。

种植区域：

适宜在安徽省淮河流域、淮北地区、天津市种植。

二、豫豆29号

审定编号：

国审豆2003031

特征特性：

该品种紫花，灰毛，圆叶，株型收敛，有限结荚习性。两年区试平均生育期109天，株高81厘米，百粒重20.06克。种皮黄色，强光泽，椭圆粒，浅褐脐。抗倒、抗病性好。平均粗蛋白质含量42.8%，粗脂肪含量20.34%。

产量表现：

2000—2001年参加黄淮海中片夏大豆品种区域试验，2000年平均亩产189.7千克，比对照鲁豆11号增产9.95%（极显著）。2001年平均亩产172.3千克，比对照增产10.15%（极显著）。两年区试平均亩产181.0千克，比对照增产9.55%。2001年参加黄淮海中片夏大豆品种生产试验，平均亩产174.5千克，比对照增产5.25%。

栽培要点：

6月上中旬播种，每亩播种量4千克，亩留苗1.2万~1.5万株为宜。行距40~50厘米，株距10~13厘米。要求麦收后足墒播种，力争全苗。在结荚期、鼓粒期遇旱浇水，可增加结荚数，提高粒重。

种植区域：

适宜在河南中部和北部、河北南部、山西南部、陕西中部、山东西南部夏播种植。

三、齐黄34

审定编号：

国审豆2006005

特征特性：

该品种平均生育期109天，株高65.7厘米，主茎13.7节，有效分枝1.9个，单株粒数92.2粒，百粒重20.1克。椭圆叶，紫花，棕毛，有限结荚习性，株型收敛。籽粒长椭圆形。经接种鉴定，表现为中抗大豆花叶病毒病SC3株系，抗SC7株系。平均粗蛋白质含量41.86%，粗脂肪含量22.54%。

产量表现：

2004年参加黄淮海中片夏大豆品种区域试验，平均亩产182.7千克，比对照鲁99-1增产4.9%（显著）；2005年续试，平均亩产189.5千克，比对照增产0.6%（不显著）；两年区域试验平均亩产186.1千克，比对照增产2.7%。2005年生产试验，平均亩产197.6千克，比对照增产5.0%。

栽培要点：

要抢墒播种，一次全苗，每亩保苗1.3万~1.5万株；苗期、初花期每亩追施磷酸二铵或复合肥10~20千克。

种植区域：

适宜在河北南部、山东中部、河南北部地区夏播种植。

四、周豆19号

审定编号：

豫审豆2010001

特征特性：

有限结荚习性，平均生育期107天。幼苗根茎为紫色，茎秆绿色，灰色茸毛，叶卵圆形；株高92.0厘米，有效分枝2.8个，主茎节数16.2个，单株有效荚数44.9个，单株粒数87.9粒，百粒重22.5克，籽粒椭圆形，黄色，微光，脐深褐色。紫斑率0.6%，褐斑率0.7%。

抗病鉴定：

2009年据南京农业大学国家大豆改良中心抗性鉴定，大豆花叶病毒病SC3抗病；大豆花叶病毒病SC7抗病。

品质分析：

2008—2009年经农业部农产品质量监督检验测试中心（郑州）分析：蛋白质含量42.3%~43.4%，脂肪含量21.0%~20.9%。

产量表现：

2008年省大豆区域试验，11点汇总10增1减，平均亩产大豆214.5千克，比对照豫豆22号增产11.%，极显著，居12个参试品种第1位；2009年继试，12点汇总7增5减，平均亩产大豆194.3千克，比对照豫豆22增产3.2%，显著，居14个参试品种第8位。2009年省大豆生产试验，9点汇总8增1减，平均亩产167.6千克，比对照豫豆22号增产6.8%，居3个参试品种第2位。

栽培要点：

适宜播期 6 月 5—25 日，亩播量 5~6 千克。适宜行距 40 厘米，株距 10 厘米左右，留苗密度 1.6 万株/亩左右。出苗后对缺苗断垄地段及时进行补种或进行幼苗移栽，要早间、定苗、早中耕除草，防止苗荒、草荒。及时防治食叶性害虫，全生育期治虫 2~3 次。

种植区域：

河南省夏大豆种植区推广种植。

五、临豆 10 号

审定编号：

国审豆 2010008

特征特性：

该品种生育期 105 天，株型收敛，有限结荚习性。株高 68.3 厘米，主茎 15.0 节，有效分枝 1.4 个，底荚高度 14.7 厘米，单株有效荚数 31.9 个，单株粒数 69.4 粒，单株粒重 16.1 克，百粒重 23.6 克。卵圆叶，紫花，灰毛。籽粒椭圆形，种皮黄色、无光，种脐深褐色。接种鉴定，中抗花叶病毒病 3 号株系，中感花叶病毒病 7 号株系，中抗胞囊线虫病 1 号生理小种。粗蛋白含量 40.98%，粗脂肪含量 20.41%。

产量表现：

2008 年参加黄淮海南片夏大豆品种区域试验，平均亩产 197.8 千克，比对照中黄 13 增产 4.2%；2009 年续试，平均亩产 185.2 千克，比对照增产 8.4%（极显著）。两年区域试验平均亩产 191.6 千克，比对照增产 6.3%。2009 年生产试验，平均亩产 171.3 千克，比对照增产 10.1%。

栽培要点：

6 月上旬至下旬播种，采用等距点播或穴播，每亩种植密度 1. 2 万~1. 7 万株。每亩施 500~1 000千克腐熟有机肥或 10~15 千克氮磷钾三元复合肥作基肥，初花期追施 10~15 千克氮磷钾三元复合肥。

种植区域：

适宜在山东南部、河南南部、江苏和安徽两省淮河以北地区夏播种植。

六、菏豆 19 号

审定编号：

国审豆 2010010

特征特性：

该品种生育期 104 天，株型收敛，有限结荚习性。株高 66. 9 厘米，主茎 14. 0 节，有效分枝 1. 4 个。单株有效荚数 32. 3 个，单株粒数 74. 7 粒，单株粒重 17. 1 克，百粒重 23. 1 克。卵圆叶，紫花，灰毛。籽粒椭圆形，种皮黄色、无光，种脐深褐色。接种鉴定，中感花叶病毒病 3 号株系，感花叶病毒病 7 号株系，高感胞囊线虫病 1 号生理小种。粗蛋白含量 41. 88%，粗脂肪含量 19. 65%。

产量表现：

2008 年参加黄淮海南片夏大豆品种区域试验，平均亩产 197. 3 千克，比对照中黄 13 增产 3. 8%；2009 年续试，平均亩产 190. 6 千克，比对照增产 11. 6%（极显著）。两年区域试验平均亩产 193. 9 千克，比对照增产 7. 7%。2009 年生产试验，平均亩产 175. 7 千克，比对照增产 12. 9%。

栽培要点：

6月上中旬播种，每亩种植密度1.5万~2万株。基肥以有机肥为主，化肥为辅，并适量补充微量元素，每亩可施农家肥2 000千克，磷酸二铵10千克，硫酸锌、硼砂各1千克。对未施用基肥的地块，初花期可结合浇水每亩追施磷酸二铵10~15千克，硫酸钾5.0~7.5千克。在花荚期结合防病治虫害叶面喷施硼、锌、钼微量元素1~3次。

种植区域：

适宜在山东南部，河南南部，江苏和安徽两省淮河以北地区夏播种植，胞囊线虫病易发区慎用。

七、中黄39

审定编号：

国审豆2010018

特征特性：

生育期107天，株型半收敛，有限结荚习性。株高71.6厘米，底荚高度16.6厘米，主茎节数14.6个，分枝数1.8个，单株荚数37.4个，单株粒数78.1粒，单株粒重18.1克，百粒重22.5克。卵圆叶，白花，灰毛。籽粒椭圆形，种皮黄色，种脐浅褐色。接种鉴定，中抗花叶病毒病3号和7号株系，中感胞囊线虫病1号生理小种。粗蛋白含量42.62%，粗脂肪含量19.68%。

产量表现：

2008年参加黄淮海中片夏大豆品种区域试验，平均亩产208.7千克，比对照齐黄28增产9.4%（极显著）；2009年续试，平均亩产182.1千克，比对照增产7.0%（极显著）。两年区域试验平均亩产195.4千克，比对照增产8.2%。2009年生产试验，平均亩产 191.2 千克，比对照增产 4.6%。

栽培要点：

6 月上中旬播种，行距 40~50 厘米，每亩种植密度 1.2 万~1.6 万株。每亩施底肥磷酸二铵 10~15 千克，或在开花期追施尿素 10 千克。

种植区域：

适宜在河南中北部、山西南部、山东中部和陕西关中地区夏播种植。

八、周豆 21 号

审定编号：

豫审豆 2013006

特征特性：

属有限结荚中熟品种，全生育期 109.5 天。株型紧凑，株高 88.2 厘米；叶片椭圆形，叶色深绿；有效分枝 2.0 个，主茎节数 15~17 个；白花，棕毛，荚棕褐色；单株有效荚数 52.8 个，单株粒数 110.9 粒，百粒重 18.7 克；籽粒椭圆形，种皮黄色，脐深褐色；整齐度好，成熟落叶性好；抗倒伏性 1.6 级，症青株率 0.6%。

抗病鉴定：

经南京农业大学国家大豆改良中心抗病性鉴定：2011 年对大豆花叶病毒病 SC3 表现中抗，SC7 表现中感；2012 年对大豆花叶病毒病 SC3 表现中感，SC7 表现感病。

品质分析：

2011、2012 两年经农业部农产品质量监督检验测试中心（郑州）检测：蛋白质含量 43.94%~43.07%，脂肪含量 19.40%~21.45%。

产量表现：

2010 年河南省大豆品种区域试验，11 点汇总，11 点增产，平均亩产 198.5 千克，比对照豫豆 22 号增产 17.0%，差异极显著，居 12 个参试品种第 1 位。2011 年续试，12 点汇总，9 点增产 3 点减产，平均亩产 192.8 千克，比对照豫豆 22 号增产 5.9%，差异极显著，居 15 个参试品种第 9 位，两年平均亩产 195.6 千克，比对照豫豆 22 号增产 11.5%。2012 年河南省大豆品种生产试验，9 点汇总，8 点增产 1 点减产，平均亩产 195.6 千克，比对照豫豆 22 号增产 6.6%，居 7 个参试品种第 4 位。

栽培要点：

（1）播期和播量。适播期 6 月上中旬；亩播量 5~6 千克，行距 0.4 米，株距 0.13 米，密度 1.3 万~1.6 万株/亩。

（2）田间管理。注意氮磷钾合理配比施肥；适时中耕，注意排灌治虫；遇弱苗或肥力不足，可在 7 月中旬分枝期亩追二胺 10 千克左右，氯化钾 3 千克左右，尿素 2 千克左右；出苗后对缺苗断垄地段及时进行补种或进行幼苗移栽，要早间、定苗，早中耕除草，防止苗荒、草荒。

种植区域：

适宜河南各地夏大豆种植。

九、周豆 23 号

审定编号：

豫审豆 2015005

特征特性：

属有限结荚中晚熟品种，生育期 107.4~115 天。株高 70.4~79.9 厘米；叶绿色，叶片卵圆形；主茎节数 15.8~17.7 节，有效分枝数 2.2~2.5 个；白花，灰毛，荚褐色。单株有效荚数 52.5~70.5 个，单株粒数 91.3~123.8 粒，百粒重 16.6~18.3 克。籽粒圆形，种皮黄色，脐褐色；成熟时不裂荚，落叶性好。抗倒性 0.8 级。

抗病鉴定：

2012 年国家大豆改良中心抗病性鉴定：对花叶病毒病 SC3 表现抗病，对 SC7 表现中感；2014 年鉴定，对花叶病毒病 SC3 和 SC7 均表现中感。

品质分析：

2013 年农业部农产品质量监督检验测试中心（郑州）检测：蛋白质含量 42.54%；粗脂肪含量 21.19%，2014 年检测，蛋白质含量 40.98%，粗脂肪含量 21.66%。

产量表现：

2011 年河南省大豆品种区域试验，12 点汇总，11 点增产 1 点减产，增产点率 91.7%，平均亩产 204.7 千克，比对照豫豆 22 号增产 12.5%，增产极显著；2012 年续试，12 点汇总，11 点增产 1 点减产，增产点率 91.7%，平均亩产 253.8 千克，比对照豫豆 22 号增产 13.8%，增产极显著。2013 年河南省大豆品种生产试验，8 点汇总，5 点增产，增产点率 62.5%，平均亩产 159.6 千克，比对照豫豆 22 号增产 4.0%；2014 年续试，7 点汇总，7 点增产，增产点率 100%，平均亩产 207.6 千克，比对照豫豆 22 号增产 10.2%。

栽培要点：

（1）播期和密度。适宜播期 6 月 5—25 日，亩播量 5~6 千克，适宜行距 40 厘米，株距 10 厘米；亩留苗 1.6 万株。

（2）田间管理。及时防治食叶性害虫，全生育期治虫 2~3 次。

种植区域：

适宜河南各地夏大豆区种植。

第二节　夏大豆绿色优质高产高效栽培技术

大豆既是粮食作物，又是油料作物，其营养价值仅次于肉、奶、蛋，蛋白质含量高达40%。大豆栽培形式多种多样，单作、间作、套作与混作并存，因地而异。现将大豆有关高产栽培技术介绍如下。

一、栽培方式

大豆栽培形式多种多样，演变复杂，单作、间作、套作与混作并存，因地而异。黄淮海夏大豆主产区多实行单作，也有部分以间作为主。

二、轮作倒茬

种植大豆应选择排灌方便、土壤肥沃、土层深厚、土质疏松、无污染、不重茬的田块。轮作倒茬是大豆的增产措施之一。连续2年以上种大豆会造成减产，一般减产30%左右并导致大豆商品品质下降。减产的原因在于，土壤养分的非均衡消耗，土壤中水解氮和速效钾明显减少，锌、硼成倍降低，土壤酶活性下降等；一些病虫害加重，如根腐病、胞囊线虫病、霜霉病、地老虎、蛴螬等；并且大豆根系分泌的毒素会积累，土壤的理化性质会恶化等。因而播种前应选好地块，避免夏季大豆连作。

三、选用优质高产品种

种植大豆要结合本地雨水条件和品种特性及土壤肥力来选择品种。选用优质高产大豆品种，是获得夏大豆高产的关键技术之一。目前选用的优质高产品种有中黄 13、豫豆 29、齐黄 34、中黄 39、临豆 10 号、菏豆 19 号、周豆 21 号、周豆 22 号、周豆 23 号等。

四、精选良种

为了达到苗齐、匀、壮的目的，在选用优良品种的基础上，需要对种子进行精选。将豆种中的杂籽、病籽、破籽、秕籽和杂质去除，选留籽粒饱满、大小整齐、无病虫、无杂质的种子。品种的纯度应高于 98%、发芽率高于 85%，净度达到 98%，含水量低于 13%。播种前应晒种 1~2 天，以提高发芽率和发芽势。精选的方法有风选、筛选、粒选和机选，可视条件而定。

五、合理密植

根据大豆的品种特性，科学确定种植密度，充分利用地力、光照等，发挥品种的增产潜力，夺取高产。晚熟品种易稀、早熟品种易密；土壤肥力高的地块易稀，肥力中低水平易密。生产条件好的地块，易灌溉、晚施肥的易稀，反之易密。大豆一般应掌握在 1.6 万~2.5 万株/亩的密度。采用宽行距种植方式（行距 40 厘米，株距 10 厘米，亩株数 1.6 万株）或窄行密植方式（行距 20 厘米，株距 15 厘米，亩株数 2 万株左右）。

六、适时早播

5 月下旬至 6 月中旬是大豆的适播期，而且播种越早产量越高。研究证明，自 6 月上旬起，每晚播一天，平均每亩减产 1.5 千克左右，自 6 月下旬起，每晚播 1 天，平均每亩减产 2~4 千克。适期播种，亩播量 7.5~10 千克。

七、田间管理

（一）查苗补苗，适时间定苗

夏大豆出苗后，应逐行查苗。凡断垄 30 厘米以内的，可在断垄两端留双株。凡断垄 30 厘米以上者，应补苗或补种。补苗越早越好，最好进行芽苗带土移栽。移栽应于 16 时后进行，栽后及时浇水，成活率可达 95%以上。补种也应及早进行，对种子可浸泡催出芽后补种。大豆间苗时间宜早不宜迟，大豆齐苗后即可进行。间苗时拔去成堆、成疙瘩的苗、弱苗、病苗、小苗、其他品种的混杂苗，留壮苗、好苗，达到幼苗健壮、均匀、整齐一致。如遇干旱或病虫害严重，可先疏苗间苗，后定苗，分两次手间苗。

（二）科学追肥

1. 绿色优质大豆的施肥原则

绿色优质大豆施肥，一是要求所施加的肥料中各种营养元素的总量及其相互比例，能满足大豆高产优质的养分需求，有利于获得高产、高品质、安全的大豆产品。若供肥量不足或诸多养分元素之间比例不协调，则达不到高产优质目的。二是尽可能多施有机肥，少施化肥。所施化肥中尽可能少施氮肥。化学氮肥一次不可多施，应分作 2~3 次施，以免根际土壤因施用氮肥过多，造成氮浓度过高，不利于结瘤固氮。少量氮肥也可促进大豆生长健壮，提高光合作用效率，增加碳水化合物供应从而有利于根瘤的共生固氮。三是施用的有机肥与生物肥料，必须是不含有毒、有害成分，是经过高温堆沤过的。四是所用的各矿质肥料及制作的商品有机肥，有机—无机复合肥以及有机—无机—生物复合肥，必须是通过国家相关部门登记认证，其质量和有效养分含量达到国家标准的肥料，不能使用未经登记认证的肥料。

2. 绿色优质大豆的施肥技术

从开花到鼓粒，是需肥高峰期，在此之前的分枝期追肥，恰好可以满足大豆养分的需求。大豆追肥，要注意氮、磷、钾的配合。一般大豆开花前每亩追施尿素 3 千克、二铵 10~15 千克、氯化钾 4 千克，或氮、磷、钾大豆复合专用肥 15~20 千克，可达到明显的增产效果。

（三）中耕除草

通常在大豆刚长出叶时中耕一次，以后一般每隔 10 天左右再中耕 1~2 次，根据土壤是否板结及杂草的多少灵活掌握中耕次数，最后一次中耕应在开花前结束。

（四）注意排灌

大豆播种前遇旱墒情差，浇底墒水，可保证适期播种，一播全苗。大豆幼苗期，即出苗后约半月以内，轻度干旱能促进根系下扎，起蹲苗的作用，一般不必浇水。大豆花荚期，即从开花到鼓粒的 25 天左右时间遇旱浇水，能明显提高大豆产量。大豆鼓粒期遇旱浇水，能提高百粒重。接近成熟时土壤含水量低些有利于提早成熟。

雨季注意排涝，也是夺丰收和减少产量损失的重要措施。

（五）绿色优质大豆的病虫害防治

1. 预防为主，综合防治

优先使用农业措施，通过选用抗病虫大豆品种，合理轮作换茬和间作套种，秋季深耕，清理田间残茬，消灭越冬虫卵和各种病菌孢子，合理施肥培育壮苗，加强田间管理，及早进行中耕除草，及时排除田间渍水等一系列农业措施，减少和控制病、虫、草害的蔓延。还要注意病虫流行的预报，发现病虫为害时，及早进行生物防治，有限定地使用化学药剂防治。

2. 合理轮作换茬

土传病害（如大豆根腐病）和以病残株越冬的病害（如灰

斑病、轮纹病、细菌斑点病等）以及在土壤中越冬的害虫（大豆根潜蝇、二条叶甲、黄蓟马等）通过3年轮作可以减轻为害，严禁大豆重迎茬种植。大豆胞囊线虫病的严重发病区应实行5年以上的轮作。

3. 清除病株残茬，深耕灭茬

大豆收割以后立即清除田间残茬病株；及早进行深耕，将病菌、虫卵随残茬翻入土壤底层，增加死亡率；将越冬害虫翻到表土，再经过耙地作业，由天敌取食，还受冰冻与日晒，可以增加害虫的死亡率。

4. 严格调种检疫，选用抗病虫大豆良种

应根据本地的自然条件和当地的大豆主要病虫种类及其流行规律，选用高产抗病虫品种。所选用品种一定是经过抗病、抗虫鉴定，对当地主要病、虫抗性较强的品种。异地引种必须进行检验。

5. 合理施肥，加强田间管理

大豆是需要较多营养的作物，是喜欢磷、钾和多种元素的作物。合理施用有机肥和矿质肥料，培育壮苗、健苗，可以增强抗性。但氮肥要巧施，施少了不能获得高产，施多了会抑制结瘤固氮，降低大豆植株抗病性能。施用磷、钾肥能提高大豆抗病能力。故大豆施肥在以有机肥为主的前提下，配合少量氮肥，适当增施磷、钾肥。加强田间管理，及早进行中耕除草，不仅可以壮苗，还可以抑制杂草的滋生与发展。搞好田间清沟排渍，也是减轻病害的有效措施。

6. 保护天敌，利用天敌

在大豆田释放瓢虫和大草蛉，消灭大豆蚜虫；释放赤眼蜂可防治大豆食心虫。保护和利用天敌的主要途径是优化豆田生态环境，大豆与小麦、玉米、芝麻等作物换茬或间作套种，可以为天敌创造良好的栖息、繁衍的生态环境，有利于天敌繁殖。

7. 使用微生物农药和化学农药

微生物农药有细菌、真菌、病毒的制剂。目前在大豆生产上应用较多的有苏云金杆菌制剂。可以有效防治大豆造桥虫、豆天蛾、卷叶螟、银纹夜蛾等。

具体操作如下。

大豆幼苗期、分枝期注意防治地下害虫、蚜虫、红蜘蛛等；花荚期、鼓粒期要注意防治豆天蛾、造桥虫、食心虫、豆荚螟的为害。用10%吡虫啉防治蚜虫、红蜘蛛等；用菊酯类农药防治豆天蛾、造桥虫、食心虫、豆荚螟等。

八、收获及入仓

裂荚的品种，可适当提前收获，其他品种不宜过早或过迟，收获过早，干物质积累还没有完成，会降低百粒重，或出现青瘪粒，影响品质；收获过晚，易引起炸荚造成损失。

收获的大豆籽粒不可暴晒，暴晒后种皮容易破裂，粒色变差，影响商品价值，要摊凉风干至含水量13%以下才可入库贮藏。

第三节　大豆病虫草害综合防治

一、大豆病害的症状及综合防治

（一）大豆立枯病

俗称“死棵”“猝倒”“黑根病”，病害严重年份，轻病田死株率在5%~10%，重病田死株率达30%以上，个别田块甚至全部死光，造成绝产。

1. 发病症状

大豆立枯病仅在苗期发生，幼苗和幼株主根及近地面茎基部出现红褐色稍凹陷的病斑，皮层开裂呈溃疡状，病菌的菌丝最初无色，以后逐渐变为褐色。根染病，初现不规则褐斑，严重的引起根腐，地上部茎叶萎蔫或黄化。病害严重时，外形矮小，生育迟缓，靠近地表的幼茎上出现水渍状条斑，后病部变软缢缩，呈黑褐色，病苗很快倒折、枯死。

2. 发病条件

（1）连作发病重，轮作发病轻。因病菌在土壤中连年积累增加了菌量。

（2）种子质量差发病重。凡发霉变质的种子一定发病重，立枯病的病原可由种子传播，并与种子发芽势降低、抗病性衰退有关。

（3）播种越早，幼苗田间生长时期长发病越重。

（4）用病残株沤肥未经腐熟，易传播病害，则发病重。

（5）地下害虫多、土质瘠薄、缺肥和大豆长势差的田块发病重。

3. 防治措施

（1）选用抗病品种。

（2）药剂拌种。用种子量 0.3%的 40%甲基立枯磷乳油或 50%福美双可湿性粉剂拌种，或 3%苯醚甲环唑种衣剂 0.3 千克拌大豆种子 100 千克。

（3）轮作。与禾本科作物实行 3 年轮作。

（4）旱浇涝排。排水良好高燥地块种植大豆。低洼地采用垄作或高畦深沟种植，合理密植，防止地表湿度过大，雨后及时排水。浇水要根据土壤湿度和气温确定。

（5）药剂防治。发病初期灌根或喷洒 80%多菌灵可湿性粉剂 800 倍液或 50%甲基硫菌灵可湿性粉剂1 000倍液或 3%恶霉·甲霜灵水剂1 000倍液或 10%苯醚甲环唑 1 800倍液，7～10 天用药 1 次，用药次数视病情而定。

用药方法：对病株及病株周围 2～3 米内植株进行灌根或小

面积漫灌；若病原菌同时为害地上部分，应在根部灌药的同时，地上部分同时进行喷雾防治。

（6）植保要领。

①及时铲除病株并对原穴进行杀菌处理。

②浇水时，健康地块与发病地块分开浇。

③灌药时要将整个作物扎根处充分灌透。

④用药后 3 天内不能浇水，如遇雨或必须浇水，应于雨后或浇水后及时再次用药剂灌根。

（二）大豆根腐病

大豆根腐病是影响大豆生产的主要病害。据调查，历年发病株率都在 30%~40%，低洼地和重迎茬地块发病率可达 70%以上，最高死苗率在 15%以上，尤其是土质黏重地块发病更重。

1. 发病症状

主要发生在大豆根部和豆秆的下部，幼苗或成株均染病。初期茎基部或胚根表皮出现淡红褐色不规则的小斑，后变红褐色凹陷坏死斑，绕根茎扩展致根皮枯死，受害株根系不发达，根瘤少，地上部矮小瘦弱，叶色淡绿，分枝、结荚明显减少，籽粒一般秕小和皱缩。发病重时，幼苗或植株出现枯萎，尤其是后期，可引起全田植株枯萎。

2. 病原

半知菌亚门真菌，病原菌有疫霉菌、腐霉菌、镰刀菌和立枯丝核菌。一般情况下，病原菌局限在根系，但在潮湿、多雨天气持续的情况下，可以侵染接近成熟的豆荚，进而侵染种子，导致种子带菌和传病。

3. 发病条件

（1）连作地，土质黏重、偏酸，土壤中积存的病原菌多的田块。

（2）土壤中有一定量的线虫等地下害虫，病菌从害虫为害的伤口侵入根部为害。

（3）有机肥带菌，或有机肥没有充分腐熟，粪蛆为害根部，病菌从伤口侵入而为害。

（4）氮肥施用过多，磷、钾不足的田块。

（5）连阴雨后或大雨过后骤然放晴，气温迅速升高；或时晴时雨、高温闷热天气。

（6）最易感病温度。24~28℃ 。

（7）感病生育期。幼苗至成株期、感病盛期因病原菌而异。

4. 防治措施

（1）选用抗病品种。

（2）合理轮作。与玉米、谷子、红薯等非寄主作物轮作。

（3）深翻土壤，加速病残体的腐烂分解。

（4）增施有机肥、磷肥和钾肥。使用的有机肥要充分腐熟，并不得混有上茬本作物残体及腐烂物，实行配方施肥。

（5）种子处理。选用包衣种子，如大豆种子未包衣，用 3%苯醚甲环唑种衣剂或 25 克/升咯菌腈悬浮液种衣剂按种子量的 0. 3%拌种。

（6）合理密植。及时去除病枝、病叶、病株，并带出田外烧毁，病穴施药或生石灰。

（7）喷药防治（浇灌）。该病发生后，很难治愈，应以预防为主。发病初期灌根或喷洒 40%根腐灵 400 倍液或 50%多菌灵可湿性粉剂1 000倍液或 70%甲基托布津可湿性粉剂1 000倍液或 58%瑞毒霉可湿性粉剂 600 倍液，以上任何一种杀菌剂，加氨基酸液肥 600 倍液，加黄腐酸盐 500 倍液，加生根粉1 000倍液喷施。7~10 天喷药 1 次，连续喷药 2~3 次，交替使用杀菌剂，重点喷洒主茎基部。如用以上药液灌根，防治效果更佳。

（三）大豆褐斑病

大豆褐斑病又称大豆褐纹病、斑枯病，对大豆叶的为害较大，在我国华东、东北、西南等地区均有发生。大豆褐斑病可以通过风雨传播，防不胜防，在温暖多雨，夜间多雾的天气病情容易加重。一般发生在底部老叶上，严重时，茎、荚也可被害，影响大豆产量和品质。一般发病较轻，病叶率5%左右，个别年份病叶率可达90%以上，造成大豆严重减产。

1. 为害症状

大豆褐斑病主要为害叶片，茎、荚也可受害。苗期和成株期均可发病，发病始于底部老叶，逐渐向上蔓延。子叶发病出现不规则褐色大斑，病斑上有黑色小颗粒产生，即分生孢子器。真叶染病，病斑棕褐色，病健交界明显，叶正反两面均具轮纹，且散生小黑点，病斑因受叶脉限制而呈多角形或不规则形，直径1~5毫米，严重时病斑愈合成大斑块，病斑干枯，致叶片变黄脱落。茎和叶柄染病，病斑暗褐色，短条状，边缘不清晰。豆荚染病，荚面上生不规则棕褐色斑点，斑点上有不明显小黑点。

2. 病原

病原为大豆壳针孢菌，属半知菌亚门真菌。病原以分生孢子器或菌丝体在病组织或种子上越冬，翌年，遇环境条件适宜，在病残体上越冬的病菌释放出分生孢子，借风雨传播，先侵染底部叶片完成初侵染，后由病部产生的新生代分生孢子进行多次再侵染蔓延致上部叶片发病。播种带菌种子，遇条件适宜幼苗期即可致子叶发病，形成系统初侵染。

3. 发病条件

（1）温暖多雨，夜间多雾，结露持续时间长发病重，高温干燥则抑制病情发展。

（2）适宜大豆褐纹病发生的温度为24~28℃，最高温度为36℃，最低温度为5℃，病害潜育期一般为10~12天，适宜的降水量有利于褐纹病发生。病菌侵染叶片的温度范围为16~32℃，发育最适温度24~28℃，分生孢子萌发最适温度为24~

30℃，高于30℃则不萌发。发病潜育期10~12天。

（3）连作和重茬地块发病重。

（4）种植密度大、通风透光不好、排水不良，可加重病害。

4. 防治措施

（1）选用抗病品种。

（2）轮作。与非豆科作物轮作3年以上。

（3）合理施肥，尤其生育后期应喷施多元复合叶面肥，补足营养，增强抗病性。

（4）收割后清除田间病叶及其他病残体，并进行深翻，以减少菌源。

（5）种子处理。播种前用种子重量0.3%的50%福美双可湿性粉剂或50%多菌灵可湿性粉剂拌种。

（6）药剂防治。发病初期喷药防治，隔10天左右1次，连续1~2次。药剂可选用10%苯醚甲环唑水分散粒剂1 500倍液或50%多菌灵可湿性粉剂800倍液或75%百菌清可湿性粉剂600倍液或80%代森锰锌可湿性粉剂600倍液或14%络氨铜水剂300倍液等。

（四）大豆花叶病毒病

全国各大豆产区都普遍发生，一般南方重于北方。大豆花叶病是由大豆花叶病毒、大豆矮化病毒、花生条纹病毒、苜蓿花叶病毒、烟草坏死病毒等多种病毒单独或混合侵染所引起。受害植株豆荚数量减少，百粒重降低，褐斑粒增多。常年减产5%~7%，重病年减产10%~25%，个别年份或少数地区可达95%，甚至绝收。并且病株豆粒蛋白质含量及脂肪含量减少，影响商品价值。

1. 为害症状

大豆花叶病毒病的症状因品种、植株的株龄和气温的不同，差异很大。轻病株叶片外形基本正常，仅叶脉颜色较深；重病株先是上部叶片出现淡黄绿相间的斑驳，叶肉沿着叶脉呈泡状凸起，接着斑驳皱缩越来越重，叶片畸形，叶肉凸起，叶缘下卷，起伏成波状，甚至变窄狭呈柳叶状，接近成熟时叶变成革质，粗糙而脆。植株生长明显矮化，结荚数减少，荚细小，豆荚呈扁平、弯曲等畸形症状。发病大豆成熟后，豆粒明显减小，并可引起豆粒出现浅褐色斑纹。

2. 病原及流行规律

病原为大豆药叶病毒，简称 SMV，属马铃薯 Y 病毒组。大豆病毒病在流行规律上的显著特点，一是带毒种子长成的病苗为当年发病的侵染源（长江流域病毒也可以在蚕豆、豌豆、紫云英等作物上越冬），而种子带毒后脱毒困难，用药剂处理种子或用生长点培养法也都无效。二是病害依靠蚜虫在田间不断传播。而蚜虫传毒方式为非持久型，即获毒快、传毒快，但失毒也快。经测定，蚜虫在病株上刺吸 30 秒到 1 分钟就可带病毒，带毒蚜在健株上吸食 1 分钟就可以传毒，持续传毒只有 75 分钟。这就要求使用能够迅速击倒蚜虫的药剂来防治，否则即便能够控制蚜虫数量，但对防病来说并没有显著效果。

3. 影响因素

（1）品种的抗病性。不同大豆品种对病毒病的抗病性有明显的差异。

（2）气候因素。天气干旱少雨，一方面对大豆生长产生不良影响，使抗病性下降，另一方面有利于蚜虫的生长和活动，而蚜虫是传播大豆病毒病的主要媒介。所以天气干旱少雨，特别是 6—7 月干旱少雨，大豆病毒病发病重。

（3）栽培管理因素。加强大豆肥水管理，做到合理增施钾肥磷肥，干旱天气及时浇水，及时清除田间及周围杂草，培育健壮大豆植株能提高对病毒病的抗性。

4. 防治措施

（1）选用抗病品种，建立无病留种田，选用无褐斑、饱满的豆粒做种子。

（2）加强肥水管理，培育健壮植株，增强抗病能力。

（3）及早防治蚜虫，从苗期开始就要进行蚜虫的防治，防止和减少病毒的侵染。防治蚜虫，应及时喷药，消灭传毒介体。常用3%啶虫脒乳油1 500倍液或用2%阿维菌素乳油3 000倍液或用10%吡虫啉可湿性粉剂3 000倍液或用2.5%高效氯氟氰菊酯1 000~2 000倍液等药剂喷雾防治。

（4）药剂防治，大豆花叶病毒病应从苗期开始，这样才能提高防效。可结合苗期蚜虫的防治施药。药剂可选用20%病毒A500倍液或1.5%植病灵乳油1 000倍液或5%菌毒清400倍液，连续使用2~3次，隔10天1次。

（五）大豆枯萎病

大豆枯萎病又称大豆萎蔫病或大豆镰刀菌凋萎病，是大豆的常发病害，有加重发展的趋势。

1. 为害症状

幼苗发病后先萎蔫，茎软化，叶片褪绿或卷缩，呈青枯状，不脱落，叶柄也不下垂。成株期病株叶片先从上往下萎蔫黄化枯死，一侧或侧枝先黄化萎蔫再累及全株。病根发育不健全，幼苗幼株根系腐烂坏死，呈褐色并扩展至地上3~5节，成株病根呈干枯状坏死，褐色至深褐色。

2. 病原

病原为尖孢镰刀菌，属半知菌亚门真菌，木贼镰刀菌、半裸镰刀菌、禾谷镰刀菌、茄腐镰刀菌等。

3. 发病规律

病菌以菌丝体和厚垣孢子随病残体遗落在土壤中越冬（种子也能带菌），能在土中长时间的腐生生活。病菌借助灌溉水、农具、施肥等而传播，从伤口或根冠部侵入，在维管束组织的导管中繁殖，并向上扩展。病菌发育适温为27~30℃，最适pH

值5.5~7.7。发病适温为20℃以上，最适宜温度为24~28℃。在适温范围内，相对湿度在70%以上时，病害发展迅速。连作地、土质黏重、根系发育不良发病重。种植密度大、通风透光不好，发病重，地下害虫、孢囊线虫多易发病。氮肥施用太多，生长过嫩，肥力不足、耕作粗放、杂草丛生的田块，植株抗性降低，发病重。有机肥未充分腐熟带菌或用易感病种子易发病。地势低洼积水、排水不良、土壤潮湿易发病，高温、高湿、多雨易发病。连阴雨过后猛然骤晴发病迅速，可引起大面积萎蔫死亡。

4. 防治措施

（1）因地制宜选用抗枯萎病的品种，选用无病、包衣的种子，如未包衣则种子须用拌种剂或浸种剂灭菌。

（2）选用排灌方便的田块，开好排水沟，降低地下水位，达到雨停无积水；大雨过后及时清理沟系，防止湿气滞留，降低田间湿度。

（3）重病地实行和非本科作物轮作2~3年，水旱轮作最好。

（4）施用酵素菌沤制的堆肥或腐熟的有机肥，不用带菌肥料，施用的有机肥不得含有本科作物病残体。

（5）药剂拌种。用种子重量0.3%的50%福美双粉剂或70%甲基托布津可湿性粉剂、0.2%的50%多菌灵可湿性粉剂拌种。

（6）适时早播，早培土、早施肥，及时中耕培土，培育壮苗。

（7）采用测土配方施肥技术，适当增施磷钾肥，加强田间管理，培育壮苗，增强植株抗病力，有利于减轻病害。

（8）及时防治害虫，减少植株伤口，减少病菌传播途径；发病时及时清除病叶、病株，并带出田外烧毁，病穴施药或生石灰。

（9）喷药防治。发病时喷淋或浇灌喷洒70%甲基硫菌灵悬浮剂800倍液或80%多菌灵可湿性粉剂800倍液或10%多抗霉素可湿性粉剂400~500倍液或70%琥胶肥酸铜可湿性粉剂500倍液，每穴喷淋药液0.3~0.5升，隔7天1次，共2~3次。

（六）大豆孢囊线虫病

大豆孢囊线虫病又叫黄萎病，俗称“火龙秧子”，是大豆上的主要病害之一。世界各大产区均有发生，美国、巴西、中国和日本都有大面积发生。中国是这个病害的原发生地。在东北和黄淮海大豆主要产区，如辽宁、吉林、黑龙江、山西、河南、山东、安徽等省普遍发生，为害严重。大豆孢囊线虫由于致病力不同，而分为不同的生理小种。目前我国鉴定出的小种有1、2、3、4、5和7号。1号小种主要分布在辽宁、吉林、山东潍坊及胶东半岛、江苏等省大豆生产地区；2号小种主要分布在山东省的聊城、德州等地区；3号小种主要分布在黑龙江、吉林、辽宁等省大豆主产地区。4号小种主要分布在山西、河南、江苏、山东、安徽、河北及北京等省市大豆主产地区；5号小种分布在吉林、安徽、内蒙古自治区等地县；7号小种分布在山东、河南大豆产区。尤以东北三省西部干旱地区如辽宁省康平、吉林省白城地区、黑龙江省的肇东、安达、大庆、齐齐哈尔等地区发生严重。一般使大豆减产10%~20%，严重的减产70%~90%，甚至绝产。

1. 为害症状

大豆孢囊线虫主要为害根部，被害植株发育不良、矮小。苗期感病后子叶和真叶变黄，发育迟缓；成株感病地上部矮化和黄萎，结荚少或不结荚，严重者全株枯死。病株根系不发达，侧根显著减少，细根增多，根瘤稀少。发病初期拔起病株观察，可见根上附有许多白色或黄褐色小颗粒，即孢囊线虫雌成虫，这是鉴别孢囊线虫病的重要特征。

2. 病原

病原为大豆胞囊线虫，属线形胞囊线虫。

3. 发病规律

孢囊线虫以卵在孢囊里于土壤中越冬，孢囊对不良环境的抵抗力很强。第二年春2龄幼虫从寄主幼根的根毛侵入，在大豆幼根皮层内发育为成虫，雌虫体随内部卵的形成而逐渐肥大成柠檬状，突破表层而露出寄主体外，仅用口器吸附于寄主根上，这就是我们所看到的大豆根上白色小颗粒。

4. 防治措施

大豆孢囊线虫分布广、为害重、寄主范围广，传播途径多，存活时间长，是一种极难防治的土传病害。

（1）应用抗病品种是防治大豆孢囊线虫病的经济有效措施。

（2）轮作倒茬，与禾谷类作物轮作3年以上。

（3）增施有机肥，提高土壤肥力，促进大豆健壮生长。

（4）适时灌水，提高土壤湿度，土壤干旱有利于大豆孢囊线虫为害。

（5）药剂防治。可用3%呋喃丹颗粒剂或5%涕灭威颗粒剂，每亩4~5千克，施入播种沟内，然后播种。

（七）大豆菌核病

大豆菌核病又叫大豆白腐病，在全国各地均有发生，黑龙江、吉林、辽宁、内蒙古自治区为害较重，重茬地发病率3%~30%，个别田块发病率高达50%。该病菌侵染茎和叶柄影响养分输送，严重的使茎枯死，造成豆田植株成片死亡而使大豆减产，甚至绝产。

1. 为害症状

7月下旬开始发病，主要为害地上部，苗期、成株均可发病，花期受害重，产生苗枯、叶腐、茎腐、荚腐等症。苗期染病茎基部褐变，呈水渍状，湿度大时长出棉絮状白色菌丝，后病部干缩呈黄褐色枯死，表皮撕裂状。叶片染病始于植株下部，初叶面生暗绿色水浸状斑，后扩展为圆形至不规则形，病斑中心灰褐色，四周暗褐色，外有黄色晕圈；湿度大时亦生白色菌丝，叶片腐烂脱落。茎秆染病多从主茎中下部分处开始，病部水浸状，后褪为浅褐色至近白色，病斑形状不规则，常环绕茎部向上、下扩展，致病部以上枯死或倒折。湿度大时在菌丝处形成黑色菌核。病茎髓部变空，菌核充塞其中。干燥条件下茎皮纵向撕裂，维管束外露似乱麻，严重的全株枯死，颗粒不收。豆荚染病出现水浸状不规则病斑，荚内、外均可形成较茎内菌核稍小的菌核，多不能结实。

2. 病原形态特征

病原为核盘菌，属子囊菌亚门真菌。菌核圆柱状或鼠粪状，大小（3~7）微米×（1~4）微米，内部白色，外部黑色。子囊盘状，上生栅状排列的子囊。子囊棒状，内含 8 个子囊孢子。子囊孢子单胞，无色，椭圆形，大小（9~14）微米×（3~6）微米。侧丝无色，丝状，夹生在子囊间。菌丝在 5~30℃ 均可生长，适温 20~25℃，在 15℃ 以下菌丝生长缓慢，0℃ 时停止生长。15~25℃ 范围内，随着温度的升高，菌丝的生长速度加快。25~30℃ 范围内，随着温度的升高，菌丝的生长速度减缓。菌丝在 30℃ 条件下生长量很小，60 小时即停止生长。在 35℃，菌丝完全死亡。菌核萌发温度 5~25℃，适温 20℃。菌核萌发不需光照，但形成子囊盘柄需散射光才能膨大形成子囊盘。

3. 发病条件

该病在阴雨连绵的年份，发生重，地势低洼和重茬地发生重。此外，施用氮肥过多，大豆生长繁茂，茎秆软弱，倒伏地段发生重，过度密植田，发病率重。扬花期长的品种更容易感病。宽垄种植，株间增加通风，可以减轻病害。

4. 防治方法

（1）加强长期和短期测报以正确估计本年度发病程度，并据此确定合理种植结构。

（2）实行与非寄主作物3年以上的轮作。菌核在非寄主轮作的生长季也可以萌发，无效侵染而死。

（3）选用优良品种在无病田留种，选用无病种子播种，或选用株型紧凑、尖叶或叶片上举、通风透光性能好的耐病品种。种子在播种前要过筛，清除混在种子中的菌核。

（4）及时排水，降低豆田湿度，避免施氮肥过多，收获后清除病残体。发生严重地块，豆秆要就地烧毁，实行秋季深翻，使遗留在土壤表层的菌核、病株残体埋入土下腐烂死亡。

（5）发病初期喷洒40%多·硫悬浮剂600~700倍液或70%甲基硫菌灵可湿性粉剂500~600倍液、50%混杀硫悬浮剂600倍液、80%多菌灵可湿性粉剂600~700倍液、50%扑海因可湿性粉剂1 000~1 500倍液、12.5%治萎灵水剂500倍液、40%治萎灵粉剂1 000倍液、50%复方菌核净1 000倍液。

（八）大豆荚枯病

大豆荚枯病，是针对大豆豆荚发病的一种病害。病发初期病斑暗褐色，后变苍白色，凹陷，结出的果实小而苦，进而导致大面积减产。

1. 病害症状

主要为害豆荚，也能为害叶和茎。

荚染病初病斑暗褐色，后变苍白色，凹陷，上轮生小黑点，幼荚常脱落，老荚染病萎垂不落，病荚大部分不结实，发病轻的虽能结荚，但粒小、易干缩，味苦。

茎、叶柄染病产生灰褐色不规则形病斑，上生无数小黑粒点，致病部以上干枯。

2. 病原特征

豆荚大茎点菌，属半知菌亚门真菌。分生孢子器散生或聚生，埋生在病部表皮下，露有孔口，分生孢子器黑褐色，球形至扁球形，器壁膜质，大小 104～168 微米。分生孢子长椭圆形至长卵形，单胞无色，两端钝圆，大小（17～23）微米×（6～8）微米。

病菌以分生孢子器在病残体上或以菌丝在病种子上越冬，成为翌年初侵染源。

3. 发病条件

该病发生与流行与结荚期降雨量多少有关，连阴雨天气多的年份发病重，南方多在 8—10 月，北方 8—9 月易发病。

4. 防治方法

（1）建立无病留种田，选用无病种子。发病重的地区实行 3 年以上轮作。

（2）种子处理。用种子重量 0.3%的 50%福美双或拌种双粉剂拌种。

二、大豆害虫的为害症状及综合防治

（一）大豆食心虫

大豆食心虫属昆虫纲鳞翅目小卷蛾科。俗称大豆蛀荚虫、小红虫。以幼虫蛀食豆荚，幼虫蛀入前均作一白丝网罩住幼虫，一般从豆荚合缝处蛀入，被害豆粒咬成沟道或残破状。

1. 形态特征

（1）成虫。体长 56 毫米，翅展 12～14 毫米，黄褐至暗褐色。前翅前缘有 10 条左右黑紫色短斜纹，外缘内侧中央银灰色，有 3 个纵列紫斑点。雄蛾前翅色较淡，有翅缰 1 根，腹部末端较钝。雌蛾前翅色较深，翅缰 3 根，腹部末端较尖。

（2）幼虫。体长 8～10 毫米，初孵时乳黄色，老熟时变为橙红色。

2. 生活习性

大豆食心虫一年仅发生一代，以老熟幼虫在豆田、晒场及附近土内做茧越冬。成虫出土后由越冬场所逐渐飞往豆田，成虫飞翔力不强。上午多潜伏在豆叶背面或荚秆上，受惊时才作短促飞翔。早期出现的成虫以雄虫为多，后期则多为雌虫，盛期性比大致为 1∶1。成虫有趋光性，黑光灯下可大量诱到成虫。成虫产卵时间多在黄昏。成虫产卵对豆荚部位、大小、品种特性等有明显的选择性。绝大多数的卵产在豆荚上，少数卵产于叶柄、侧枝及主茎上。以 3~5 厘米的豆荚上产卵最多，2 厘米以下的很少产卵；幼嫩绿荚上产卵较多，老黄荚上较少。一般豆荚上产卵 1~3 粒不等。初孵幼虫行动敏捷，在豆荚上爬行时间一般不超过 8 小时，个别可达 24 小时以上。入荚的幼虫可咬食约两个豆粒，并在荚内为害直达末龄，正值大豆成熟时，幼虫逐渐脱荚入土作茧越冬。

大豆食心虫喜中温高湿，高温干燥和低温多雨，均不利于成虫产卵。冬季低温会造成大量死亡。土壤的相对湿度为 10%~30%时，有利于化蛹和羽化，低于 10%时有不良影响，低于 5%则不能羽化。

大豆食心虫喜欢在多毛的品种上产卵，结荚时间长的品种受害重，大豆荚皮的木质化隔离层厚的品种对大豆食心虫幼虫钻蛀不利。

3. 为害特点

食性较单一，主要为害大豆，也取食野生大豆和苦参。以幼虫蛀入豆荚咬食豆粒。每年发生 1 代，在中国北部发生偏早，南部偏晚，以幼虫在地下结茧越冬。翌年 7 月中下旬向土表移动化蛹，7 月下旬至 8 月初化为蛹盛期，蛹期对环境抵抗力弱。8 月上中旬为化蛹盛期，8 月中下旬成虫羽化出土，产卵盛期在 8 月下旬。豆田成虫出现期为 7 月末到 9 月初。成虫于 15 时后在豆田活动，有成团飞翔现象。雌蛾喜产卵在有毛豆荚上，幼虫孵化后多从豆荚边缘合缝处蛀入。8 月下旬为入荚盛期。9 月中下旬脱荚入土越冬。冬季低温越冬死亡率增大。成虫及其产卵适温为20~25℃，相对湿度为90%。在适温条件下，如化蛹期雨量较多，土壤湿度较大，有利于化蛹和成虫出土。土壤含水量低于5%时成虫不能羽化。

4. 防治措施

（1）农业防治。

①选种抗虫品种：品种与大豆食心虫为害关系密切，要选种光荚大豆品种，木质化程度高的品种等。

②合理轮作，尽量避免连作。

③豆田翻耕，尤其是秋季翻耕，增加越冬死亡率，减少越冬虫源基数。

（2）生物防治。

①赤眼蜂对大豆食心虫的寄生率较高。可以在卵高峰期释放赤眼蜂，每亩释放2.0万~3.0万头，可降低虫食率43%左右。

②撒施菌制剂：将白僵菌洒入田间或垄上，增加对幼虫的寄生率，减少幼虫化蛹率。

（3）化学防治。在成虫产卵盛期每亩用48%毒死蜱乳油1 000倍液进行喷施，不仅能毒杀成虫，而且能杀死一部分卵和初孵幼虫；幼虫入荚盛期之前，每亩喷施5%甲维盐水分散粒剂1 000倍液，甲维盐有很好的渗透作用，还能杀死大部分入荚的幼虫。

（二）大豆蚜虫

大豆蚜虫属同翅目，蚜科。大豆蚜多聚集在大豆的幼嫩部为害，造成大豆茎叶卷缩，根系发育不良，植株矮小，结荚率低，受害重时整株枯死。此外还可传播病毒病。

1. 发生规律

大豆蚜以卵在枝条的芽侧或缝隙里越冬，7月中下旬迁入大豆田为害幼苗，大豆开花盛期正是为害高峰期，也是造成大豆减产的主要时期。

2. 防治措施

（1）农业防治，及时铲除田边、沟边、塘边杂草，减少虫源。

（2）利用银灰色膜避蚜和黄板诱杀。

（3）生物防治，用20%虫霉水乳剂100倍液防治大豆蚜，防治效果可达100%。利用瓢虫、草蛉、食蚜蝇、小花蝽、烟蚜茧蜂、菜蚜茧蜂、蚜小蜂、蚜毒菌等控制蚜虫。

（4）蚜虫发生量大，农业防治和天敌不能控制时，要在苗期或蚜虫盛发前防治。当有蚜株率达10%或平均每株有虫3~5头，即应防治。选用25%氰戊·乐果乳油40~60毫升，加水40~50千克喷雾，或喷施10%吡虫啉可湿性粉剂1 500倍液，或5%啶虫脒微乳剂1 000倍液，或1.8%阿维·啶虫脒乳油1 500倍液等喷雾防治。

（三）豆荚螟

豆荚螟为世界性分布的豆类害虫，我国各地均有该虫分布，以华东、华中、华南等地区受害最重。豆荚螟为寡食性，寄主为豆科植物，是豆类的主要害虫。以幼虫在豆荚内蛀食豆粒，被害籽粒重则蛀空，仅剩种子柄；轻则蛀成缺刻，几乎不能作种子；被害籽粒还充满虫粪，变褐以致霉烂。一般豆荚螟从荚中部蛀入。

1. 生活习性

成虫昼伏夜出，白天多躲在豆株叶背、茎上或杂草上，傍晚开始活动，趋光性不强。成虫羽化后当日即能交尾，隔天就可产卵。每荚一般只产1粒卵，少数2粒以上。其产卵部位大多在荚上的细毛间和萼片下面，少数可产在叶柄等处。在大豆上尤其喜产在有毛的豆荚上；在绿肥和豌豆上产卵时多产花苞和残留的雄蕊内部而不产在荚面。

初孵幼虫先在荚面爬行 1~3 小时，再在荚面吐丝结一白色薄茧（丝囊）躲藏其中，经 6~8 小时，咬穿荚面蛀入荚内。幼虫进入荚内后，即蛀入豆粒内为害，3 龄后才转移到豆粒间取食，4~5 龄后食量增加，每天可取食 1/3~1/2 粒豆，1 头幼虫平均可吃豆 3~5 粒。在一荚内食料不足或环境不适，可以转荚为害，每一幼虫可转荚为害 1~3 次。豆荚螟为害先在植株上部，渐至下部，一般以上部幼虫分布最多。幼虫在豆荚籽粒开始膨大到荚壳变黄绿色前侵入时，存活显著减少。幼虫除为害豆荚外，还能蛀入豆茎内为害。老熟的幼虫，咬破荚壳，入土作茧化蛹，茧外粘有土粒，称土茧。

豆荚螟喜干燥，在适温条件下，湿度对其发生的轻重有很大影响，雨量多湿度大则虫口少，雨量少湿度低则口大；地势高的豆田，土壤湿度低的地块比地势低，湿度大的地块为害重。结荚期长的品种较结荚期短的品种受害重，荚毛多的品种较荚毛少的品种受害重，豆科植物连作田受害重。豆荚螟的天敌有豆荚螟甲腹茧蜂、小茧蜂、豆荚螟白点姬蜂、赤眼蜂等，以及一些寄生性微生物。

2. 形态特征

成虫体长 10~12 毫米，翅展 20~24 毫米，体灰褐色或暗黄褐色。前翅狭长，沿前缘有条白色纵带，近翅基 1/3 处有一条金黄色宽横带。后翅黄白色，沿外缘褐色。卵椭圆形，长约 0.5 毫米，表面密布不明显的网纹，初产时乳白色，渐变红色，孵化前呈浅菊黄色。幼虫共 5 龄，老熟幼虫体长 14~18 毫米，初孵幼虫为淡黄色。以后为灰绿直至紫红色。4~5 龄幼虫前胸背板，近前缘中央有“人”字形黑斑，两侧各有 1 个黑斑，后缘中央有 2 个小黑斑。蛹体长 9~10 毫米，黄褐色，臀刺 6 根，蛹外包有白色丝质的椭圆形茧。

3. 为害症状

以幼虫蛀荚为害。幼虫孵化后在豆荚上结一白色薄丝茧，从茧下蛀入荚内取食豆粒，造成瘪荚、空荚，也可为害叶柄、花蕾和嫩茎。

4. 发生规律

豆荚螟各地主要以老熟幼虫在寄主植物附近土表下5~6厘米深处结茧越冬。翌春，越冬代成虫在豌豆、绿豆或冬种豆科绿肥作物上产卵发育为害，一般以第2代幼虫为害春大豆最重。成虫昼伏夜出，趋光性弱，飞翔力也不强。每头雌蛾可产卵80~90粒，卵主要产在豆荚上。初孵幼虫先在荚面爬行1~3小时，再在荚面结一白茧（丝囊）躲在其中，经6~8小时，咬穿荚面蛀入荚内，幼虫进荚内后，即蛀入豆粒内为害。2~3龄幼虫有转荚为害习性，老熟幼虫离荚入土，结茧化蛹。

5. 防治措施

（1）农业防治。

①合理轮作：避免豆科植物连作，可采用大豆与水稻等轮作，或玉米与大豆间作的方式，减轻豆荚螟的为害。

②灌溉灭虫：在水源方便的地区，可在秋、冬灌水数次，提高越冬幼虫的死亡率，在夏大豆开花结荚期，灌水1~2次，可增加入土幼虫的死亡率，增加大豆产量。

③选种抗虫品种：种植大豆时，选早熟丰产，结荚期短，豆荚毛少或无毛品种种植，可减少豆荚螟的产卵。

④豆科绿肥在结荚前翻耕沤肥，种子绿肥及时收割，尽早运出本田，减少本田越冬幼虫的量。

（2）生物防治。于产卵始盛期释放赤眼蜂，对豆荚螟的防治效果可达80%以上；老熟幼虫入土前，田间湿度高时，可施用白僵菌粉剂，减少化蛹幼虫的数量。

（3）化学防治。喷药杀虫。在成虫盛发期和幼虫孵化盛期前喷药。按照“治花不治荚”的施药原则，选用5%甲维盐乳油或52.25%毒死碑·氯氰乳油800倍液等喷雾，一般应从现蕾开始，每隔7~10天喷蕾花1次，连续2~3次。

（四）豆天蛾

豆天蛾，昆虫纲鳞翅目天蛾科豆天蛾属，展翅宽105~120毫米。主要特征是胸部背侧中央有1条黑褐色纵线，上翅为较单纯的褐色，翅膀末端有1个小型的三角形黑褐色斑。雌雄差异不明显。

1. 生活环境

成虫出现于4—10月，生活在平地至中海拔山区。夜晚具趋光性。豆天蛾主要分布于我国黄淮流域和长江流域及华南地区，主要寄主植物有大豆、绿豆、豇豆和刺槐等。

2. 生活习性

豆天蛾每年发生1~2代，一般黄淮流域发生一代，长江流域和华南地区发生2代。以末龄幼虫在土中9~12厘米深处越冬，越冬场所多在豆田及其附近土堆边、田埂等向阳地。

成虫昼伏夜出，白天栖息于生长茂盛的作物茎秆中部，傍晚开始活动。飞翔力强，可作远距离高飞。有喜食花蜜的习性，对黑光灯有较强的趋性。卵多散产于豆株叶背面，少数产在叶正面和茎秆上。每叶上可产1~2粒卵。

初孵幼虫有背光性，白天潜伏于叶背，1~2龄幼虫一般不转株为害，3~4龄因食量增大则有转株为害习性。在2代区，第1代幼虫以为害春播大豆为主，第2代幼虫以为害夏播大豆为主。

豆天蛾在化蛹和羽化期间，如果雨水适中，分布均匀，发生就重。雨水过多，则发生期推迟，天气干旱不利于豆天蛾的发生。在植株生长茂密，地势低洼，土壤肥沃的淤地发生较重。大豆品种不同受害程度也有异，以早熟，秆叶柔软，含蛋白质和脂肪量多的品种受害较重。豆天蛾的天敌有赤眼蜂、寄生蝇、草蛉、瓢虫等，对豆天蛾的发生有一定控制作用。

3. 为害症状

豆天蛾以幼虫取食大豆叶，低龄幼虫吃成网孔和缺刻，高龄幼虫食量增大，严重时，可将豆株吃成光秆，使之不能结荚。

4. 防治方法

（1）农业防治。

①选种抗虫品种，在种植大豆时，选用成熟晚、秆硬、皮厚、抗涝性强的品种，可以减轻豆天蛾的为害。

②及时秋耕、冬灌，降低越冬基数。

③水旱轮作，尽量避免连作豆科植物，可以减轻为害。

（2）物理防治。利用成虫较强的趋光性，设置黑光灯诱杀成虫，可以减少豆田的落卵量。

（3）生物防治。用杀螟杆菌或青虫菌（每克含孢子量 80 亿~100 亿）稀释 500~700 倍液，每亩用菌液 50 千克。

（4）化学防治。防治豆天蛾幼虫的适期应掌握在 3 龄前，每亩用 5%高效氯氟氰菊酯1 000~1 500倍液，或 5%甲维盐乳油 1 500倍液等喷雾。3~4 龄前的幼虫，可喷施 20%除虫脲悬浮剂 2 000~3 000倍液，或 25%灭幼脲悬浮剂1 000~1 500倍液等防治。虫口密度大时，可喷施 50%辛硫磷乳油 2 500倍，或 2. 5 溴氰菊酯乳剂1 000~1 500倍液，或 5%甲维盐乳油3 000倍液等喷雾。由于幼虫有昼伏夜出习性，喷药时间应选在 17 时以后。

（五）大豆造桥虫

1. 分布为害

经常为害大豆的造桥虫有棉大造桥虫、黑点银纹夜蛾、大豆小夜蛾和云纹夜蛾等几种，分布于我国各大豆主要产区，其中以黄淮、长江流域受害较重。

2. 为害特征

大豆造桥虫均以幼虫为害。低龄幼虫仅啃食叶肉，留下透明表皮。虫龄增大，食量也随之增加，将叶片边缘咬成缺刻或孔洞，严重时可将叶片吃光，仅留叶脉，造成落花落荚，豆粒秕瘦。

3. 发生规律

大豆造桥虫种类较多，包括夜蛾科中部分步曲夜蛾幼虫及尺蠖蛾科幼虫两类。多数为1年发生3代，在豆田内混合发生。成虫多昼伏夜出，趋光性较强，成虫多趋向于植株茂密的豆田内产卵，卵多产在豆株中上部叶背面。初龄幼虫多隐蔽在叶背面剥食叶肉，3龄后主要为害上部叶片。幼虫多在夜间为害，白天不大活动。幼虫2~3龄期为施药适期。

4. 防治方法

（1）诱杀成虫。从成虫始发期开始，用黑光灯诱杀。

（2）喷药防治。尽量选择在低龄幼虫期防治。此时虫口密度小，为害小，且虫的抗药性相对较弱。防治时用5%高效氯氟氰菊酯1 000倍液，或5%甲维盐水分散粒剂1 500倍液等喷雾。可连用1~2次，间隔7~10天。可轮换用药，以延缓抗性的产生。

三、大豆田除草剂的选择和使用

大豆田可选用的除草剂品种比较多，安全、有效、经济是选择除草剂品种的重要原则。在选择使用品种时，对作物安全、不易产生药害，这是第一位的；其次是考虑对杂草的防效，即防效要好，在防效好的条件下，尽可能选择药费较低的品种。

（一）大豆田的杂草有禾本科杂草和阔叶杂草两大类

禾本科杂草主要有马唐、旱稗、牛筋草、狗尾草等；阔叶杂草主要有反枝苋、苍耳、铁苋菜、鲤肠、马齿苋等。要根据大豆田杂草生长的种类确定除草剂使用的品种，如以禾本科杂草为主，就可以用乙草胺、异丙甲草胺、异丙草胺进行苗前土壤封闭；也可以用精喹禾灵、精吡氟禾草灵、高效氟吡甲禾灵进行苗后茎叶喷雾。如大豆田以阔叶杂草为主，就可以用唑嘧磺草胺进行苗前土壤封闭；也可以用氟磺胺草醚、乙羟氟草醚等进行苗后茎叶喷雾。在禾本科杂草和阔叶杂草混生的大豆田则应选择杀草谱宽的单剂或将杀草谱不同的单剂进行复配，作到禾本科杂草和阔叶杂草兼除。

（二）土壤特性决定土壤处理除草剂的用量和药效

土壤特性主要是指土壤质地、有机质含量、土壤墒情、整地质量4方面。黏性土壤及有机质含量高的土壤，其胶体（胶粒是土壤中含有的有机无机微细颗粒）的吸附能力强，除草剂被吸附的比较多，应酌情使用推荐药量范围内的高量，以保证除草效果；而砂性土壤与有机质含量低的土壤，其吸附能力较弱而易产生淋溶，应酌情使用推荐剂量中的低量，以避免产生药害。

土壤墒情好有利于被土胶体吸附的除草剂进行解吸附而释放于土壤溶液中被杂草吸收；土壤墒情不好，被土壤胶体牢固吸附的除草剂不能释放到土壤溶液中被杂草吸收，除草效果就差。因此，如果土壤墒情不好且没有灌溉条件时，不要强行进行土壤封闭灭草，而应改为苗后茎叶处理。

土壤封闭处理时整地质量一定要好，要整平耙细不要有大土坷垃，这样喷药后才能在土壤表面形成一层药膜，等到杂草出土后接触药膜而死。如果整地质量不好就会影响药膜的形成，从而影响除草效果。

不同的除草剂品种其防除大豆田杂草的用量不同。一般情况下，杂草叶龄较大，施药量应适当增加；药剂既能作土壤处理又能做茎叶处理使用时，用作土壤处理的用量较茎叶处理高。用作土壤处理的除草剂在土壤质地偏黏重、有机质含量较多、土壤湿度较低时用量应适当增加；茎叶处理剂用作茎叶喷雾时，在气候干燥、土壤湿度较低时，用量应适当增加。使用助剂用量也可适当减少。总之，除草剂用量的确定是关系到防效好坏的主要因素之一，用量过低则防效较差，但用量过高会造成浪费，而且有可能对农作物产生药害，并加重对环境的污染。

(三) 喷药时期的正确选择

化学除草时，适宜土壤处理时就土壤处理，不适宜土壤处理时就等苗后茎叶处理。用药一定要抓住时机及时进行。土壤处理的除草剂大多对杂草幼芽有效，施用过晚有些杂草已出土，除草效果就不会很好，一般说播后 3~5 天内必须施完药。施药时土表干燥，除草剂易被土壤颗粒紧密吸附，需用灌水、降雨使除草剂淋溶到 0~5 厘米土中发挥药效，或用机械混土到达 2~5 厘米土中发挥药效。苗后茎叶除草剂施用应适当偏晚些，但也不可过晚，一般说在大豆苗后 2~3 叶期、杂草 2~4 叶期施药，施药过早杂草出苗不齐，后出苗杂草还需再次施药或采取其他灭草措施（当然像普施特、异恶草酮这样既可用于土壤处理又可进行茎叶处理的药剂除外）；施药过晚，杂草大，抗性就强，药效会明显降低，且某些除草剂施药过晚，药量就得相应适当增加，这样对作物也不安全。

另外，有时为了抢农时，喷药时赶上下雨也是常遇到的事，尤其是在大面积生产中，不同的除草剂由于其理化性质与加工剂型不同，喷药后至降雨所需间隔期存在着差异，喷药前应密切注意当地的气象预报，力争雨前一天喷完药。这样杂草既可以充分吸收药剂，吸收药剂后又可以加快药剂在杂草体内传导，且雨后杂草生长发育快抗药性也差，除草效果也好。一般情况下克阔乐喷药后 5 小时遇雨不影响药效，精禾草克、精稳杀得、拿扑净、收乐通、金豆、普施特喷药后 1 小时遇雨不影响药效，虎威、苯达松（排草丹）、宝成喷药后 4 小时遇雨不影响药效，阔草清杂草焚喷药后 6 小时遇雨不影响药效。

(四) 兼顾前后茬作物选择适当的除草剂，避免长残留性除草剂对后茬作物的伤害

近年来，由于忽视除草剂土壤残留毒害而造成后茬敏感作

物受害的现象时有发生，涉及水稻、蔬菜、瓜类等多种作物。目前大豆田使用的长残留除草剂主要有普施特、氯嘧磺隆、广灭灵、阔草清等，在使用中应特别关注它们在土壤中的残留动态及对后茬不同作物的安全性问题。

种植玉米要选上年没有用过氯嘧磺隆的地。种植水稻（包括苗床土）要选上年没用过咪草烟、氯嘧磺隆的地。种植小麦要选上茬用异恶草酮每亩有效成分不超过 50 克的地。种植甜菜要选前 4 年没用过氯嘧磺隆、咪草烟，前 2 年没用过唑嘧磺草胺、咪草烟，上年没用过高渗氟磺胺草醚的地。种植蔬菜（番茄、茄子、辣椒、白菜、萝卜）要选前 3 年没用过氯嘧磺隆、咪草烟的地。种植马铃薯要选 3 年没用过咪草烟、氯嘧磺隆的地。种植南瓜、西瓜、西葫芦、黄瓜要选前 3 年没用过氯嘧磺隆及咪草烟的地。

另外，也要相对地看待长残留性除草剂的使用，有些除草剂防效很好，可以通过改变施用方法避免长残效的为害。如普施特为长残留性除草剂，我们只用它进行茎叶处理，并且茎叶处理时与杀草谱相近的其他除草剂减半药量混合使用，也可通过添加喷雾助剂的方法来减少原药的用量或采用茎叶苗带施药的方法尽量减少除草剂进入土壤，就不会产生长残效问题。

除草剂的科学混用及喷液量问题。为了扩大杀草谱，除草剂要经常混合使用。混用应注意的问题主要是混用的几种除草剂不应有拮抗作用，如果有拮抗作用而降低药效应，最好不要混用，如 25%金镰刀水剂防治鸭跖草、苣荬菜、问荆、刺儿菜等效果好、但不能与磺酰脲类除草剂（氯嘧磺隆、宝成、宝收等）混用；混用的药剂如果有显著增效作用的应酌情适当降低用药量；如果混用既没有拮抗作用也没有增效作用，杀草谱不同的药剂按正常用药量用药，杀草谱相同的除草剂可酌情减半用药。

第四章　红薯高产栽培技术

红薯学名甘薯，是一种高产稳产、营养丰富、用途广泛的重要农作物，并且具有高抗旱、耐瘠薄、少病虫等特点，是淀粉、燃料乙醇和轻工业产品加工的重要原料，广泛种植于世界上 100 多个国家。甘薯在贫瘠的土地上，也能获得较好的产量，是我国贫困地区脱贫致富的首选作物之一。

第一节　红薯品种简介

一、豫薯 7 号

由泌阳县农业科学研究所与河南省农业科学院以南丰×徐薯 18 杂交选育而成。

特征特性：

顶叶色紫，叶形浅缺，茎色绿带紫，薯皮紫红色，薯肉淡黄；熟食味面甜；萌芽性强，耐贮性好；生长势强，耐瘠薄、抗旱；干物率 32%～35%，淀粉率平均高达 22.61%，春薯淀粉率高达 24%左右，比徐薯 18 高三个百分点；该品种适宜做淀粉加工用。

抗病性：

中抗茎线虫病和黑斑病，不抗根腐病。

产量表现：

国家北方区试，夏薯鲜薯、薯干、淀粉产量分别比徐薯 18 增产 4.4%、17.8%和 22.8%。春薯每亩3 000千克以上，夏薯 2 000千克以上。

栽培技术要点：

整地、起垄：垄作栽培，有利于土层疏松，提高地温，便于灌溉。冬前深耕 25~30 厘米，双行垄栽垄高 25 厘米，垄距 90~100 厘米；单行垄栽，垄高 20 厘米，垄距 80~85 厘米；夏薯抢时深翻起垄。根腐病地区不宜种植，种植密度每亩 3 500~4 000株，高水肥地防止旺长，控制氮肥，增施钾肥。

二、豫薯 8 号

原系号洛薯 87-13，洛阳农业科学院以农家种蓬尾为母本，农家种小白藤为父本，通过有性杂交选育而成的兼用型甘薯新品种。

特征特性：

该品种叶心形，茎蔓绿带紫，薯皮红色，薯肉白色，个别薯块少带紫晕。薯形纺锤形。萌芽性好，出苗率高，结薯整齐集中，单株结薯 3~4 个，大中薯率 88%。出干率、出粉率均高，熟食面甜，适口性好。薯干淀粉含量 71.47%，全糖 77.8%，每百克薯干含维生素 C 4.54 毫克，粗纤维 2.56%。

抗病性：

耐旱耐瘠，较耐湿，耐贮藏，高抗根腐病，中抗茎线虫病，感黑斑病。

产量表现：

1991—1992 年河南省生产示范试验鲜薯、薯干、淀粉平均亩产分别较对照种徐薯 18 增产 11.87%、14.63%、16.62%，干率33.31%，出粉率22.63%，均居试验首位。该品种综合性状好，在旱薄地一般亩产2 000～3 000千克，很适合山岗、丘陵旱薄地栽种。

三、徐薯22

由中国甘薯研究所选育，2003年通过江苏省审定，2005年通过国家品种审定。

特征特性：

该品种为高淀粉型，中长蔓，茎绿色，顶叶、叶，叶脉、叶柄均为绿色，叶形心齿。基部分枝6～7个。薯块下膨纺，红皮白肉，结薯整齐集中，上薯率90%，薯块萌芽性好，夏薯块干物率31.0%，比对照高3.6%。高淀粉，抗病毒性、耐涝渍性、萌芽性强，鲜薯产量、淀粉产量均比徐薯18高。春薯淀粉率22%，比徐薯18高2%，亩产淀粉600千克左右。夏栽薯块干物率31%左右，比对照高3.6%，淀粉率21.0%。

抗病性：

中抗根腐病，抗病毒性、耐涝渍强。

产量表现：

江苏省生产试验多点结果，平均鲜薯亩产2 257.1千克，比苏渝303增产7.9%，薯干增产13.3%。据山西、陕西、河南、山东、湖北、湖南各地种植淀粉产量比徐薯18增产15%以上，耐病毒病性强，中抗根腐病。

栽培技术要点：

育苗时控制排种量，每平方米排种18千克，栽插密度春薯3 500～4 000株/亩，夏薯4 000～5 000株/亩。脱毒种薯使用年限可适当延长，适时抗旱，不宜在重根腐病、黑斑病及茎线虫病区种植。

四、商薯 19

商 SL－19，国鉴薯 2003004，系河南省商丘农业科学院以 SL－01×豫薯 7 号杂交选育而成。

特征特性：

叶片心脏形，叶片叶脉全是绿色，中短蔓，薯形长纺锤，薯皮紫红色，薯肉白色，结薯早而集中，无“跑边”，极易收刨。薯块多而匀，表皮光洁，外观商品性好、熟食味面甜，被农民誉为“栗子香”。春薯晒干率 36%～38%，淀粉含量 23%～25%，夏薯晒干率 29.4%、淀粉含量 21%以上，淀粉特优特白。高产稳产，高淀粉，是适合食用和加工的优良品种，商品性好，市场需求大。

抗病性：

高抗根腐病，抗茎线虫病，耐涝性好，已成为北方薯区淀粉加工区的主推品种。感黑斑病，不宜在黑斑病重病区种植。

产量表现：

2002 年国家北方甘薯品种生产试验，鲜薯平均亩产 2 113.3 千克，薯干亩产 621.78 千克。

栽培技术要点：

整地、起垄。垄作栽培，有利于土层疏松，提高地温，便于灌溉。冬前深耕 25～30 厘米，双行垄栽垄高 25 厘米，垄距 90～100 厘米；单行垄栽，垄高 20 厘米，垄距 80～85 厘米；夏薯抢时深翻起垄。

适宜区域：

适宜在河南、河北、安徽、江苏等全国北方黄淮薯区作春夏薯种植。

五、郑红 22

国鉴薯郑 04-4-2，系河南省农业科学院粮食作物研究所、江苏徐州甘薯研究中心，从徐 01-2-9 开放授粉杂交后代中选育，2010 年 3 月通过国家鉴定。

特征特性：

淀粉含量高、品质优良。鲜薯烘干率 34.74%，淀粉率 25.9%，蛋白质 1.48%，粗纤维 1.22%，β 胡萝卜素 0.40 毫克/100 克。除作淀粉加工用外，还可作生产全薯粉、薯干、冷冻薯块等优质加工原料。

产量表现：

国家北方甘薯品种区试，两年平均淀粉产量 441.0 千克/亩，较对照徐薯 18 增产 26.35%，居第一位，品种生产试验平均鲜薯产量比对照徐薯 18 增 11.28%，淀粉产量 472.3 千克/亩，比对照徐薯 18 增产 26.88%。

抗病性：

中国农业科学院甘薯研究所测定高抗茎线虫病，抗根腐病，中抗黑斑病。缺点：耐肥、耐湿性较差。

六、脱毒北京 553

原华北农科所从胜利百号放任的杂交后代中选育而成。经脱去病毒病增产 30%~40%，外观品质、萌芽性、生长势均有明显提高。

特征特性：

植株半直立。顶叶紫色，叶色绿带褐、叶形浅裂，叶脉与茎均为紫色，蔓短、薯皮黄色、薯肉杏黄、薯块纺锤形。抗茎线虫病，较抗黑斑病，重感根腐病，耐肥性较强。出干率较低。

该品种食味软甜，可以作为烘烤食用品种利用，鲜薯产量较高，稳产性好。适宜在中高肥水条件下种植，适宜的种植密度4 000株左右。春薯高产田亩产4 000千克左右，夏薯3 000千克以上。

七、心香

该品种由浙江省农业科学院选育而成。早熟鲜食迷你型红薯，早熟性好，适宜生育期（扦插至收获）100 天左右。4 月下旬至 5 月上旬采用地膜覆盖栽培，7 月下旬可以收获，亩产2 000千克左右，产量、早熟性与高产品种苏薯 8 号相当，一年可栽两季。

特征特性：

株型半直立，中短蔓，茎、叶、叶柄均为绿色，脉基紫色，结薯浅而集中，前期膨大较快，薯形纺锤形，皮紫红色、较光滑，薯肉黄色，薯块大小较均匀，商品率高。口感较粉且甜，尤其是质地细腻，适口性好，适合作鲜薯食用，填补了目前市场上早熟粉质品种的空缺。较耐储藏，种薯萌芽性较好。

抗病性：

抗蔓割病，中感茎线虫病。

品质和产量：

2005—2006 年农业部质检测试中心（杭州）检测结果平均，薯块干物率 34.5%，淀粉率 20.0%，可溶性总糖 6.22%，粗纤维含量 6.22%。2006 年浙江省品比试验，平均亩产鲜薯2 061.4千克，比对照徐薯 18 增产 6.0%。

八、金玉

浙江省农业科学院作物研究所选育。

特征特性：

该品种茎、叶柄、叶脉均为绿色，叶基淡紫色，中蔓。熟薯味粉糯香甜，粗纤维少，质地细腻，适口性好，风味浓。可溶性糖含量 10.76%。淀粉糊化温度较低，烘干率 32%，淀粉率为 21%。薯皮粉红光滑，薯形短圆，薯肉为黄色，薯块蒸煮后呈金黄色，不易褐变。有益矿物营养成分硒含量为 0.24 毫克/千克。

九、豫薯 12

由河南省南阳市农业科学研究所以徐 78-28×群力 2 号杂交选而成。

特征特性：

中长蔓型，顶叶绿色，叶脉紫色，叶柄、茎色绿带紫，叶色绿，叶肾形浅复缺刻，株型匍匐，茎粗中等；薯形纺锤形，红皮白肉，结薯集中、整齐，上薯率 85%左右，薯块萌芽性优；夏薯块干物率 28.2%，粗淀粉 14.4%，淀粉黏度高；粗蛋白 3.66%，可溶性糖 5.36%，熟食细腻甜香，少纤维，味较好。

抗病性：

抗根腐病，中抗茎线虫病，不抗黑斑病，抗旱耐瘠性强，耐湿性强。

产量表现：

1998、1999 年国家北方甘薯品种区试，平均鲜薯、薯干比对照徐薯 18 分别增产 11.0%和 10.2%，均达显著水平。生产试验，鲜薯、薯干分别比对照徐薯 18 增产 18.6% 和 17.1%。

栽培技术要点：

用多菌灵浸种或浸薯苗，防治黑斑病；栽插密度春薯每亩栽插3 000株左右，夏薯 3 500~4 000株。

十、洛薯 13

洛薯 13 由洛阳农林科学院培育。

特征特性：

该品种中长蔓，茎、叶、叶基、叶脉色均为绿色，柄基浅紫色，紫皮白肉。薯形为筒形或纺锤形。薯皮光滑，商品外观质量好。熟食味绵沙香甜。该品种鲜薯产量比徐薯 18 对照种增产 5%~15%，干率 32%，淀粉率 22%。适宜做商品红薯和淀粉加工原料。该品种抗根腐病和黑斑病，不抗基线虫病。

十一、浙紫薯1号

该品种由浙江省农业科学院作物与核技术利用研究所通过宁紫署 1 号×浙薯 B 选育而成，审定编号浙（非）审薯 2011001。

特征特性：

该品种属于紫薯，芽性好，苗期长势旺，茎蔓长，叶片心型带齿，叶色绿；结薯集中，个数较多，平均单株结薯数 5.1 个，平均单薯重 106.1 克，50~250 克中薯比例 58.7%；薯形纺锤形或长纺锤形，薯皮紫色，薯肉紫色，表皮光滑；薯块干物率 35.3%，鲜薯蒸煮食味较甜、粉。

抗病性：

抗性经徐州国家甘薯研究中心鉴定高抗茎线虫病、抗根腐病和蔓割病，中抗黑斑病，耐储性好。

产量表现：

2008 年平均亩产鲜薯 1 878.7千克，比对照渝紫 263 增产 33.4%，达极显著水平，比对照徐薯 18 减产 3.0%，减产不显著；2010 年生产试验平均鲜薯亩产 1 925.7千克，比徐薯 18 减产 8.0%。

十二、京薯 6 号

京薯 6 号由北京农学院选育。

特征特性：

在京薯系列品种中其特征特性表现最为明显：薯皮、薯肉均为紫色，颜色鲜艳，甜度高，品质好，亩产量为1 500~2 000千克，出干率高。该品种主要用于工业深加工，可加工成甘薯片、薯脯等，颜色鲜艳自然，不用另加色素；还可做成饮料、提炼色素等。

第二节　红薯育苗技术

薯苗的质量很关键，壮苗比弱苗要增产 10%左右。因此红薯高产，首先要培育无病壮苗。但不论采用哪种育苗方法，都要注意以下几个环节。

一、精选种薯

以脱毒北京 553、心香、金玉、豫薯 8 号、徐薯 22、商薯19、浙紫薯1 号、京薯6 号等为主要品种，种薯应是具有原品种皮色、肉色、形状等特征明显的纯种；要求皮色鲜艳光滑、次生根少、薯块大小适中、无病无伤、未受冻害、涝害和机械损伤，生命力强健的薯块。薯肉鲜亮有白浆的表示正常，凡薯块发软、薯皮凹陷、有病斑、不鲜艳、断面无汁液或有黑筋或发糠（茎线虫病）的均不能作种；薯块要大小均匀，单块重 150~250 克的夏薯为宜。种薯必须做到三选：既出窖时选；消毒浸种时选；上床排种时选。

二、育苗方法

（一）回龙火炕育苗

利用煤、秸秆、木柴等热源来加热火炕。要求苗床温度分布均匀，保温性能良好，这样管理方便，效益较高，出苗快而多，防病效果好。

（二）冷床覆盖塑料薄膜育苗

一般在大棚中应用，也可在加温温室中应用。这种苗床只利用塑料薄膜覆盖通过接收太阳能保温、增温进行育苗。床土厚 20~25 厘米。为了增加温度，可在苗床上支拱架，覆盖两层较薄的薄膜。这种苗床的薯苗粗壮，成活率高，但温度升高慢，不易调温，出苗慢且出苗率低。

（三）酿热物温床覆盖塑料薄膜育苗

利用微生物分解骡、马粪或秸秆、杂草的纤维素发酵生热，并用塑料薄膜覆盖保温、增温进行育苗。骡马粪的碳、氮比（C/N）为 25：1，适宜微生物分解。利用秸秆分解加热的可将秸秆铡碎，然后加入 1/3 或 1/5 的骡马粪及适量的人粪尿和水拌匀。加水标准以用手握紧酿热物时，手指缝里见水而不滴水为宜。这种苗床管理方便，省工省料，但温度往往前高后低，采苗数量相对偏少。

（四）采苗圃

采苗圃是培育夏薯苗的主要方法之一。它既可以供应充足的无病壮苗，又可以在栽插完毕后割薯秧喂牲畜。方法是从苗床上采下第一、第二茬薯苗种植于采苗圃中，行距 40~50 厘米，株距 10~15 厘米，沟深 10~15 厘米，每亩 1 万~1.5 万株。栽前打顶以促进分枝发生，缓苗后中耕、松土提高地温，促进根系发育。

三、种薯上床技术

（一）适时育苗

一般在早春温度稳定通过 7~8℃时，即在栽前 40 天左右开始育苗。

(二) 填好床土

最好使用砂质壤土。床上土层不宜太厚，以便热量能顺利传导，同时床土也不宜太薄，以免温度升得过高。回龙火炕、酿热温床床土厚度以 5~8 厘米为宜。

(三) 精选种薯与种薯处理

(1) 精选种薯。收刨时将杂株剔除。上床种薯要求无伤无病害，大小适中，薯形端正，单薯重 100~200 克。

(2) 种薯处理。将经选的种薯装入箩筐，置入 58~60℃水中，抖动几次，使薯块受热均匀，2~3 分钟后水温降至 51~54℃，保持 10 分钟后将箩筐提出降温。也可使用 50%甲基托布津 800 倍液或 25%多菌灵 200 倍液浸种薯 10 分种。

(四) 排薯技术

排薯的方法有斜排、平排和直排 3 种。人工和生物热源苗床多采用斜排种薯的方法。斜排种薯要求，第一要掌握排种密度，不能过密或过稀，一般应掌握中等薯块排薯 25 千克/平方米。第二要分清种薯的头尾和腹背，保证头、背朝上，尾、腹朝下，薯头压薯尾 1/4~1/3。第三要大、小薯分排。大薯排在温度较高处，小薯排在四周，大薯宜密排，小薯宜稀排。第四要掌握“上齐下不齐”的原则，长薯斜排，短薯直排，做到种薯上部平齐，以利薯苗整齐一致。排薯后，可用 40℃左右的温水浇透床土，水下渗后用木板在上面轻压一下，再覆盖砂土 4~5 厘米厚，然后加盖塑料薄膜，四周压紧，以利提温保湿。

四、苗床管理

基本原则是“以催为主，以炼为辅，先催后炼，催炼结合”。

（一）前期

从排薯到出苗，以催苗为主，做到提温、保温相结合。种薯上床后，床温应保持在35℃左右，延续4天，然后把床温降到31℃左右，8~10天幼苗即出土。由于前期是育苗过程中温度最高的阶段，因此又叫高温催芽阶段。出苗前一般不再浇水，若发现床土干燥可浇小水以利出苗。此期既要晒床提温和盖床保温，又要注意通风降温，以免床温升得过高。

（二）中期

从出苗后到炼苗前，是培育壮苗关键时期。要求催、炼结合，催中有炼，使薯苗生长快而粗壮。出苗初期以催为主，温度控制在28~30℃，齐苗后床温降至22~25℃，使薯苗在较低的温度下生长。中午超过35℃时要揭膜通风降温，以防“灼苗”，夜间加盖草苫，以防降温。出苗后叶面积逐渐加大，蒸腾量增加，所以应增加灌水量，保证床土湿润。此外，此期也可施入少量氮素化肥，促进薯苗健壮生长。

（三）后期

采苗期前5~6天，以炼苗为主，就是让薯苗在自然光照与温度条件下经受锻炼，以提高其对自然条件的适应能力。关键措施是在采苗前5~6天浇1次透水，以后停止浇水，进行蹲苗。采苗前3天床温要降至20℃，接近于当时日平均气温。这样使大苗得到锻炼，小苗继续生长。由于后期气温较高，要逐渐揭膜炼苗。第一天早上先揭开1/4，下午揭至1/2，第二天早上揭开1/2，下午全部揭开，以后白天黑夜均不盖膜，大风、大雨或气温突降要防寒保温。

（四）采苗和采苗后管理

当苗高20厘米时，应及时采苗。采苗提倡高剪苗，在离床土3厘米以上的部位剪苗。采苗会给种薯造成创伤，容易感染病害，所以采苗后当天不要浇水，只加热升温以愈合伤口。第二天可浇水并追施肥料，追肥量为硫酸铵 80~100 克/米。采下的种苗用生根素处理后便可移栽了。

（五）追肥浇水

若发现薯苗叶片小、发黄时，需马上补给速效氮肥。每平方米用尿素 50 克左右。露地育苗和采苗圃应分次追肥。肥料种类以氮肥为主，追施时期选择苗叶上没有露水的时候，以免化肥粘叶，“烧”毁薯苗。如果叶片上有残留化肥，要及时抖落或扫净。追肥后立即浇水。

（六）通风、晾晒

幼苗全部出齐，新叶开始展出以后，选晴暖天气的 10 时到 15 时适当打开薄膜通风，剪苗前 3~4 天，采取白天晾晒、晚上盖，以达到通风透光的目的。

（七）低温炼苗

剪苗前 5~6 天到剪苗后期低温炼苗，提高秧苗对田间的适应能力。此时应浇一次大水，以后停止浇水，进行蹲苗。在拔苗前 3 天把床温下降到 20℃左右，并逐渐揭膜炼苗，但要防止揭膜太猛，发生枯叶现象。

五、及时采苗

选壮苗，用高剪苗的方法采苗，可以在很大程度上避免薯苗携带病菌。不提倡拔苗，这样容易将薯肉及薯芽基部的病原物带入田间，造成病害加剧。采苗时应在离地面 3~5 厘米处剪苗。壮苗标准：薯苗个体叶片肥厚、色深，生长顶端粗大、节间短、茎粗壮、无病症，茎基部发出的根系粗大而白嫩，苗长 20~25 厘米；整株苗不脆嫩也不老化。茎粗约 5 毫米，苗茎上没有气生根和病斑，苗株健壮结实，乳汁多。

第三节　红薯高产栽培技术

一、选用优良品种

根据红薯的不同用途，选用合适的红薯品种。淀粉型红薯品种：豫薯 7 号、豫薯 8 号、徐薯 22、商薯 19、郑红 22 等；食用型红薯品种：脱毒北京 553、心香、金玉等；兼用型品种：豫薯 12、洛薯 13 等；紫薯专用型品种：浙紫薯 1 号、京薯 6 号等。以上这些品种都具备高产潜力大、抗病能力强，有条件的可积极示范推广脱毒种苗，提高抗病性和产量。

二、深耕起垄

红薯是地下块根作物，其生长发育需要深耕起垄。起垄可加厚松土层，接受日光的面积增大，提高地温，加大温差，增强土壤通气性；有利于红薯块根生长和养分积累，有利于薯块膨大，早结薯，多结薯，一般起垄比平栽增产 10% 以上。起垄时要注意土壤不过湿或过干，以保持垄土疏松，要求垄形高胖，垄沟深窄，既有利于防旱排涝，又有利于块根膨大。

种植甘薯一般要深翻土地 30 厘米，春薯垄距 75~80 厘米，夏薯垄距 70~75 厘米，垄高 25~30 厘米，垄顶宽 15~20 厘米。

三、科学施肥

红薯产量高，根系发达，吸肥力强，平均每生产 500 千克鲜薯需从土壤中吸收纯氮 1.86 千克，五氧化二磷 0.86 千克，氧化钾 3.74 千克。红薯施肥以农家肥为主，化肥为辅，底肥为主，追肥为辅。每亩底施优质农家肥 2 000~2 500千克，碳酸氢铵 50 千克或尿素 15~18 千克，过磷酸钙 25~40 千克，钾肥 25~40 千克。追肥以前期为主，根据土壤肥力、底肥用量和红薯生长情况而定。土壤贫瘠和施肥不足的田块应早追提肥苗，封垄前于垄半坡偏下开沟追肥，每亩追施尿素10~15千克，并将肥料覆盖严密。红薯生长后期，根部吸肥能力减弱，可采用根外追肥，以弥补营养的不足，一般可增产10%左右。根外追肥可用0.5%尿素稀释液，2%~3%过磷酸钙液，5%的草木灰水，0.2%的磷酸二氢钾溶液。喷肥时间应在傍晚进行，这时温度低，溶液蒸发慢，有利于叶片吸收。每隔7天喷1次，共喷2~3次，每亩每次喷施75~100千克溶液即可。

四、适时移栽、合理密植

春薯的栽插适期以5~10厘米地温稳定在17~18℃、气温稳定15℃以上栽插为宜，一般在4月中旬至5月初栽插。夏薯应抢时早栽，争取在“夏至”前栽完。栽插密度一般掌握肥地宜稀、瘦地宜密的原则。春薯肥地每亩2 500~3 000株，中等地和薄地3 500~4 000株。夏薯要适当增加密度，肥地每亩3 500~4 000株，中等地和薄地4 500~5 000株。栽插时应选无病壮苗，并将大小苗分级栽插，提高田间生长整齐度。栽秧深度以8~10厘米为宜，顶芽露出地面3~10厘米。提倡深斜栽或一插二耥三抬头的栽插方法，提高成活率和结薯率。

五、轮作换茬

在因地制宜选用抗耐品种的同时，一般可与玉米、小麦等禾本科作物3~5年轮作换茬一次，以减轻病虫的发生和为害。

六、田间管理

（一）查苗补苗

红薯栽后要及时查苗补苗，保证全苗壮苗。一般在栽后5~6天，就应进行查苗补苗，如有死苗、病苗，可选一级壮苗补栽。对补栽苗子，要浇足水分，并可偏施少量氮素化肥，促进生长，使补栽的苗子和大田群体生长一致。

（二）提蔓不翻蔓

试验证明，翻蔓害多利少。分析原因，一是翻蔓降低了茎叶制造养分的能力，由于翻蔓导致机械损伤，叶面积减少，使植株制造养分能力减弱；二是翻蔓导致茎叶受到损伤，刺激腋芽萌发，新枝新叶成倍增长，消耗大量养分，使输送到块根的养分大大减少。提蔓技术是将茎蔓自地面轻轻提起，拉断茎蔓上不定根，然后将茎蔓放回原处，使其仍保持原来的生长姿态。由于提蔓可减轻翻蔓造成的茎叶损失，一般比翻蔓增产 8%～10%。因此，要科学引导农民群众进行提蔓，而不要翻蔓。对薯蔓生长过旺的田块应及时打尖或喷洒 0.2%多效唑溶液，控制徒长。

（三）防治病虫害

甘薯一生病虫主要有甘薯黑斑病、软腐病、茎线虫病、甘薯天蛾、斜纹夜蛾、造桥虫，还有蛴螬等地下害虫。为夺取甘薯优质高产，应对多种病虫草害采取综合措施，有效控制其为害。

1. 育苗期

此期预防及防治对象是甘薯黑斑病、茎线虫病。具体措施如下。

（1）建立无病留种田及选择抗病耐病良种。要大力发展脱毒甘薯，种植较耐抗病良种，目前有豫薯 7 号、豫薯 8 号、徐薯 22、商薯 19、脱毒北京 553 等。

（2）培育无病虫壮苗。选择无病的田块作苗床，采用无病薯块育苗，育苗前精选无病薯种，严格剔除有黑斑病、茎线虫病、有伤、受冻害薯块。育苗前，将薯块浸入 52～54℃温水中浸 10 分钟，以杀死存活在芋块中的病毒、线虫等。

（3）药剂浸种及喷种。可用40%多菌灵800～1 000倍或50%甲基托布津1 500倍混合液浸种或喷种。

（4）选种抗耐病和脱毒良种。目前，较抗耐黑斑病的良种有徐薯22、豫薯7号、郑红22等，脱毒薯种具有产量高品质好等优点，可因地制宜地选种。

（5）培育无病虫薯苗。要用无病新苗床，精选无病虫薯种，剔除有黑斑病、茎线虫病、有伤、受冻害的薯块，进行苗床育苗。若用旧苗床，还要换上新土，并用40%多菌灵800～1 000倍或50%甲基拖布津1 500倍混合药液喷苗床。

2. 栽苗期

此期防治的主要病虫害是甘薯黑斑病、茎线虫病、地下害虫及草害。措施如下。

（1）采用高剪苗。即剪苗时要离床土3厘米处进行，防止薯苗带有黑斑病和基线虫病。

（2）药剂处理薯苗。要用药剂处理秧苗，可用50%多菌灵或40%甲基拖布津1 000倍混合药液浸苗。

（3）搞好化学除草。苗栽插后每亩及时喷施乙草胺200～300克，全面喷施，喷后1周内不除草。

（4）茎线虫病重发地，可用5%茎线灵每亩1～1.5千克对土处理苗穴防治。

（5）地下害虫重发地，可用1%敌百虫麦麸毒饵每亩3～4千克撒施防治。

3. 大田生长期

此期主要是防治甘薯天蛾、斜纹夜蛾及造桥虫。主要措施如下。

（1）点灯诱杀。利用成虫的趋光性诱杀，减少田间虫源。发蛾盛期可采用黑光灯等诱杀成虫。

（2）科学使用农药，搞好化学防治。可亩用敌杀死50克或80%敌敌畏100克加水50千克喷雾，防治甘薯天蛾、斜纹夜蛾、造桥虫等为害。此外，应结合起甘薯，在冬耕及整地起垄时，捡拾越冬虫蛹，在幼虫盛发期，发动群众进行人工捕捉灭虫。

4. 收藏期

此期主要预防甘薯黑斑病和软腐病。主要农艺措施如下所示。

（1）搞好薯窖卫生。最好采用新窖贮藏。若用旧窖，应将窖壁铲除一层，并用硫黄粉按每立方米 15 克燃烧，熏蒸并密闭窖口 2 天，或用 40%多菌灵1 000倍液喷洒窖壁。

（2）选择健康薯块贮藏。当气温降至 12～13℃时适时收获，严格剔除病、烂、伤薯，注意当天收当天入窖。

（3）合理调节窖温，保证薯块安全越冬。入窖后保持窖温 34～38℃72 小时，然后立即通风散湿，以减少菌源。并掌握在贮藏期使窖温长期保持在 11～13℃。注意后期保温通气，以防薯块缺氧。

七、适时收获

红薯收刨时间的早晚，对产量、加工利用和安全贮藏，都有密切关系。红薯没有明显的成熟特征，只要条件适宜，就可以继续生长。所以过早收刨，产量较低，过晚收刨，常受低温影响，不耐贮藏，造成烂窖。

红薯在平均气温稳定在 15℃时，即可开始收获，在不低于 10℃时收获结束。生产上的收获期应根据红薯的种类、用途和对后茬的安排情况不同而定。作为切片晒干的春红薯和下蛋薯应在 10 月上中旬收刨。如后茬赶种小麦，可适当再提早几天。留种或鲜食贮藏的红薯，应在霜降前收刨入窖。

红薯收获时，土壤过干或过湿都不好。如收前遇大雨，可先割蔓散湿，等土壤稍干后再收刨。留种用的要上午收刨，经晾晒后于当天下午入窖，不要露天过夜，以免遭受冷害。

第四节　红薯主要病虫害防治技术

一、黑斑病

又叫黑疤病，俗名黑疔、黑疮等，是红薯的主要病害，此病从育苗期、大田生长期和收获储藏期都能发生，引起死苗、烂床、烂窖，造成严重损失，病菌深入薯肉下层，使薯肉变成黑绿色，味苦。病部木质化、坚硬、干腐。且病薯含有毒物质(呋喃萜类)，人和家畜食用后，可引起中毒，甚至死亡；用病薯作发酵原料时，会毒害酵母菌和糖化酶菌，延缓发酵过程，降低酒精产量和质量。因此彻底消灭黑斑病是保障红薯生产的重要环节。

（一）主要症状

薯苗染病，初期幼茎地下部分或茎基部产生平滑稍凹陷的小黑点或梭形（长圆形）的黑斑，逐渐向地上蔓延，成为纵长病斑，继续扩大使幼苗茎基部全部变黑。病苗定植不久，叶片变黄，植株矮小，最后病株地下部腐烂，秧苗枯死，造成缺苗断垄。薯块染病，初期病部呈圆形或近圆形凹陷膏药状病斑，坚实且轮廓清晰，中部生灰色霉层或黑色毛状物，严重时病斑融合成不规则形，薯肉有苦味。贮藏期，由于黑斑病的侵染，使其他真菌和细菌病害并发，引起各种腐烂。

（二）防治措施

1. 选择抗病品种

建立无病留种田，对入窖种薯认真精选，严防病薯混入传播蔓延。

2. 合理轮作

重病地应与其他作物进行 3 年以上轮作。

3. 种薯和薯苗处理

育苗前用50%多菌灵可湿性粉剂加新高脂膜800倍液浸种5分钟处理好种薯，推广高剪苗技术，并且把移栽前的幼苗用50%甲基托布津500倍液加新高脂膜800倍液浸苗10分钟，进一步杀菌。

4. 加强管理

适时中耕保墒，合理追肥，并喷施新高脂膜800倍液保护肥效，在红薯分枝结薯期后适时喷洒地果壮蒂灵，以有效控制地表上层枝叶狂长，加速地下块茎超快膨大，增强抗御虫害能力，确保红薯的优质高效和丰收。

5. 药剂防治

发病初期应根据植保要求喷施针对性药剂（如50%多菌灵可湿性粉剂、75%白菌清500倍液）进行灭杀，每隔7~10天1次，连喷3~4次；并配合喷施新高脂膜800倍液增强药效，巩固防治效果。

6. 适时收获，安全贮藏

应在霜降前选晴天收获。收获运输时尽量避免碰伤。新窖贮藏。沿用旧窖时，要先铲除一层窖内旧壁土，然后铺撒生石灰粉或硫黄熏蒸消毒，也可喷施1%福尔马林消毒。严禁伤毒薯入窖。做好贮藏窖温、湿度管理。经常检查，随时清除病烂薯，以免传染。

二、软腐病

（一）主要症状

多发生在红薯贮藏期，主要为害薯块。软腐病多在薯块的一端或伤口处先发生，随后迅速侵入内部。受害部分组织软化，表皮呈褐色，破损时有黄色汁液流出，并带有发酵的酒香味。发病后期表皮变为深褐色，带霉酸味。湿度较大时，薯皮表面长出一层灰白色的绵毛，毛上密布小黑点，在干燥情况下，病薯外表完整无霉，但因水分迅速消失，最后成为内部干腐的僵块。

（二）防治措施

适时收获，适时入窖，避免霜害。夏薯应在霜降前后收获，秋薯应在立冬前收完。收薯宜选晴天。防止薯块受冻和破皮，控制好窖内温度和湿度。入窖前精选健薯，必要时用硫黄熏蒸消毒。

三、茎线虫病

红薯茎线虫病又叫空心病，俗称“糠心病”，是红薯生产上的一种毁灭性病害，它为害性强，传播速度快，是国内植物检疫对象之一。该病可为害地下薯块和地上茎蔓，造成烂种死苗，一般可减产10%~50%，严重地块可造成绝产，为红薯三大病害之一。

（一）主要症状

主要为害薯块和茎蔓。苗床期，线虫侵害大田期和贮藏期都能侵染为害，但主要侵染薯块。受害的红薯外皮褐色，发青，有龟裂纹，块轻，有的薯块外表无异样，只是内部糠心。该病不但影响红薯的品质，而且严重影响红薯的产量。

由毁灭茎线虫引起，除为害红薯外，还为害马铃薯、蚕豆、小麦、玉米、蓖麻、小旋花、黄蒿等作物和杂草。

（二）发病规律

红薯茎线虫的卵、幼虫和成虫可以同时存在于薯块上越冬，也可以幼虫和成虫在土壤和肥料内越冬。病原能直接通过表皮或伤口侵入。此病主要以种薯、种苗传播，也可借雨水和农具短距离传播。病原在7℃以上就能产卵并孵化和生长，最适温度25~30℃，最高35℃。湿润、疏松的沙质土利于其活动为害，极端潮湿、干燥的土壤不宜其活动。

（三）防治方法

防治红薯茎线虫病，可采取以下综合措施。

1. 选用抗病品种

即在引种时，应选择适合本地种植的抗病、脱毒优良品种。如适合中原地区种植且抗茎线虫病的优良品种有济薯 10 号、豫薯 13 号、苏薯 8 号等。

2. 培育无病壮苗

每平方米苗床撒施 3%呋喃丹微粒剂 60 克，然后盖土；在种薯上炕前用 52~53℃温水浸种 10 分钟，可杀死种薯表皮下 7 毫米深处的线虫；剪完第二茬苗时，再撒一次涕灭威（施后浇水）或用甲基异柳磷药液泼浇。由于秧苗基部茎线虫多，可采取高剪苗，即采苗后，将秧苗根部剪去 3~5 厘米，然后用 50%辛硫磷或 50%甲基异柳磷 150~200 倍液浸苗 30 分钟。

3. 建立无病留种田

即用无病地块作为留种田，并严格选用种薯、种苗。夏薯要从苗圃采苗或从春薯地剪蔓头栽植在无病地里留作下年作种用。

4. 药剂防治

重病区用甲基异柳磷或辛硫磷 2 000~2 500倍液，在定植秧苗时每穴浇 0. 50 千克；也可用涕灭威颗粒剂或茎线灵颗粒剂，每亩用 1~1. 50 千克，在栽植时穴施，然后浇水。轻病区用甲基异柳磷或辛硫磷 150~200 倍液，在栽植前，将秧苗基部浸蘸 30 分钟，防治效果很好。

5. 消灭虫源

每年育苗，栽植和收获时，要清除病薯块，病苗和病株残体，集中晒干烧掉或煮熟作饲料。病薯皮、洗薯水、饲料残渣、病地土、病苗床土都不要作沤肥原料，若作肥料时要经 50℃以上高温发酵。

6. 轮作倒茬

重病地块应实行轮作，红薯与小麦、玉米、谷子、棉花、烟叶互相轮作，隔3年以上不种红薯，能基本控制茎线虫病的发生为害。

四、根腐病

根腐病亦称烂根病，是一种毁灭性病害。发生在山东、河北、河南、江苏等省，以山东、河南比较普通，为害严重。发病地块轻者减产10%~20%，重者减产40%~50%，甚至成片死亡，造成绝收。

（一）症状

1. 苗床期

发病薯苗叶色浅黄，生长迟缓，须根尖端和中部有黑褐色病斑。出苗较晚，出苗率显著减少。

2. 大田期

根系、薯块和茎叶都有明显症状。

（1）根系。是病菌主要传染部位，开始从吸收根、根尖或中部形成黑褐色病斑，而后大部分根变黑腐烂。地下茎也被感染，形成黑斑，病部多数表皮纵裂，皮下组织发黑疏松。重病根系全部腐烂；病轻者地下茎近土表处仍能生出新根，但多形成紫根，不结薯。有些病株即使结薯，薯块也少而小。

（2）薯块。染病后形成大肠形、葫芦形等畸形薯块，表面生有大小不一的褐色至黑褐色病斑，多呈圆形，稍凹陷，表面初期不破裂，但至中后期即龟裂，易脱落；皮下组织变黑疏松，底部与健组织交界处可形成一层新表皮。贮藏期病斑并不扩展。病薯不硬心，煮食无异味。

（3）茎叶。患病株茎蔓伸长较健株为慢，多分枝，遇日光暴晒呈萎蔫状。入秋气温下降，茎蔓仍能继续生长，但每节叶腋处都会现蕾开花。重病株薯蔓节间缩短，从底叶开始向上，各叶依次色淡发黄，延及全株，叶片皱缩、增厚反卷。遇干旱天气，往往叶片边缘焦枯，提早脱落，蔓的顶端只余 2~3 片嫩叶，终致整株死亡。

（二）传染途径

土壤、土杂肥和病残体是此病的主要传染途径；田间病害的扩展主要靠水流和耕作活动；带病的种薯和薯苗则是远距离传播的主要途径。

1. 土壤传病

根腐病主要靠土壤传染。病菌在土壤中的分布深度，以 0~15 厘米土层菌量最大，发病最重，根系感病指数为 29.0；在 3~45 厘米的土层中感病指数为 8.0。随着土层的加深，菌量逐渐降低，发病程度也随之减轻。

2. 土杂肥传病

病区用病茎、病根、病薯积肥或作饲料；或用粉坊洗下的病薯水、粉渣水喂猪或倒入猪圈，都会使土杂肥带大量的菌。或用病土垫圈也会造成厩肥带菌。

3. 病残体传病

病根、地下病茎以及病薯上，均潜存着大量病菌。每年遗留田间的病株残体，是使土壤菌量积累和加重病害的重要原因。所以，病地随着寄主作物连作年限的延长，发病程度也逐年加重。

4. 种薯和种苗传病

用病薯或在有病苗床（用病土垫床或使用病肥）上育苗，都可使薯苗带菌传病。随着调运病苗，病菌可在无病区繁殖传播，成为疫区。带病种薯和种苗是远距离传播的重要途径。

5. 流水传病

流水携带病菌是根腐病的近距离传播蔓延的主要原因之一。

（三）发病条件

甘薯根腐病发生规律是高温、干旱条件下发病重，夏薯重于春薯，连作地重于轮作地，晚栽重于早栽，沙土瘠薄地重于壤土肥沃地。

1. 温湿度与发病关系

春薯一般在栽后20天到1个月，即5月下旬至8月为发病盛期，9月中旬以后，随着气温下降病情有所减轻。发病温度范围在21~30℃，适宜温度为27℃左右。土壤含水量在10%以下，旱情严重，甘薯长势差，发病重。

2. 品种与发病关系

不同品种抗病程度有明显差异，但未发现免疫品种。有些品种因种植地土壤带菌量的多少、发病条件适宜与否等因素，也有表现出不同的感病或抗病。

3. 连作与发病关系

病地连作年限越长，土壤病残体越多，发病也越重。实践证明，病地实行3~4年轮作，改种花生、谷子、玉米等作物，能有效地控制根腐病。

4. 不同栽苗期与发病的关系

不同栽插期发病的程度不同。适期早栽，发病较轻；一般夏薯发病重于春薯。

（四）防治方法

1. 选用抗病良种

选用抗病良种是防治根腐病的经济有效措施，但品种的抗病性有随栽植年限的延长而逐年降低的趋势，因此，在病区注意年年选优留种，不断更新。

2. 培育壮苗，适时早栽，加强田间管理

实践证明，早栽、早管、促早发能增强红薯的抗病力。春薯育苗，要选用无病种薯，做到早育壮苗，保证适时早栽。麦收前锄 2~3 遍，灭草保墒。发病盛期前（5 月下旬至 6 月上旬）普遍灌一次水，遇天气干旱还应及时浇灌。夏薯在麦收后力争早栽，栽前浇好造墒水，栽后半月左右，如干旱无雨，须再灌一次。

3. 深翻改土，增施净肥

根腐病菌主要集中在 0~25 厘米的土层里。对重病田实行深耕翻，以生压熟，并增施无菌有机肥料，可减少土壤耕作层的菌量，增强甘薯抗病能力。

4. 轮作换茬

实践证明，连作地发病重于轮作地，实行红薯与花生、芝麻、棉花、玉米等轮作，有较好的防病保产作用。轮作年限要以发病程度而定，重病地轮作年限应在 3 年以上。

5. 清洁地块，防治病害蔓延

平时将田间病株就地收集，深埋或烧毁。收获时，对病薯、病拐以及病地的藤蔓，应进行妥善处理。病薯、病拐须进行切碎煮熟后方可充作饲料，严禁随地乱丢或沤肥。病地的土壤不用作垫圈土。此外，对地势高低不同的发病田块，要修好水沟，以防病菌随雨水自然漫流，扩散传播。

五、红薯大象甲

幼虫：乳白色，体形前窄后肥大，向腹面弯曲，老熟幼虫 14.5~16.5 毫米。蛹：长卵形，8~11 毫米，淡黄褐色，臀部有刺突一对。主要为害红薯、马铃薯、柑橘、大豆、向日葵等。

防治措施如下。

1. 农业防治

早春清除田间残株及田边杂草，减少虫源。

2. 化学防治

用 40%乐果乳油或 50%杀螟松乳油或 90%晶体敌百虫 800~1 000倍液或用 50%甲胺磷乳油1 000~2 000倍液浸种苗，浸后立即取出，阴干后扦插。另外用40%乐果乳油1 000~1 500倍液或用50%倍硫磷乳油1 000~2 000倍液喷雾，每亩喷药液75千克。

常用药剂：乐果乳油、杀螟松乳油、晶体敌百虫、乐果乳油。

六、红薯天蛾

红薯天蛾，为鳞翅目，天蛾科虾壳天蛾属的一种昆虫，主要为害扁豆、赤豆、甘薯。初孵幼虫潜入未展开的嫩叶内啮害，有的吐丝把薯叶卷成小虫苞匿居其中啃食，受害叶留下表皮，严重的无法展开即枯死，轻者叶皱缩或叶脉基部遗留食痕，也有的食成缺刻或孔洞。影响作物生长发育。在华北、华东等地区为害日趋严重。

防治办法：必要时喷洒30%克虫神乳油1 500倍液、2.5%溴氰菊酯乳油2 000倍液或Bt乳剂600倍液，防效优于辛硫磷、马拉硫磷及敌敌畏。

第五节 红薯安全储存技术

一、窖藏准备

（一）薯窖处理

红薯入窖前，旧窖洞去除陈旧壁土，以见新土为准，如果窖内比较干燥，可泼几桶清水，以保持窖内湿润。存放红薯前要用50%多菌灵可湿粉剂1 000倍液或25%红薯保鲜剂500倍液均匀喷洒地窖，以达到杀菌消毒的目的。

（二）适时收获

红薯收获时期的早晚，对红薯产量、安全贮藏和加工利用，都有密切关系。红薯属无性繁殖体，没有明显的成熟期，只要气候适宜，就能继续生长。所以收获过早，产量就会降低，收获过晚，又易受冻害。因此，各地应根据当地的气候特点，确定收获期，一般收获期的气温在15℃，在不低于10℃时收获结束。一般先收留种红薯，再收一般红薯。留种或鲜食贮藏的红薯，应在“霜降”前收刨入窖。

二、贮藏方式

（一）井窖

井窖的优点是保温、保湿性能好，占地少，投资少，适合小规模贮藏。缺点是贮存量小，出入不便，通风换气性差，有时缺氧会造成人员死亡。井窖的深度一般为4~6米，一个井窖可贮藏1万千克左右，冬季可以通过调节井口和通风孔的覆盖来保持合适温度。

（二）棚窖

选择背风向阳的地方，在户外挖窖，深2米，宽1.5米，长度随贮量而定，用竹木和秸秆棚顶，表层加盖土和塑料薄膜保温，重点解决保温问题。窖的南端留出入口，北端设高出窖顶的通风孔。红薯入窖以后，及时查看窖内温度，通过调节窖口和通风孔的大小来调节温度。

（三）砖拱窖

特点是坚固耐用，利用年限长，保温性能好，贮存量大，砖的吸水性，调节湿度不滴水。一般南北建造呈非字形，中间是走廊，两边是贮藏室。阳面开门，四周和顶上覆盖土不少于1.5米。窖顶和四周墙上有通风孔，前期利于降温、散湿，后期有利于保温、防冻。只要管理得当，一般不需要加温即可安全贮藏越冬。

（四）大室窖

大室窖可以对红薯进行高温愈伤处理，杀灭病菌，对种薯有催芽作用。它需要快速升温和及时通风降温的设施条件，保温性能要好，加温设备可以用炉灶或电热炉加温，窗口加排风机。窖内要留出1米通道，地面用砖架起，上面铺秸秆或木条，在上面堆放红薯。薯堆边不靠墙，底不着地，薯堆高度低于窗口，以利于通风。高温愈合处理采用30℃温度处理5~8天，升温要快，20~30℃阶段持续不能太长，否则对黑斑病发展有利。薯堆间温度差不能过大，否则灭菌不彻底，最高温度不超过40℃。温度达到34~37℃保持4昼夜，并保持通风，避免缺氧。保温结束后，及时降温，1~2天降到15℃以下，窖内温度不低于10℃。

三、贮藏方法

红薯搬运入窖时应轻拿轻放，注意不要损坏薯皮，并按大小分级堆放以方便倒窖。窖内装放红薯一般以占窖空间70%左右为宜。

（1）入窖前药剂浸薯块。入窖前可用25%红薯防腐保鲜剂200倍液或50%甲基托布津可湿粉500倍液或50%多菌灵可湿粉400倍液浸薯块10分钟，稍加晾干即可入窖。药液可反复使用2~3次。

（2）每存80~100千克红薯，用25%红薯保鲜剂（每包一般25克，可保鲜红薯500千克左右）稀释液均匀喷洒一遍。

四、窖藏管理

应掌握前期通气降温、中期保温防寒、后期平稳窖温3个原则。

（一）贮藏初期

红薯入窖初期以降温散热为主。红薯在入窖后20天内，温度高，湿度大，常发生“发汗”现象，使薯块造成湿害。此期如果温度超过 20℃，薯块容易发芽，消耗养分，且能导致腐烂，发生软腐病。因此这一时期的管理应注意不要过早封窖口，以通风、散湿、降温为主，可在薯堆上覆盖一层干草，必要时利用排风扇进行排风降温，应使窖温不超过 15℃，相对湿度不超过 90%，具体做法是：打开门窗及通风孔降温降湿，外界气温高时夜开昼闭，必要时用通风扇强制通风。随着气温降低，门窗可以日开夜闭，使温度保持在 14~15℃，如果白天气温高于 18℃或晚间低于 10℃，应注意把窖门盖好。

（二）贮藏中期

红薯入窖后 20 天到翌年 2 月上旬为中期。窖温稳定在 14℃时，应关闭门窗和气眼，还可覆盖土或草以加厚窖顶，薯堆上盖一层草，以利保温。进入寒冬季节，薯块生理活性减弱，呼吸趋缓，窖内温度和湿度变化速度减慢。随着气温的下降，窖内温度也相应降低，要保证窖内适宜的温湿度。这时应及时封窖，使窖温最好控制在 12~14℃，窖内温度低于 9℃时间过长，易造成生理冻害，蒸煮时硬心。受冻后正常代谢受到干扰，抗病力减弱，低温性病菌乘虚而入，温度上升时迅速腐烂。相对湿度保持在 85%左右，湿度低于 80%时，开始失水，出现干缩糠心现象；若过分潮湿，窖顶滴水落在薯块上，导致薯块腐烂。随着气温下降到 13℃时，薯堆加盖 15~20 厘米厚的草帘保温、保湿。若窖内湿度较小，可在通道上喷水、设置水盆，井窖中设置水坑降低湿度。

（三）贮藏后期

立春以后，薯窖外气温逐渐回升并经常有寒流发生，气候多变，而薯块经长时间贮藏，呼吸强度更加微弱，对外界条件的抵抗力下降，极易发生腐烂病。此期的管理应及时打开窖口通风换气，稳定窖温、降低窖内温度湿度。根据天气变化，即要通风散热，又要保持窖温在 11~13℃。在此期间要注意：一是勤检查，发现烂薯及时剔除；二是下井窖前一定要点灯试验，如火不灭，才能进窖。如果窖内温度偏高湿度过大，应撤去草帘，晴天中午打开门窗、气眼通风散湿，傍晚要及时关闭。

第五章　花生优质高产栽培技术

第一节　高产优质花生新品种及栽培技术要点

一、豫花 9327

审定编号：

豫审花 2003001

品种来源：

郑 8710-11×郑 86036-19

特征特性：

属直立疏枝型，生育期 110 天左右，连续开花，荚果发育充分，饱果率高，幼茎颜色绿色，茎色绿色，主茎高 33~40 厘米，叶片椭圆形，叶色灰绿色，较大，结果枝数 6~8 条，荚果类型斧头形，前室小，后室大，果嘴略锐，网纹粗、浅，结果数每株 20~30 个，百果重 170 克，出仁率 70.4%，籽仁三角形，种皮颜色粉红色，种皮表面光滑，百仁重 72 克。

产量表现：

2000 年参加河南省区域试验，平均亩产荚果 214.72 千克，亩产籽仁 147.72 千克，比对照豫花 6 号增产 19.19% 和 13.94%，2001 年续试，平均亩产荚果 262.47 千克，亩产籽仁

190.02千克，比对照豫花6号增产14.86%和11.55%，2002年生产试验，平均亩产荚果282.6千克，亩产籽仁210.3千克，分别比对照种豫花6号增产13.4%和11.7%。

栽培要点：

（1）播期。6月10日以前，每亩12 000穴左右，每穴两粒，根据土壤肥力高低可适当增减。

（2）田间管理。播种前施足底肥，苗期要及早追肥，生育前期及中期以促为主，花针期切忌干旱，生育后期注意养根护叶，及时收获。

种植区域：

适宜河南省各地种植。

二、豫花9326

审定编号：

豫审花2007005

品种来源：

豫花7号×郑86036-19

特征特性：

属直立疏枝型，生育期130天左右。叶片浓绿色、椭圆形、较大；连续开花，株高39.6厘米等特点。直立疏枝，生育期130天左右。叶片浓绿色、椭圆形、较大；连续开花，株高39.6厘米，侧枝长42.9厘米，总分枝8~9条，结果枝7~8条，单株结果数10~20个；荚果为普通型，果嘴锐，网纹粗深，籽仁椭圆型、粉红色，百果重213.1克，百仁重88克，出仁率70%左右。

产量表现：

2002年全国北方区域试验，平均亩产荚果301.71千克、籽仁 211.5 千克，分别比对照鲁花 11 号增产 5.16%和 0.92%，荚果、籽仁分别居 9 个参试品种第 2、4 位；2003 年继试，平均亩产荚果 272.1 千克、籽仁 189.1 千克，分别比对照鲁花 11 号增产 7.59%和 7.43%，荚果、籽仁分别居 9 个参试品种第 2、3 位；2004 年全国北方区花生生产试验，平均亩产荚果 308.0 千克，籽仁 212.8 千克，分别比对照鲁花 11 号增产 12.7%和 11.2%，荚果、籽仁分别居 3 个参试品种的第 1、2 位。

2006 年河南省麦套组生产试验，平均亩产荚果 280.81 千克、籽仁 192.73 千克，分别比对照豫花 11 号增产 8.59%和 5.65%，荚果、籽仁分别居 7 个参试品种第 2、4 位。

抗病鉴定：

2003—2004 年河南省农业科学院植物保护研究所抗性鉴定：网斑病发病级别为 0~2 级，抗网斑病（按 0~4 级标准）；叶斑病发病级别为 2~3 级，抗叶斑病（按 1~9 级标准）；锈病发病级别为 1~2 级（按 1~9 级标准），高抗锈病；病毒病发病级别为 2 级以下，抗病毒病。

栽培要点：

（1）播期。麦垄套种 5 月 20 日左右；春播在 4 月下旬或 5 月上旬。

（2）密度。10 000穴/亩左右，每穴两粒，高肥水地可种植 9 000/亩穴左右，旱薄地可增加到 1 1 000穴/亩左右。

（3）看苗管理，促控结合。麦收后要及时中耕灭茬，早追肥（每亩尿素 15 千克），促苗早发；高产田块要抓好化控措施，在盛花后期或植株长到 35 厘米以上时喷施 100 毫克/千克的多效唑，防旺长倒伏；后期应注意旱浇涝排，适时进行根外追肥，补充营养，促进果实发育充实。

种植区域：

适宜河南省各地种植。

三、豫花 9719

审定编号：

豫审花 2009001

品种来源：

豫花 9 号×为郑 8903

特征特性：

属直立疏枝型，生育期 120 天左右。连续开花，一般株高 46.7 厘米，总分枝 7.4 条，结果枝 6.1 条，单株饱果数 8.8 个；荚果为普通型，果嘴钝，网纹粗、深，缩缢浅，百果重 261.2 克；籽仁为椭圆形、粉红色，有光泽，百仁重 103.5 克，出仁率 68%。

抗病鉴定：

2006 年河南省农业科学院植物保护研究所鉴定：高抗病毒病（发病率 10%），高抗锈病（发病级别 3 级）；抗根腐病（发病率 12%），抗网斑病（发病级别 2 级）；中抗叶斑病（发病级别 4 级）。

2007 年河南省农业科学院植物保护研究所鉴定：高抗锈病（发病级别 3 级）；抗病毒病（发病率 21%），抗根腐病（发病率 15%），抗网斑病（发病级别 2 级）；抗叶斑病（发病级别 4 级）。

产量表现：

2006 年麦套区域试验，平均亩产荚果 327.3 千克，比对照豫花 11 号增产 12.4%；平均亩产籽仁 222.2 千克，比对照豫花 11 号增产 3.3%。2007 年续试，平均亩产荚果 286.7 千克，比对照豫花 11 号增产 12.7%；平均亩产籽仁 191.5 千克，比对照豫花 11 号增产 9.0%。

2008 年省麦套生产试验，平均亩产荚果 268. 1 千克，比对照豫花 11 号增产 10. 2%；平均亩产籽仁 189. 1 千克，比对照豫花 11 号增产 7. 8%。

栽培要点：

（1）播期和密度。麦垄套种在 5 月 20 日左右；春播在 4 月下旬或 5 月上旬。每亩10 000穴左右，每穴两粒，高肥水地可适当降低种植密度，旱薄地应适当增加种植密度。

（2）田间管理。麦收后要及时中耕灭茬，早追肥（每亩尿素 15 千克），促苗早发；中期高产田块要抓好化控措施，在盛花后期或植株长到 35 厘米以上时喷施 100 毫克/千克的多效唑，防旺长倒伏；后期应注意旱浇涝排，适时进行根外追肥，补充营养，促进果实发育充实。

种植区域：

适宜河南省花生产区种植。

四、远杂 9847

审定编号：

豫审花 2010006

特征特性：

属直立疏枝型品种，夏播生育期 110 天左右。连续开花；主茎高 44. 6 厘米，侧枝长 46. 1 厘米，总分枝 7. 7 条，结果枝 6. 2 条，单株饱果数 10. 2 个；叶片绿色、椭圆形、中大；荚果普通形，果嘴锐，网纹粗、稍深，缩缢较浅，果皮硬，百果重 174. 2 克，饱果率 80. 3%；籽仁椭圆形，种皮粉红色，有光泽，百仁重 68. 2 克，出仁率 68. 5%。

抗病鉴定：

2007 年河南省农业科学院植物保护研究所鉴定：高抗网斑

病（发病级别1级）、锈病（发病级别2级），抗叶斑病（发病级别4级）、病毒病（发病率22%）、根腐病（发病率13%）。

2008年河南省农业科学院植物保护研究所鉴定：高抗网斑病（发病级别1级），抗叶斑病（发病级别4级）、病毒病（发病率20%）、锈病（发病级别4级）、根腐病（发病率20%）。

栽培要点：

（1）播期和密度。麦垄套种在麦收前15天、夏播在6月10日前播种较为适宜；每亩10 000~12 000穴，每穴两粒，根据土壤肥力高低和种植方式可适当增减。

（2）田间管理。播种前施足底肥，麦垄套种花生苗期要及早追肥，生育前期及中期以促为主，注意防治病虫害，花针期切忌干旱，生育后期注意养根护叶，及时收获。

种植区域：

适宜河南省、山东省、江苏省、安徽省、河北省、湖北省等大花生种植区各地种植。

五、开农61

审定编号：

豫审花2012001

品种来源：

开农30×开选01-6

特征特性：

属普通型中熟品种，直立疏枝型，较松散，麦套生育期126天。一般主茎高39.1厘米，侧枝长46.6厘米，总分枝9.6个，结果枝7个，单株饱果数13.4个；叶片淡绿色、长椭圆形、中等大小；荚果普通形，果嘴钝、不明显，网纹细、稍浅，缩缢浅，百果重206.9克，饱果率83.9%；籽仁椭圆形，种皮粉红色，百仁重 83.2 克，出仁率 69.8%。

抗病鉴定：

2009 年、2010 两年经河南省农业科学院植物保护研究所鉴定：2009 年感网斑病（3 级），中抗叶斑病（5 级），中抗锈病（4 级），中抗病毒病（发病率 25%），感根腐病（发病率 27%）；2010 年抗网斑病（2 级），中抗叶斑病（5 级），中抗病毒病（发病率 24%），感根腐病（发病率 25%）。

产量表现：

2009 年省麦套花生品种区域试验，9 点汇总，荚果 3 增 6 减，平均亩产荚果 317.4 千克、籽仁 226.6 千克，分别比对照豫花 15 号增产 1.4%和 1.4%，均居 8 个参试品种第 2 位，荚果比对照增产不显著；2010 年续试，7 点汇总，荚果 5 增 2 减，平均亩产荚果 323.4 千克，籽仁 222.4 千克，分别比对照豫花 15 号增产 2.5%和 1.8%，均居 14 个参试品种第 3 位，荚果比对照增产不显著。

2011 年省生产试验，7 点汇总，荚果 5 增 2 减，平均亩产荚果 298.5 千克，籽仁 209 千克，分别比对照豫花 15 号增产 1.7%和 0.1%，均居 5 个参试品种第 4 位。

栽培要点：

（1）播期和密度。春播种植在 4 月 10—25 日播种，每亩 9 000~10 000穴，每穴 2 粒；麦垄套种应于 5 月 15—20 日（麦收前 10~15 天）播种，每亩10 000~11 000穴，每穴 2 粒。

（2）田间管理。基肥以农家肥和氮、磷、钾复合肥为主，辅以微量元素肥料。初花期可酌情追施尿素或硝酸磷肥 10~15 千克/亩。并视田间干旱情况及时浇水；注意防治蚜虫、棉铃虫、蛴螬等害虫为害。生育后期，注意防治叶斑病；及时收获，以免影响花生产量和品质。

种植区域：

适宜河南省各地春、夏播种植。

六、豫花 22

审定编号：

豫审花 2012006

品种来源：

郑 9520 F3×豫花 15 号

特征特性：

属直立疏枝型品种，连续开花，夏播生育期 113 天左右。一般主茎高 43 厘米，侧枝长 44 厘米，总分枝 7 个，结果枝 6 个，单株饱果数 10 个；叶片浓绿色、椭圆形、中等大小；荚果为茧形，果嘴钝，网纹细、稍深，缩缢浅，百果重 189.7 克，饱果率 79.3%；籽仁桃形，种皮粉红色，有光泽，百仁重 81.6 克，出仁率 72%。

抗病鉴定：

2009 年、2010 两年经河南省农业科学院植物保护研究所鉴定：2009 年抗网斑病（2 级），中抗叶斑病（5 级），中抗锈病（5 级），中抗病毒病（发病率 22%），抗根腐病（发病率 19%）；2010 年感网斑病（3 级），中抗叶斑病（5 级），中抗病毒病（发病率 24%），抗根腐病（发病率 18%）。

产量表现：

2009 年省珍珠豆型花生品种区域试验，9 点汇总，荚果全部增产，平均亩产荚果 329.8 千克、籽仁 240.3 千克，分别比对照豫花 14 号增产 16.8%和 13.9%，分居 12 个参试品种第 1、2 位，荚果比对照增产极显著；2010 年续试，7 点汇总，荚果全部增产，平均亩产荚果 304.1 千克、籽仁 216.5 千克，分别比对照豫花 14 号增产 15.2%和 8.7%，分居 13 个参试品种第 1、4 位，荚果比对照增产达极显著。

2011 年省生产试验，7 点汇总，荚果全部增产，平均亩产荚果 290.6 千克、籽仁 212.9 千克，分别比对照远杂 9102 增产 10.6%和 7.5%，均居 6 个参试品种第 4 位。

栽培要点：

（1）播期和密度。6 月 10 日左右；每亩 12 000~14 000穴，每穴两粒，根据土壤肥力高低可适当增减。

（2）田间管理。播种前施足底肥，为赶农时若来不及施底肥，苗期要及早追肥，生育前期及中期以促为主，花针期切忌干旱，生育后期注意养根护叶，即福达前促，中控，后保管理方案，及时收获。

种植区域：

适宜河南省各地春、夏播种植。

七、开农 176

审定编号：

豫审花 2013002

品种来源：

开农 30×开选 016

特征特性：

属直立疏枝大果品种，连续开花，生育期 126 天左右。一般主茎高 40.6 厘米，侧枝长 45.8 厘米，总分枝 8.6 条；平均结果枝 6.8 条，单株饱果数 10.9 个；叶片深绿色、椭圆形、中；荚果为普通形，果嘴钝，网纹浅，缩缢较明显，平均百果重 231.2 克；籽仁椭圆形、种皮粉红色，平均百仁重 87.5 克，出仁率 69.6%。

抗病鉴定：

2010 年、2011 两年经山东花生研究所鉴定：2010 年抗网斑病（相对抗病指数 0.67），感黑斑病（相对抗病指数 0.29）；2011 年感黑斑病（相对抗病指数 0.22）。

产量表现：

2010 年全国北方片花生新品种区域试验大粒三组，15 点汇总，荚果 14 增 1 减，平均亩产荚果 295.0 千克、籽仁 200.0 千克，荚果分别比对照鲁花 11 号和花育 19 号增产 10.55% 和 7.40%，籽仁比对照分别增产 6.20% 和 2.90%，荚果增产达极显著水平，荚果、籽仁分居 12 个参试品种的第 1 位和第 3 位；2011 年续试（大粒一组），16 点汇总，荚果全部增产，平均亩产荚果 293.95 千克，籽仁 196.3 千克，荚果、籽仁分别比对照花育 19 号增产 8.49% 和 3.71%，荚果增产达极显著水平。荚果、籽仁分居 13 个参试品种的第 5 位和第 11 位。

2012 年河南省麦套花生生产试验，7 点汇总，荚果、籽仁 6 增 1 减，平均亩产荚果 402.95 千克、籽仁 289.52 千克，分别比对照豫花 15 号增产 9.39% 和 8.27%，荚果、籽仁均居 5 个参试品种第 3、4 位。

栽培要点：

（1）播期和密度。春播 4 月中下旬播种，每亩 9 000穴左右；麦垄套种于麦收前 10～15 天播种，每亩10 000～11 000穴。每穴 2 粒。

（2）田间管理。看苗管理，促控结合。初花期酌情追施尿素或硝酸磷肥；连续干旱时，及时灌溉，补充土壤水分；高水肥地块或雨水充足年份要控制旺长，通过盛花期喷洒植物生长调节剂，将株高控制在 35～40 厘米；注意防治病虫害，及时收获。

种植区域：

适宜河南各地大花生产区种植。

八、开农 1715

审定编号：

豫审花 2014002

品种来源：

开农 30/开选 01-6

特征特性：

属直立疏枝型，连续开花，生育期 122～123 天。主茎高 35.7～38.6 厘米，侧枝长 40.8～42.8 厘米，总分枝 7.1～7.6 条；结果枝 6.3～6.5 条，单株饱果数 10.8～11.2 个；叶片深绿、长椭圆形；荚果普通型，果嘴无，网纹浅、缩缢浅，百果重 194.7～214.9 克；籽仁椭圆形、种皮粉红色，百仁重 74.6～84.1 克，出仁率 67.5%～72.6%。

抗病鉴定：

2011 年经山东花生研究所鉴定：中抗网斑病（相对抗病指数 0.40），易感黑斑病（相对抗病指数 0.24）；2012 年鉴定：中抗网斑病（相对抗病指数 0.48），易感黑斑病（相对抗病指数 0.27）。

产量表现：

2011 年国家北方区小花生区域试验，15 点汇总，荚果 12 点增产，3 点减产，平均亩产荚果 250.0 千克，籽仁 169.4 千克，分别比对照花育 20 号增产 11.2%和 1.7%，荚果增产极显著，荚果、籽仁分居 13 个参试品种第 4、8 位。2012 年续试，15 点汇总，荚果全部增产，平均亩产荚果 325.9 千克，籽仁 219.0 千克，分别比对照花育 20 号增产 24.4%和 12.6%，荚果增产极显著，荚果、籽仁分居 6 个参试品种的第 1、2 位。

2013 年河南省麦套花生生产试验，7 点汇总，荚果全部增产，籽仁 5 点增产，2 点减产，平均亩产荚果 386.7 千克、籽仁 265.6 千克，分别比对照豫花 15 号增产 7.5% 和 4.3%，荚果、籽仁分居 7 个参试品种的第 5、4 位。

栽培要点：

（1）播期与密度。春播 4 月中下旬播种，每亩10 000穴左右；麦套 5 月上中旬播种，每亩11 000穴。

（2）田间管理。基肥以农家肥和氮、磷、钾复合肥为主，辅以微量元素肥料，初花期酌情追施尿素或硝酸磷肥；干旱时酌情浇水；化学调控，高水肥地块或雨水充足年份要控制旺长，通过盛花期喷洒植物生长调节剂，将株高控制在 35~40 厘米；病虫害防治，注意防治蚜虫、棉铃虫、蛴螬等害虫为害。

种植区域：

适宜河南各地春播和麦套种植。

九、开农 71

审定编号：

豫审花 2015002

品种来源：

开农 30/开选 01-6

特征特性：

属普通型品种，生育期 114~115 天。疏枝直立。主茎高 41.2~48.4 厘米，侧枝长 44.5~50.5 厘米，总分枝 7.5~8.4 条，结果枝 5.9~7.1 条，单株饱果数 8.2~11.9 个。叶片绿色、长椭圆形；荚果普通形，果嘴不明显，网纹细、较深，缩缢稍浅。百果重 184.2~193.2 克，饱果率 81.1%~83.2%；籽仁椭圆形、种皮粉红色，百仁重 72. 6~81. 8 克，出仁率 70. 2%~71. 4%。

抗病鉴定：

2012 年经河南省农业科学院植物保护研究所鉴定：高抗叶斑病，抗网斑病、根腐病，中抗病毒病；2013 年鉴定：抗茎腐病，中抗叶斑病，感网斑病、锈病。

产量表现：

2012 年河南省夏直播花生品种区域试验，7 点汇总，荚果 3 点增产 4 点减产，平均亩产荚果 321. 7 千克、籽仁 230. 8 千克，分别比对照豫花 9327 减产 2. 1%和 3. 8%；2013 年续试，9 点汇总，荚果 4 点增产 5 点减产，平均亩产荚果 300. 4 千克、籽仁 210. 8 千克，分别比对照豫花 9327 减产 5. 5%和 6. 9%，荚果减产极显著。

2014 年河南省夏播花生品种生产试验，7 点汇总，荚果 6 点增产，平均亩产荚果 351. 6 千克、籽仁 251. 2 千克，分别比对照豫花 9327 增产 6. 1%和 7. 9%。

栽培要点：

（1）播期和密度。麦垄套种 5 月 10—20 日播种，每亩 10 000~11 000穴；夏直播 6 月 10 日前播种；每亩 11 000~12 000穴；每穴 2 粒。

（2）田间管理。基肥以农家肥和氮、磷、钾复合肥为主，辅以微量元素肥料。初花期可酌情追施尿素或硝酸磷肥 10~15 千克/亩。苗期一般不浇水，花针期、结荚期干旱时及时浇水。高水肥地块或雨水充足年份要控制旺长，通过盛花期喷洒植物生长调节剂，将株高控制在 45 厘米左右。注意防治叶斑病、网斑病、蚜虫、蛴螬等病虫害，及时收获、晒干储存。

种植区域：

适宜河南夏播花生种植区域种植。

十、豫花 37

审定编号：

豫审花 2015011

品种来源：

海花 1 号/开农选 01-6

特征特性：

主茎高 47.4~52 厘米，侧枝长 52~57 厘米，总分枝 7.9~8.6 个，结果枝 6.1~6.9 个，单株饱果数 8.5~11.1 个。叶片黄绿色、椭圆形，荚果茧形，果嘴钝，网纹细、浅，缩缢浅。百果重 169~189.9 克，饱果率 77.5%~81.3%；籽仁桃形，种皮粉色，百仁重 67.2~71.5 克，出仁率 70.3%~73%。

抗病鉴定：

2012 年经河南省农业科学院植物保护研究所鉴定：抗网斑病、根腐病，中抗叶斑病、病毒病；2013 年鉴定：抗茎腐病，高抗网斑病，中抗叶斑病，感锈病。

产量表现：

2012 年河南省珍珠豆型花生品种区域试验，9 点汇总，荚果 7 点增产，2 点减产，平均亩产荚果 319.9 千克、籽仁 229.0 千克，分别比对照远杂 9102 增产 5.6%和减产 1.9%，荚果增产极显著；2013 年续试，9 点汇总，荚果 3 点增产，6 点减产，平均亩产荚果 291.2 千克、籽仁 204.9 千克，分别比对照远杂 9102 减产 0.4%和 5.9%，荚果减产不显著。2014 年河南省珍珠豆型花生品种生产试验，6 点汇总，荚果全部增产，平均亩产荚果 339.0 千克、籽仁 247.3 千克，分别比对照远杂 9102 增产 10.8%和 8.6%。

栽培要点：

（1）播期和密度。夏播在 6 月 10 日前播种；每亩10 000～11 000穴，每穴两粒。

（2）田间管理。播种前施足底肥，苗期要及早追肥，前期以促为主，中期注意控制株高防止倒伏，花针期切忌干旱，生育后期注意养根护叶，成熟时及时收获。

种植区域：

适宜河南春、夏播珍珠豆型花生种植区域种植。

第二节　花生的类型及栽培方式

一、花生栽培品种的几种类型

以品种类型的农艺学综合性状的一致性为基础，将中国花生栽培品种分为 5 个类型。

（一）普通型

主茎上完全是营养芽。第一次与第二次侧枝上营养枝与生殖枝交替着生。荚果普通形而大部分均有果嘴，无龙骨，荚壳表面平滑，壳较厚，可见明显的网状脉纹，典型的双仁荚果。种子椭圆形，种皮多粉红色。生育期较长，多为晚熟或极晚熟品种。种子发芽对温度的要求较高，休眠期较长。耐肥性较强，适于水分充足、肥沃的土壤栽培。

（二）龙生型

主茎上完全是营养枝，第一次和第二次分枝上营养芽与生殖芽更迭交替。几乎全是蔓生的，侧枝偃卧地面上，主茎明显可见。荚果龙骨和喙均甚明显，荚果的横断面呈扁圆形，脉纹明显，荚壳较薄，有腰，以多仁荚果为主，果柄脆弱，容易落果。种子椭圆形，种皮暗涩。

（三）珍珠豆型

主茎上除基部为营养枝外，第一次侧枝的第一节通常均为营养枝，茎枝比较粗壮。荚果茧状或葫芦状，典型的2仁荚果，果壳薄，有喙或无喙，有腰或无腰，荚果脉纹网状种子圆形，由于胚尖略有凸起而多呈桃形，种皮以白粉色为主，有光泽，均为小粒或中小粒品种。耐旱性较强，对叶部病害抗性较差。种子休眠性较弱，休眠期短。种子发芽对温度的要求较低，所以适于早播。

（四）多粒型

主茎上除基部的营养枝外，各节均有花枝，节间较短，分枝少，只有5~6条第一次分枝，很少生有第二次侧枝，是典型的连续开花型。荚果以多粒为主，2仁荚果亦占有一定比例，果壳厚，脉纹平滑和显著，果喙不明显，果腰不明显。种皮大多为红色或红紫色，个别品种为白色，均为小粒或中小粒品种。种子休眠性较弱，休眠期短。种子发芽对温度的要求最低，该类型品种大多为早熟或极早熟品种。

（五）中间型

有两大特点，一是连续开花、连续分枝，开花量大，受精率高，双仁果和饱果指数高，荚果普通型或葫芦型，果型大或偏大，网纹浅，种皮粉红，出仁率高。株型直立，分枝少，叶片小或中等。中熟或早熟偏晚。种子休眠性中等。二是适应性广。

二、花生深耕改土轮作优势

（一）适时早耕

要是深耕当年见效，必须早耕，以利于土壤充分熟化。以秋末冬初深耕效果好。

（二）掌握适宜深度

深耕条件下的花生，其根系95%以上集中分布在0~30厘米的土层内，若耕翻过深，生土翻到上层过多，就会影响花生出苗和生长发育。

（三）深耕要不乱土层

深耕打乱土层，生土翻上过多，当年熟化不透，影响花生出苗和生长发育，达不到增产的目的，因此，深耕要注意熟土在上，生土在下；机械深耕要在犁铧下带松土铲，以达到上翻下松、不乱土层的要求。

（四）结合增施有机肥

增施有机肥，不仅可以直接为花生提供养分，同时也为土壤微生物提供良好的营养和生活条件，促进微生物的活动，加快有机质分解和土壤熟化，调节水肥气热的供应，进一步改善土壤肥力状况。

（五）花生与其他作物轮作能够增产

主要原因：一是提高土壤肥力。花生与禾本科作物、甘薯、蔬菜等轮作，由于需肥特点不同，更能充分利用土壤中的营养，实现营养成分吸收利用互补，同时花生根瘤菌固氮，收获后增加土壤中的氮素营养。二是改善土壤理化性状。不同的作物轮作，对土壤理化性状有良好的影响。花生根系较深，能把土壤中的钙集聚于土壤表层，增强土壤团粒结构；禾本科作物的根系较浅能使土壤的孔隙度增加，促进微生物的分解，增加有效成分。三是减少杂草和病虫害，任何病虫和杂草都必须在适宜的寄主或共栖环境下才能生活繁衍，轮作不同种属的作物后，使病虫失去寄主，杂草没有共栖的环境，因而病虫和杂草的数量大大减少，甚至死亡，减轻为害。

（六）花生的轮作方式

花生宜与禾本科作物以及甘薯、蔬菜等轮作，主要有一年两熟轮作、一年一熟隔年轮作、两年三熟轮作、两年四熟轮作及三年五熟轮作。主要方式如下。

1. 春花生—冬小麦—夏玉米（或夏甘薯等其他夏播作物）

目前已是黄河流域、山东丘陵、华北平原等温暖带花生产区的主要轮作方式。春花生种植于冬闲地，可以适时早播，覆膜栽培，产量高而稳定。冬小麦在春花生收获后播种，使小麦成为早茬或中茬。

2. 冬小麦—花生—春玉米（春甘薯、春高粱等）

在黄淮平原等气温较高无霜期较长的地区多采用这种方式，该方式能充分利用光、热等自然条件，使粮食和花生均能获得高产。

3. 冬小麦—夏花生—冬小麦—夏玉米（夏甘薯等其他夏播作物）

该方式已成为气温较高、无霜期较长地区的主要轮作方式，只要栽培技术得当，可以获得粮食和花生双丰收。

4. 油菜（豌豆或大麦）—花生—冬小麦—夏甘薯（夏玉米）

三、水分对花生的影响

花生的耗水量远较玉米、小麦、棉花等作物为少，因为花生同高粱和谷子一样被称为“作物界的骆驼”，是耐旱性较强的作物。其耐旱性主要表现在 4 个方面：一是花生的根系发达，吸水能力比较强；二是干旱时花生叶片的气孔并不完全关闭，即使在叶片已经萎蔫时，仍保持一定的光合能力；三是具有较强的恢复能力，在干旱时，花生的生长虽然受阻，水分供应一旦恢复正常，其生长可以很快恢复甚至超过原来的水平；四是在前一期经过适度的干旱后，在下一期再遇干旱时，表现出明显的干旱适应能力，抗旱性进一步增强。

花生每生产 1 千克干物质，需耗水 450 千克左右（包括叶片蒸腾和地面蒸发两部分），据此测算，亩产 300 千克花生荚果，需水量约计 270 立方米。但花生耗水量的大小与田间群体大小、品种类型、当地太阳辐射能总量、气温、相对湿度、风速、土壤质地及栽培措施等都有密切关系。据测定结果，北方春播普通型晚熟大花生亩产量为 150~175 千克时，全生育期耗水量为 210~230 立方米；当亩产量增加至 250 千克以上时，耗水量约 290 立方米；珍珠豆型早熟种生育期短，单位面积耗水量一般比较少，当亩产量3 000千克时，全生育期耗水量为 120~150 立方米。而现在我国广泛种植的中熟大花生，其耗水量则介于普通型晚熟大花生和珍珠豆型早熟小花生之间，亩产 250 千克时的耗水量为 230~250 立方米。

第三节　花生地膜覆盖栽培技术

一、地膜覆盖栽培应注意的问题

花生地膜覆盖有普遍的增产作用。生产中要注意以下几个问题，一是选择肥力较高的土壤覆膜。不同的土壤条件产量差异较大，一般应选择中等以上肥力的土壤，尤其是肥力较高的土壤覆膜，增产效果明显。二是要求地面平整。耕地后要精细耙耢，打碎坷垃，整平地面。地面不平，地膜难于地面贴紧，透风跑墒，影响地膜覆盖效果。三是覆膜前施足基肥。盖膜后，土壤在高温高湿的条件下，肥料分解快，利用率高，盖膜后无法进行追肥，因此盖膜前比一般的花生田增施1 000千克的有机肥，并配合施用一定量的速效性肥料。

二、地膜覆盖花生的播种方式

覆膜栽培的花生播种方式有两种，即先覆膜后播种，先播种后覆膜。先播种后覆膜的，操作方法是：首先在起好的垄上开沟，沟深 3~4 厘米，将处理好的种子每穴放两粒，覆土整好垄面，紧贴垄的两边用小钩撅开深约 3 厘米的沟，然后向垄面喷乙草胺除草剂，应用浓度为每亩 150 毫升，对 50 千克水，喷头距离垄面 40 厘米左右，以垄面见湿为止，随即盖膜，地膜要铺平拉直，在垄的两边每人后退着，两边的人同时用脚踩着地膜，使地膜能够左右紧贴垄面，用小钩撅钩土，压在踩下的地膜上，盖膜结束后，顺着垄沟将压在地膜边上的土踩一遍，达到拉紧、压实、盖严的目的。不透风、不透水、不透气，保墒、保水、保温。

先覆膜后播种的，是按照要求覆完地膜后，根据花生的播种密度确定的株距和行距，用打孔器在垄面上打直径 3 厘米，深 4 厘米的洞，如果干旱，用水壶浇水，将花生种放入，在垄沟取土填满压实，在孔的上方形成一个土堆。

三、优良品种的选用

选用优质高产品种开农 61、开农 1715、开农 176、豫花 9719、豫花 9326 等品种。

四、选用地膜和除草剂

（一）选用地膜

选用厚度为 0. 006 毫米左右的低压聚乙烯薄膜和 0. 004 ~ 0. 005 毫米的超微膜较为合适，每亩用量 2. 5~4. 5 千克。

（二）选用除草剂

由于覆膜花生垄面不能中耕，所以花生覆膜前必须喷除草剂。适宜的除草剂主要有乙草胺、扑草净、莱草通和都尔等。

五、整地、施肥、做畦

（一）整地

深耕细耙，春花生地应在冬季或春季深耕 30~40 厘米，并结合早春耕地将地面耙平耢细，清除残余根茬、砖块等杂物。同时，保证覆膜花生田沟沟相通、畦垄相连，旱能浇，涝能排。

（二）施肥

1. 以农家肥为主，化肥为辅

在我国，花生大部分种植在丘陵地区，土层薄，肥力低，农家肥主要是有机肥，含有丰富的营养成分，能够改良土壤，培肥地利，并且肥效较长。化肥是速效肥，虽然也含有花生需要的营养元素，但与农家肥相比，还是单一的，并且化肥在生产过程中，残留其他的成分，不利于花生的生长和土壤肥力的提高，因此施肥时以农家肥为主，辅以施用化肥。

2. 有机肥和无机肥配合施

单一施用化肥，往往造成肥料的流失。同时，化肥中的如有效磷营养元素容易被土壤固定，而降低肥效，发挥不出应有的作用，与有机肥配合施以后，二者之间相互作用，提高土壤中的微生物的活化力和有机肥的分解速度，将各种营养成分转化为能够被花生吸收，提高肥料的利用效率。

3. 氮钾全量，磷加倍

根据不同产量水平的氮磷钾养分的需求量，每生产 50 千克花生荚果，需要氮 2.5 千克，五氧化二磷 2 千克，氧化钾 1.25 千克，三者的比例为 5∶4∶2.5。花生对氮、磷、钾化肥的当季利用率分别为 41.8%~50.4%、15%~25%、45%~60%。

4. 要深耕整地、增施底肥

在花生播种前一次施足底肥，一般亩施优质有机肥3 000~

4 000千克，纯氮 5~8 千克，纯钾 6~8 千克，纯磷 10~15 千克，生石膏粉 20~30 千克。

（三）做畦

播种前起垄，80~90 厘米一带，畦底宽 30 厘米，垄面宽 50~60 厘米，垄体高 10~12 厘米。起垄标准是“面平埂直无坑洼，墒足土碎无坷垃”。

六、适期播种

覆膜春花生以 4 月 10—25 日播种为宜。

七、合理密植

春花生适宜密度应在 9 000~10 000穴/亩，每穴 2 粒。高水肥地、疏枝型品种宜稀，低水肥地、早熟、直立密植型品种宜密。

八、播种覆膜方式

先播种后覆膜，可在垄面上按密度规格，用小锄开 3~5 厘米深的沟，按穴距每穴 2 粒，然后覆土平沟，适当镇压，整平畦面，喷洒除草剂，随后覆膜，如果使用播种覆膜机更方便快捷。

九、加强田间管理

（一）查田护膜

要经常深入田间细致检查，发现风刮揭膜，膜面封闭不严和破损时，要及时盖严、压实。

（二）开孔放苗

对于先播种后覆膜的花生顶土鼓膜时，应及时开孔放苗。

（三）清棵放枝

花生第一侧枝伸展期，应及时清棵放枝，并将植株根际周围浮土扒开，释放第一对侧枝，同时，用土封严放苗膜孔。

（四）旱灌涝排

当0~3厘米土壤水分低于田间最大持水量的40%，中午叶片萎蔫，夜间尚能恢复时，应立即采取沟灌、润灌的措施，有条件的也可以进行喷灌或滴灌。由于花生具有“地干不扎针，地湿不鼓粒”的特点，因此，应及时进行浇灌，如遇雨水过多或排水不良时，应及时排涝。

（五）防治病虫害

花生的主要害虫有蚜虫和叶螨，可结合测报喷洒杀虫剂，如乐果、阿维菌素、杀灭菊酯等，结合喷洒80%多菌灵可湿性粉剂1 000倍液或75%百菌清可湿性粉剂600~800倍液、70%代森锰锌可湿性粉剂600倍液等防治叶斑病（包括黑斑病和褐斑病），10~15天防治1次，连续防治2~3次。

（六）控制徒长

覆膜花生田，由于土壤生态环境条件的改善，生长发育快，特别是高水肥田块，结荚初期植株易发生徒长现象，当主茎高达到40厘米时，应每亩叶面喷施150毫克/千克的多效唑溶液50千克，控制徒长。

（七）根外追肥

为防止覆膜花生后期因脱肥早衰，可喷0.5%~1%的尿素溶液，或0.2%~0.4%的磷酸二氢钾溶液，也可喷1 000倍的硼酸溶液或0.02%的钼酸铵溶液。

（八）及时收获

盖膜花生一般比露地花生生育进程快，提前10~15天成熟，正常情况下，植株呈现衰老状态，顶端生长点停止生长，大多数荚果的荚壳网纹明显，籽粒饱满，就应及时收获。

第四节　麦套花生的高产栽培技术

采用麦套方式种植夏花生，不仅可以解决粮油作物争地的矛盾，而且还可以改善作物的光热条件，促进作物生长发育，变原来一年一熟为一年两熟，提高了复种指数和经济效益，实现粮油高产高效。据生产经验和生产示范证明，应用这一技术，花生可增产10%以上。麦套花生的栽培技术要点主要如下。

一、种植方式的选择

（一）选择适宜的种植方式

高产麦套花生小麦行距在23~27厘米的，可以行行种植，一般10 000穴/亩，每穴2粒；麦行距23厘米的，可采用套两行空一行的方法，即大小行种植法，平均穴距双粒的为20厘米左右。

（二）适时播种

麦套花生于麦收前15~20天播种，麦套花生应选用中小果型的花生品种。为了确保苗全苗壮，播种前用生根粉6号15克或者EM原露300毫升（100倍），也可以用二者混合液，浸种4小时，然后播种。播种深度掌握在3~4厘米，播种后浇蒙头水。

二、田间管理

（一）中耕灭茬追肥

麦收后使花生“缓苗”5~7天后再除麦茬。第一次除茬中耕宜浅些，灭茬除草时，避免伤及花生苗，至果针入土前要中耕2~3次。第二次中耕要深，结合追肥进行，以施有机肥和生物肥为主，可以配合施用少量化肥（禁用硝态氮肥）。产量300

千克/亩左右的中产地块可施入优质有机肥1 000~2 000千克/亩（含氮0.2%以上，需50℃以上高温腐熟，下同）、尿素10千克/亩；或者有机肥1 000~2 000千克/亩、生物复合肥50千克/亩。产量400千克/亩以上的高产地块施肥量可在上述基础上递增25%~30%，追肥在始花前第二次中耕时进行，可以沟施或穴施，施后要埋实，若墒情不足要浇水一次，以使肥效尽快发挥。在中后期要保证水肥的充足供应，对于缺肥地块进行叶面追肥，以延长叶片功能期，用浓度为用0.2%的磷酸二氢钾等叶面肥喷施，每10~15天喷施1次，连续2~3次，增产效果理想。

（二）化学调控技术

由于麦套花生受小麦遮光影响，茎基部节间细长，后期易倒伏，盛花后株高35厘米左右时，采用壮饱安20克/亩，加水30千克，化学生长调控，防止倒伏。花生生长中后期，正遇汛期，如果雨水较多，挖好排水沟，及时排涝以免烂果，确保产品质量。

（三）防早衰技术

为防止植株早衰，促进粒大果饱，一是继续防治病虫害；二是防止叶片早衰，实行叶面追肥。微肥每次用原液100毫升/亩加水50千克/亩喷洒叶面，于苗期和花针期各喷一次。花生收获前4~6周如遇严重干旱需浇水，以防黄曲霉菌浸染。

（四）病虫害防治

花生病虫害种类较多，防治病虫害必须贯彻“预防为主，综合防治”的植保方针，突出生态控制。防治以蛴螬为主的地下害虫：顺播种沟与生物肥一起撒施白疆菌剂（BBR）1.0千克/亩。有花生根结线虫病的地块，用2.0千克/亩物理保护剂无毒高脂膜或者2.5千克/亩农乐1号海洋生物制品拌种，也可用1.8%的爱福丁生物制剂于花生始花期叶面喷洒。苗期蚜虫用EB-82来蚜菌剂150毫升/亩，加水50千克/亩。中后期防治甜菜夜蛾、斜纹夜蛾、黏虫等虫害，3龄前用“Bt”（苏云金杆菌）喷洒叶面，或用丰保40毫升加水35千克喷雾。对花生叶斑病（包括网斑病、黑斑病、褐斑病和焦斑病），当主茎叶片发病率达到5%~7%时，用抗生素农抗120和物理保护剂无毒高脂膜各150克/亩，或者用50%多菌灵800倍液喷雾，间隔10天，连喷2~3次。

（五）适时收获

麦套花生比露地春花生晚收获20天左右，一般在10月上中旬收获。

第五节　夏直播花生高产栽培技术

一、地块选择

高产花生适宜的土壤条件：土层深厚肥沃，排水良好，疏松易碎的砂质壤土最为理想。花生是忌连作农作物，花生连作影响产量和品质，花生应与谷类或薯类作物轮作，不宜与豆科作物轮作，轮作期3年以上为宜。

二、整　地

在前茬农作物收获后要进行旋耕耙实，耕深25~30厘米，结合旋耕每亩施农家肥2 500~3 000千克。务求土碎地平，上松下实，以减少水分蒸发。深耕每3年1次，深耕对花生有明显增产作用，深耕后花生生长健壮，病害少，并有改治重茬。

三、播　种

（一）选择优良品种

良种是农作物增产的内因，适宜夏播种植花生品种如豫花9327、远杂9847、豫花37、豫花22、开农71等优良品种。

播种前要晒种，增加种皮的透性，提高种子渗透压，促进种子萌发，可提前出苗 1~2 天。一般在晴天 10 时左右，把种子放在土场上摊晒，16 时收起，晒 1~3 天。

（二）药剂拌种

预防病害，一般用 50%多菌灵可湿性粉剂按种子量的 0.3%~0.5%拌种，或者用易健复合生物肥——通用型 200 倍浸种；防虫用 50%的甲基异硫磷 100 克拌 50 千克种子。

（三）播期

夏播有效生育期短，且正处于高温高温季节，麦收后要抢时早播，6 月 1—10 日前播完。

（四）合理密植

合理密植是根据不同土壤、播期、品种及栽培技术条件，确定适宜的种植密度，协调群体与个体的矛盾，创建合理的群体结构，以提高光能利用率，获得较高的产量。花生适宜密度为亩用种量 12.5~14.0 千克，每亩 1.1 万~1.3 万穴，每穴 2 粒。

四、施　肥

（一）施肥原则

控制氮肥总量，氮肥分次施用，调整氮磷钾比例。严格掌握施肥时期。肥料施用应与化控技术相结合。

（二）施肥建议

（1）亩产 300 千克左右的情况下，亩施氮肥（N）6~7 千克/亩，磷肥（P_2O_5）3~5 千克，钾肥 3~6 千克/亩；或施尿素 5 千克，复混肥 28 千克 45%（15-15-15）；或施花生专用肥 40 千克。

（2）夏直播花生，磷肥、钾肥及氮肥 50%作底肥，余下 50%氮肥播种后 30 天左右（苗期）施用，追肥方法采用开沟条施覆土。

（3）增施硼肥。可增加叶绿素含量，促进根瘤的形成，提高结实率和饱果率。硼酸或硼砂作基肥0.5～1千克/亩，0.02%～0.05%浓度的硼酸水溶液浸种或0.1%～0.25%水溶液于开花期叶面喷洒。

（4）喷叶面喷肥。延长叶片功能期，防止早衰。在饱果期有早衰趋势时，1%尿素液、2%～3%的过磷酸钙、0.3%的磷酸二氢钾水溶液进行叶面喷施。

五、田间管理

（一）查苗补种

花生苗的齐全匀壮是丰产的基础。花生播种后，往往因种子质量不好，土壤水分不足，整地施肥不当，鸟兽虫害等造成种子幼芽死亡，缺苗断垄。因此在播种后10～15天齐苗后及时查苗，发现有缺苗现象及时催芽补种。补种时要追点化肥，促进幼苗早生快发。

（二）清棵蹲苗

在花生基本齐苗后，将花生幼苗周围浮土向四周扒开，使两片子叶和子叶叶腋侧芽露出土面，促进第一对侧枝生长发育，使幼苗生长健壮，主茎侧枝粗壮，基部节间缩短，开花结果早集中，数量多，饱果率高，主根下扎，侧根增多，根系发达，即为清棵蹲苗。实践证明，花生清棵增产6.6%～23%。

（三）中耕培土

中耕可疏松表土，保墒、散墒。中耕破除表土板结，增加土壤通透性，利于开花下针和荚果膨大。花生一般中耕2～3次，第一次在齐苗后结合清棵进行浅中耕；第二次清棵后16天深中耕，灭草保墒；第三次一般在初花至盛花前中耕培土，并追肥。培土可增厚土层，缩短果针与地面距离，利于高位果针入土和荚果膨大，增加结果数，提高饱果率。

（四）杂草化除

花生田间杂草主要有马唐、马齿苋、蟋蟀草、莎草、刺草等。除人工拔草外，采用化学除草。花生播种后，每亩用50%的乙草胺乳油150毫升加水50千克喷雾于畦面，进行芽前除草。未用乙草胺的田块，在杂草三叶前期亩用10.8%的高效盖草能26~30毫升加水40千克喷施。施用除草剂一定掌握准施用方法、施用时期和施用量。

（五）化控

针对目前花生生产普遍存在的旺长、徒长、冠层郁闭、花位高、果针入土率较低，及由此引起的花多不齐、针多不实、果多不饱等问题。花生上应用了植物化学调控技术，控上促下，使营养生长与生殖生长协调发展。

多效唑：花生用后，株高降低，有效侧枝生长快，节短节密，无效分枝少，色浓叶厚，抗逆性强，生长健壮，光合性能强，开花早而集中，果大粒饱。并对病害和杂草有抑制作用。严格掌握用药浓度和使用时期。浓度过大，植株抑制过头，反而减产，施用过早或过晚，都不能达到预期增产目的。亩用30~50克加水30千克喷洒，以初花期和盛花期为最佳时期，切忌将多效唑用作种子处理，以免造成缺苗断垄。

壮饱安：矮化株高，促进叶片光合作用，提高果重，花生果大籽饱，增产荚果10%以上，是取得花生增产的简便、经济有效的途径，效果优于多效唑。花生下针后期及结荚初期，每亩用壮饱安20克加水30千克均匀喷洒，旺长地块用量大些，一般地块用量少些。另外，可用花生素、丰收宝、快丰收、叶面宝等新型调节剂。

（六）花生病虫害防治

花生病虫害种类繁多，已查明的病害有20多种，虫害100

多种。主要病害有叶斑病、茎腐病、根腐病、青枯病、病毒病和线虫病等。虫害有蚜虫、红蜘蛛、蛴螬、蝼蛄等。根腐病和茎腐病的发生，造成大量死苗，轻者病株率 5%～10%，重者达 30%～40%。因此，要预防为主，综合防治，采取有效措施，控制其蔓延和为害，促进花生高产稳产。

（七）适时收获

当大多数饱果表皮青，内果皮发黑，俗称“金壳铁嘴”状时，应及时收获。收获过晚易出现芽果和伏果，影响质量。收获后及时晒干，防止烂果。

第六节　花生病虫害综合防治

一、花生主要病害

（一）花生叶斑病

初期在叶片上出现褐色针头大小病斑，逐渐扩大为圆形或不规则状，由浅褐色变为暗褐色，潮湿时病斑表面产生霉状物，严重时形成特大病斑，病叶逐渐枯死脱落。茎秆与叶柄上病斑为椭圆开暗褐色，严重时茎秆变黑枯死。发病高峰在中后期（收获前 20～30 天），秋雨多的年份发病重。

防治方法：轮作倒茬，药剂防治。在发病初期，田间病叶率 5%以上时，用 50%多菌灵可湿性粉剂或 75%百菌清可湿性粉剂，10 天左右喷 1 次，连喷 2 次，每次喷药液 50 千克。喷药时可适当加入黏着剂（如肥皂粉），以提高防治效果。

（二）花生茎腐病（又称“倒秧病”）

幼苗期先从子叶开始侵染，使其变褐色而腐烂，然后侵染近地面的茎基部或地下根，产生黄褐色水渣状病斑，逐渐扩大斑块，并向茎周围扩展成环形病斑。随着病情扩展，整株萎蔫枯死。其他生育期，发病部位多在贴近地面的茎基部，症状与苗期像。花生播种后，病菌主要从伤口侵入，7 月初是发病高峰。苗期雨水多，土壤温度大，尤其大雨后骤晴，气温回升快时茎腐病发病较重，温度过低或过高均不利于此病发生。

防治方法如下。

（1）种子处理。播种前可用种子重量 0.5%的 50%多菌灵可湿性粉剂或 70%甲基硫菌灵可湿性粉剂，或用 0.6%的 12.5%烯唑醇乳油，或用 0.2%的 2.5%咯菌腈种衣剂拌种。

（2）农业防治。选种高产、抗性较强的品种。播种前要精选大粒饱满种子，剔除变色、损伤的种子，适宜选择夏花生留种。轻病地与玉米、高粱、谷子等禾谷类非寄主作物轮作 1~2 年，重病地轮作 3~4 年。增施腐熟的有机肥，追施草木灰。中耕锄草，及时拔除田间病株。花生收获后要及时深耕深翻土地。

（3）药剂防治。齐苗后、开花前和盛花下针期分别喷淋药剂 1 次，着重喷淋茎基部。药剂可选用 50%多菌灵可湿性粉剂 1 500倍液或用 70%甲基硫菌灵可湿性粉剂1 000倍液或用 3%广枯灵水剂 800 倍液或用 50%苯菌灵可湿性粉剂1 500倍液，也可用 70%托布津可湿性粉剂加 75%百菌清可湿性粉剂按 1∶1的比例混合，加水配成1 000倍液喷雾。

（三）花生根腐病

俗称“鼠尾”、烂根。各生育期均可发病。侵染刚萌发的种子，造成烂种；幼苗受害，主根变褐，植株枯萎。成株受害，主根根颈上出现凹隐长条形褐色病斑，根端呈湿腐状，皮层变褐腐烂，易脱离脱落，无侧根或极少，形似鼠尾。潮湿时根颈部生不定根。病株地上部矮小，生长不良，叶片变黄，开花结果少，且多为秕果。

防治办法如下。

应采取耕作栽培防病为主、药剂防治为辅的综合防治措施。

1. 把好种子关

做好种子的收、选、晒、藏等项工作；播前翻晒种子，剔除变色、霉烂、破损的种子，播前进行药剂拌种：用50%多菌灵可湿性粉剂30克加水1千克，拌花生种子10千克，要注意随拌随用，不宜过天，防治效果95%以上，或用50%多菌灵可湿性粉剂浸种，按干种子量的0.5%浸种24小时。

2. 合理轮作

因地制宜确定轮作方式、作物搭配和轮作年限。

3. 及时施药预防控病

齐苗后加强检查，发现病株随即采用喷雾或淋灌办法施药封锁中心病株。可选用96%天达恶霉灵3 000倍液，或40%三唑酮、多菌灵可湿粉1 000倍液，隔7~15天1次，连喷2次，交替施用，喷足淋透。

（四）花生锈病

主要侵害叶片，初期于叶片北面出现白色小疱，2天后相应部位变为黄绿色斑点，同时白色小疱变成可见的夏孢子堆。夏孢子堆很快扩大，破裂后散出锈褐色的粉末。病害严重时，花生叶片青枯、脱落。多雨高湿季节易发生流行。在栽培方面，排水不良，密度过大，偏施氮肥等都有利于锈病发生。

防治方法：选用抗病品种，在锈病发生初期，用50%敌锈钠800倍，加0.1%洗衣粉，75%百菌清600倍液，10天左右喷一次，连喷2次。

（五）花生青枯病（俗称死苗、发瘟、死棵子，青症）

感病后常全株开始死亡，病菌从根部浸染，主根尖端变褐软腐，并逐渐向上扩展，湿润条件下，根颈部常有浑浊乳白色细菌脓溢。地上部失水萎蔫，叶片早上延迟张开，午后提前闭合，1~2天后全株叶色变淡，仍保持青绿色，果柄、荚果呈黑褐色湿腐状。6 月中旬开始发生，以开花期发病最重。

防治办法：选用抗病良种，轮作倒茬，改良土壤，增施有机肥。用 90%氯化苦乳剂在花生播种前 10 天进行土壤处理，或农用链霉素或新植霉素2 500~3 000倍液，每隔 10 天喷 1 次，连喷 2 次，防止效果较好。

二、花生主要虫害

（一）蚜虫

花生蚜虫一年发生 20~30 代，食性杂。发生快慢与为害轻重和温、温度有密切关系。盛发期遇阴雨连绵，蚜虫会急剧减少。天敌也可显著影响蚜量的消长。

防治方法：①保护利用天敌，花生蚜虫天敌种类很多，重要的有瓢虫、草蛉、食蚜蝇等。②50%抗蚜威 10~15 克加水 40 千克或 10%的吡虫啉可湿性粉剂5 000倍液喷雾。

（二）红蜘蛛

红蜘蛛一年发生十几代，以成虫越冬，次年 3 月下旬开始活动，6—7 月为发生盛期。9 月中下旬转移到寄主上越冬。成虫聚集在叶片北面，结成蛛网，吸食叶肉汁液，受害叶片先出现黄白色斑点，最后成白色斑点。边缘向北面卷缩。红蜘蛛喜干燥高温，如遇干旱，红蜘蛛易大发生。

防治方法：1. 8%的阿维茵乳油3 000倍液、15%扫螨净乳油3 000倍液、20%灭扫利乳油 2 000倍液等喷雾防治。喷药时要均匀，一定要喷到叶背面，并对田边杂草等植物也要喷药，防止其扩散。

（三）地下害虫

蛴螬、地老虎、金针虫、蛴螬又称金龟甲幼虫，昼伏夜出，夜间有趋光性假死性。地老虎又名土蚕、地蚕。金针虫又叫叩头虫，4 月上中旬为害盛期，食春花生种子，造成缺苗断垄。夏季地温高入土深处栖息，秋季地温下降到 18℃ 又升到土表钻蛀荚果，造成花生减产。

防治方法：药剂拌种：用 50%辛硫磷 50 克，加水 4～5 千克，拌花生种 40～50 千克。

第六章　芝麻优质高产栽培技术

第一节　芝麻品种介绍

一、周芝5号

由周口市农业科学院选育的芝麻新品种（鉴定证书号：豫品鉴芝2015011）。品种来源为（郑9452/豫芝4号）。平均生育期91.4天，花期35.8天，属于中早熟品种。该品种单秆，三花四棱，花冠白色，茎秆绿色有茸毛，成熟时蒴果微裂，籽粒纯白。平均株高158.8厘米，腿位44.2厘米，黄稍尖7.6厘米，果轴107.9厘米；单株成蒴数89.5个，蒴粒数68.9粒，千粒重3.082克；粗脂肪含量54.97%，粗蛋白质含量18.96%；抗枯萎病和茎点枯病，抗旱、耐渍、抗倒伏。2014—2015年区域试验平均单产94.83千克，比对照增产7.89%。该品种适合在西北、河南、安徽等芝麻主产区种植。

二、周10J5

由周口市农业科学院以周92163为母本，豫芝6号为父本，经有性杂交、多元病圃多年鉴定、高代鉴定选育出的芝麻新品种（鉴定证书号：豫品鉴芝2015008）。平均生育期89.7天，花期35.5天，属于中早熟品种。该品种单秆，三花四棱，花白色，茎秆绿色有茸毛，成熟时蒴果微裂，籽粒纯白。平均株高

151.4 厘米，腿位 43.0 厘米，黄稍尖较短，果轴 100.5 厘米；单株成蒴数 90.6 个，蒴粒数 69.4 粒，千粒重 3.092 克；粗脂肪含量 54.91%，粗蛋白质含量 19.31%；高抗枯萎病和茎点枯病，抗旱、耐渍、抗倒伏。2014—2015 年区域试验平均亩产 99.23 千克，比对照增产 12.89%。该品种适合在华北、西北、河南、安徽等芝麻主产区种植。

三、豫芝 21 号

由河南省农业科学院芝麻研究中心选育。该品种采用复合杂交方法选育（鉴定证书号：豫品鉴芝 2014001）。品种来源为（豫芝 4 号/辽宁阜新芝麻）F1/（郑芝 98N09/江西白芝麻）F1。该品种高抗病抗逆，生育期 95.3 天，花期 38.0 天，属于中早熟品种。该品种单秆，三花四棱，花淡紫色，茎秆无毛或少毛，成熟时蒴果微裂。株高 164.4 厘米，腿位 54.7 厘米，黄稍尖为 4.9 厘米，果轴长 104.9 厘米；单株成蒴数 95.5 个，蒴粒数 65.2 粒，千粒重 3.116 克；粗脂肪含量 58.33%，粗蛋白质含量 17.92%，属高油品种；高抗枯萎病和茎点枯病，抗旱、耐渍、抗倒伏。2012—2013 年区域试验平均单产 92.47 千克/亩，比对照豫芝 4 号增产 6.58%；2014 年生产试验平均单产 112.60 千克/亩，比对照豫芝 4 号增产 14.91%。

四、郑芝 13 号

由项目组采用复合杂交、系谱法选择、多元病圃及多点联合鉴定方法（9202×8808 早），选育而成的高产、优质、高抗芝麻新品种。2009 年通过河南省鉴定。丰产性能好，增产潜力大。2006 年河南省芝麻新品种区域试验，8 点汇总，平均亩产 76.01 千克，比对照增产 18.88%，达极显著水平，居试验首位；2007 年河南省芝麻新品种区域试验，7 点汇总，平均亩产 53.95 千克，比对照增产 19.68%，达极显著水平，居试验首位。2007 年河南省芝麻新品种生产试验，5 点汇总，平均亩产 67.98 千克，比对照增产 13.62%，居试验首位。该品种籽粒纯白，纹路较轻，千粒重达 3 克以上，粗脂肪含量 56.96%，粗蛋白质含量 20.92%。达到国家进出口标准；综合抗性强，2007—2008 年抗性鉴定结果显示，该品种茎点枯病情指数 4.92，枯萎病情指数 4.70，高抗茎点枯病和枯萎病，耐渍、抗倒伏能力强，稳产性能好。

五、豫芝 Dw607

2011 年河南省农业科学院芝麻研究中心以豫芝 11 为材料，通过 EMS 化学诱变途径选育而成。2015 年通过了河南省芝麻新品种鉴定。豫芝 Dw607 田间主要表现为单秆，三花四棱，叶片整齐，叶绿素含量高，光合效率强；植株具有典型的密蒴、短节间、矮化特性，株高 120~150 厘米，始蒴位 15~20 厘米，节间长度 3.8~4.6 厘米；在黄淮地区，该品种果节位 20 个以上，结蒴密。该特性能稳定遗传，繁殖后代中，密蒴短节间植株比率达到 98%以上。遗传研究证实该性状由隐性基因控制，不受环境影响，在河南、河北、安徽、海南等地均稳定表现。2013—2014 年原阳田间小区试验结果显示，该品系生长发育正常，生育期 90 天左右。平均单株结蒴 82 个；平均蒴粒数 61 粒，千粒重 3.84 克，籽粒含油量 52.62%，蛋白含量 22.28%（2015 年海南收获种子）。该品种适于密植和机械化收获，对茎点枯病和枯萎病抗性高；抗倒伏能力强，具有重要的种质利用和生产应用价值。

六、豫芝 DS899

2009 年由河南省农业科学院芝麻研究中心成功创制，也是世界上第一个可用于生产的适于机械化种植及收获的花序有限型芝麻品种。该品种通过 EMS 化学诱变途径选育而成。2015 年通过了河南省芝麻新品种鉴定。豫芝 DS899 田间表现为单秆，一叶三花，蒴果四棱，下部叶片较大，叶片深绿、肥厚，叶绿素含量高，光和效率强；花序有限，植株具有典型的有限生长习性，株高 130~150 厘米。在黄淮区，该品种生长发育形成 12~20 个节位后，植株顶端生长点停止生长并自动封顶；封顶后顶端形成 4~6 个蒴果群。该特性能稳定遗传，繁殖后代中有限习性植株达到 98%以上。品种生长发育速度快，现蕾早，花期 20~25 天，结蒴集中，无空稍尖，生育期 80 天左右。平均单株结蒴 60~80 个；平均蒴粒数 50~55 粒，千粒重 4.0 克以上，籽粒含油量 51.43%，蛋白质含量 26.75%。品种对茎点枯病和枯萎病抗性高；适于密植和机械化管理与收获。多年试验结果验证，该性状田间表现稳定，产量潜力在 120 千克/亩以上。该品种适合在新疆、华北、西北、黄淮、江淮等芝麻主产区种植。

七、驻芝 22 号

驻马店市农业科学院通过有性杂交选育而成的芝麻新品种，2015 年 4 月通过河南省鉴定（豫品鉴芝 2015004）。该品种一般亩产 85 千克，高产条件下可达 100 千克以上，2012—2013 年河南省芝麻区域试验，该品种平均亩产 92.75 千克，比对照增产 6.3%，达显著水平；2014 年河南省芝麻生产试验，平均亩产 106.77 千克，比对照增产 8.96%。驻芝 22 号属单秆型，植株高大，始蒴部位 47 厘米，果轴长 107 厘米，单株蒴数 91 个，每蒴粒数 66 粒，千粒重 3.03 克，单株产量 15.28 克，籽粒纯白，含油量为 52.74%，蛋白质含量为 19.04%，全生育期 90 天左右。该品种可在河南省芝麻产区种植。

八、驻芝 23 号

驻马店市农业科学院以“豫芝 5 号”为母本、“驻 84047”为父本，经有性杂交选育而成的芝麻新品种，2015 年 12 月通过河南省鉴定（证书编号：豫品鉴芝20150010）。2014年河南省芝麻区域试验，该品种平均亩产95.66千克，比对照增产7.12%；2015年河南省芝麻区域试验，平均亩产94.58千克，比对照增产9.37%，增产达极显著水平。驻芝23号属单秆型，平均生育期91.4天，花期36.4天，属中早熟品种。该品种平均株高161.2厘米，果轴长103.9厘米；单株成蒴数90.6个，蒴粒数68.7粒，成熟时蒴果微裂，籽粒纯白。千粒重2.862克，含油量57.38%，蛋白质含量18.90%；抗枯萎病和茎点枯病，抗旱、耐渍、抗倒伏。适宜在河南省芝麻产区种植。

九、漯芝21号

原名漯优芝G2-1，是漯河市农业科学院以漯12为母本，郑芝97C01为父本进行杂交选育出的单秆型白芝麻新品种。2012年通过国家农作物品种鉴定。证书编号国品鉴芝2012001。属单秆型白芝麻品种，叶腋三花，蒴果四棱，有茸毛。株高154.4厘米，始蒴部位53.3厘米，空稍尖4.7厘米，主茎果轴长度96.4厘米，单株蒴数81.1个，每蒴粒数62.3粒，千粒重3.00克。平均含油量55.69%，蛋白质含量21.25%。夏播生育期85天左右，植株生长发育快，长势健壮，结蒴性好，成熟时茎秆为绿色，熟相好，抗倒抗病，耐渍，丰产、稳产性好，适宜在湖北、河南、安徽三省芝麻主产区及江西中北部芝麻主产区推广种植。

十、漯芝22号

2006年以漯芝15号为母本，漯9001为父本进行杂交，混合选育而成。2014年以代号“漯06-8”参加河南省区域试验。2015年通过河南省农作物品种鉴定会鉴定命名。证书编号豫品鉴芝2015009。漯芝22号平均生育期91.4天，花期35.3天，属于中早熟品种。该品种单秆，三花四棱，花冠白色，茎秆绿色，成熟时蒴果微裂，籽粒纯白。平均株高 164.4 厘米，腿位 48.3 厘米，黄稍尖 9.3 厘米，果轴长 106.9 厘米，单株成蒴数 91.2 个，蒴粒数 67.7 粒，千粒重 2.928 克；粗脂肪含量 57.91%，粗蛋白质含量 18.51%；高抗枯萎病和茎点枯病，抗旱、耐渍、抗倒伏。适合河南及周边地区种植。

第二节　芝麻优质高产高效栽培技术

一、选地及整地

芝麻种植的土壤应是地势高燥、土层深厚、土质松软、土壤肥沃，富含磷、钾和其他营养元素，保水保肥，水肥协调，排灌方便。

芝麻可以单作，也可以与其他矮秆作物间作。芝麻比较耐旱，而豆类比较耐湿，芝麻与豆类混作有利于旱涝保收。

种植芝麻，绝对不许连茬，其原因：一是芝麻连茬种植会使病害加重。在芝麻生产过程中，许多致病的病原菌如茎点枯病、青枯病、疫病等，都是在芝麻收割后，残留在土壤中越冬的。如果第二年重茬种植芝麻，这些病原菌就会成为重茬芝麻的侵染来源。重茬时间越长，土壤中的病原菌就会越多，芝麻的病害也会越来越严重。受病害侵染，芝麻植株会出现发育不良、单株矮小、落花少蒴等病状，严重的甚至会发生大片凋萎死亡。二是芝麻是需肥较多的作物，连茬种植会导致养分失调，打破土壤肥力平衡，造成氮、钾缺乏，芝麻产量难以提高。

芝麻种粒小，本身贮藏的养分不多，幼芽细嫩，顶土力弱。因此，为了达到一播全苗，就要求有较高的整地质量。

夏芝麻整地要突出一个“抢”字，务必争分夺秒，边收获，边整地，抢墒整地，趁墒早播，轻耙盖籽，碎土保墒。

夏芝麻整地有“犁垡”和“铁茬”两种方法。

“犁垡”就是前茬作物收获后，趁墒犁地，随犁随耙，耙碎、耙平、耙实，切不可晾垡，以免跑墒。夏芝麻播前整地不需深耕，通常以20厘米为宜。如果过深，不但会翻上生土，土块不易耙碎，而且易跑底墒，对出苗不利。耙地次数要根据土质和墒情而定，黏重土壤或墒情差、坷垃多的地块，要重耙、多耙，以将土块耙碎、耙实。墒情好或沙壤土、轻壤土之类的地块，一般用钉齿耙和圆盘耙，各耙一次即可。“犁垡”的好处在于能使土壤疏松，增加地温；透气性好，提高土壤的蓄水保肥能力；掩埋底肥，提高肥效；减少杂草，方便中耕；利于根系生长，促进地上部植株的生长发育。

“铁茬”就是在前茬作物收获后，用灭茬机灭茬，再用钉齿耙或圆盘耙碎土，耙深7~10厘米，耙碎、耙平，然后抢墒条播。或用旋耕机旋耕碎土灭茬，或用锄深锄碎土灭茬后进行条播。也可在前茬作物收获后，不灭茬而直接条播在前茬作物行间。铁茬种芝麻的缺点是土壤因板结蓄水能力差，不但在少雨年份易干旱减产，即使在雨水比较正常的年份，也会影响植株的正常发育。

二、科学选种

选用芝麻品种，根据播种地区、播种时间、土壤肥力、管理水平等条件来选择适宜的品种，才能发挥芝麻品种的增产潜力。麦茬夏播芝麻应选用早熟品种，如周芝5号、周10J5、豫芝21号、郑芝13号、豫芝Dw607、豫芝DS899、驻芝22号、驻芝23号、漯芝21号、漯芝22号等。

三、播前准备

芝麻播种前，要根据当地的气候条件、土质、土壤肥力等，选留或引种适宜当地栽培的优良芝麻品种，并依据纯度高、籽粒饱满、发芽率高、无病虫和无杂质等良种标准，充分做好播前种子准备工作。

（一）晒种

播种前1~2天，选择晴天，将种子放在阳光下，均匀暴晒。但不要在水泥地面或金属器具内晒种，以免高温杀伤种子。

（二）选种

风选或水选，去除霉籽、秕籽、枝叶杂质，选择粒大饱满、无病虫杂质的上等种子。

（三）发芽试验

随机取样100粒，重复3次，将种子放入碗里，加入清水使种子吸水，但千万不要让水将种子淹没，以免无氧呼吸而烂种。可将种子浸泡1天后，用纱布包好，吊在热水瓶内，水瓶内盛一半温热水，以不烫手为宜，种子不要浸在热水里（热水冷后要勤换）。或将种子浸泡，包好后放在贴身衣袋里，以保持恒温催芽。发芽率达90%以上时，可按正常播种量播种。如果发芽率在70%以下，播种时要加大播种量或换播发芽率高的种子。

（四）药剂消毒处理

种子消毒能杀死种子所带病菌，预防土壤中病源侵染。

（1）浸种。用50~55℃温水浸种10~15分钟，或用0.5%硫酸铜水溶液浸种30分钟。

（2）拌种。用0.1%~0.3%多菌灵或百菌清拌种。

（五）种子包衣处理或微肥拌种

种子包衣是先将芝麻种子用适量的保水剂涂层，然后置于小型丸衣机内，再慢慢撒上配料，当包衣剂与种子配比达1：（4~1）：5时成粒备用。

四、适期播种

芝麻是喜温作物，其发芽、出苗要求稳定的适宜温度。芝麻发芽出苗要求的最低临界温度为12℃，最适温度为18~22℃，当温度为30℃左右时，发芽快而整齐。由于5月中旬以后已进入芝麻最佳播种季节，影响夏芝麻播种期的因素不是温度，而是前茬作物收获的早晚，必须在前茬作物收获后立即抓紧播种，且越早越好。实际生产中，每亩播量以0.5千克为宜。播深一般为3厘米。芝麻播种方式有撒播、条播和点播3种。

（一）撒播

是芝麻传统的播种方式，适宜抢墒播种。为力求撒播种子均匀，播前用细土或炒熟的陈芝麻拌种，注意风向，无风时，手要高撒，上打额头下打小肚，用力将种子撒出，上下交叉撒种，不使漏播；有风时，顺风将种子抛出撒开，沿着厢沟来回各撒半畦，转入第2条厢沟时，又来回各撒半畦。播后浅锄或浅耙盖种。雨前播种，以看不见种子为宜，防止大雨后闷种。撒播时种子均匀疏散，覆土浅，出苗快，但不利于田间管理。

（二）条播

为使播种均匀，可掺入同芝麻大小、相对密度相似的有机肥或碎土粒，混合进行。播种不宜过深，以免播后遇雨闷种，出苗不齐或成弱势苗。

（三）点播

多为零星产区小面积使用，易全苗和保证密度。播种方法可以开沟点播，也可锄穴点播，一般每穴5~7粒种子，随播随下有机底肥，播后覆土盖种。点播费工，不易抢墒。

五、苗期管理技术

（一）间定苗，确定合理密度

芝麻在齐苗后要进行“一疏二间三定苗”。即小十字叶时掐去疙瘩苗，第二对真叶时间苗，3~4 对真叶时定苗。

一般在一对真叶时第一次间苗，间苗距离以定苗距离的 1/2 为宜，2~3 对真叶时第二次间苗，并预定苗，定苗时间不宜过早，特别在病虫害严重时，要适当增加间苗次数，待幼苗生长稳定时，再行定苗。间定苗时，要疏弱留壮，并按计划的株距留足苗数。

确定芝麻的合理种植密度，必须从芝麻的品种特性、地力条件、施肥水平以及播种期等多方面的因素进行综合考虑。

1. 品种特性

分枝型品种种植密度要比单秆型品种少，多分枝型品种的种植密度要比少分枝型品种少。在同一类株型的品种中，植株高大、株型松散、长势强、生育期长的品种，其种植密度要比植株矮小、株型紧凑、生育期短、长势弱的品种少。

2. 土壤肥力和施肥水平

土质好、土层松厚、肥力较高的土壤，种植密度要大一些；反之，种植密度要小一些。对于施肥水平较高的丰产田，种植密度要稀一些。

3. 播种期

早播芝麻，生育期较长，植株高大，种植密度宜稀一些；晚播芝麻，生育期较短，植株较矮小，可适当加大种植密度。夏芝麻单秆型品种每亩 1.2 万~1.5 万株，分枝型品种 1 万株左右。

（二）中耕灭茬除草

夏芝麻田间杂草种类较多，主要有马唐、稗草、千金子、牛筋草、双穗雀稗、空心莲子草、田旋花、小蓟等。夏芝麻6月上中旬播种时，正值高温多雨，杂草萌发很快，生长迅速，一旦遇到连续阴雨，极易造成草荒；加之芝麻种子粒小，幼苗期生长缓慢，芝麻往往因竞争不过杂草而引起严重草害，减产一般在15%~30%，重者导致绝收。若控制了苗期杂草，到7月中旬后，芝麻进入快速旺长期，由于芝麻的植株高，密度大，对下面的后生杂草有很强的密蔽和控制作用，杂草就不易造成明显为害。因此，芝麻田化学除草的关键是要强调一个“早”字，必须在杂草萌芽时或4叶期以前将其杀死，这样才能避免杂草可能造成的为害。生产上应抓好播种前、播后芽前和苗后早期化学除草。

1. 播前土壤处理

选用播种前土壤处理，田间持效期较长，对芝麻安全，一次施药可基本控制芝麻全生育期的杂草为害。在芝麻播种前3~5天用48%的氟乐灵乳油加水均匀喷雾土表。施药后应立即耙地盖土3~5厘米。

2. 苗后化学除草

对于前期未能有效除草的田块，在芝麻田禾本科杂草较多较大时，应适当加大药量和施药水量，喷透喷匀，保证杂草均能接受到药液。可以施用50%精喹禾灵乳油75~125毫升/亩或10.8%高效吡氟氯禾灵乳油40~60毫升/亩、15%精吡氟禾草灵乳油75~100毫升/亩、12.5%稀禾啶乳油75~125毫升/亩、24%烯草酮乳油40~60毫升/亩，加水45~60千克均匀喷施，施药时视草情、墒情确定用药量，可以有效防治多种禾本科杂草；但天气干旱、杂草较大时死亡时间相对缓慢。杂草较大、杂草密度较高、墒情较差时适当加大用药量和喷液量；否则，杂草接触不到药液或药量较小影响除草效果。

农田化学除草，省工、高效，深受广大农民欢迎。但是在农业生产中也常因不合理的使用而使作物遭受药害，造成不同程度的损失。因此，化学除草必须防止药害。为了有效的防止药害，应注意以下几个方面。

（1）选择对口药剂。选用除草剂既要考虑除草效果，又要保证作物安全，而且对后茬作物无残留药害，以免带来不良后果。如麦田使用甲磺隆除草剂后，后茬不可种棉花、芝麻、豆类等作物。

（2）严格掌握用量。施用除草剂，要严格按照规定用药，不得超量。特别是要弄清商品量与有效成分的区别，两者不可混淆。喷施除草剂浓度不可过大，以免超出作物的忍受力。在确定用量时，还应因土、因地制宜，矿质土应比粘重土适量少施。

（3）确定合理的施药期。确定合理的施药期要坚持三看：一看天，低温、凉冷气候、高温、高湿、大风等不良天气下不宜施用除草剂；二看地，旱地墒情不足需要先抗旱再施药；三看作物，在作物敏感期不宜施药。

（4）保证施药质量。无论采取喷雾或其他施药方法，都必须做到施药均匀。采取喷雾法还需严格按照药品规定的浓度进时喷施。在作物生长到一定高度以后，均应采取定向喷雾法，将药液喷洒在杂草上，避免喷在作物茎叶上。采取土壤处理法，要注意整地质量，整平整细，切忌高低不平。

（5）合理混用。要注意两种药剂混合后是增效还是拮抗，混合前应做一次兼容性试验。若产生絮状、沉淀、凝结等现象，则不可混合施用。一般同类除草剂混合后的用量应为两种除草剂各自单独用量 1/3～1/2，绝对不可超过单独时的用量，否则对作物不安全。除草剂与化学杀虫剂混用时，也要以不产生药害为原则。

芝麻开花前，一般应中耕三、四次。幼苗长出第 1 对真叶时进行第一次中耕，中耕宜浅不宜深。第二次中耕，是在芝麻长出 2～3 对真叶时进行，深度 5～6 厘米为宜。第三次中耕宜在

5 对真叶时进行，深度可加深到 8~10 厘米。芝麻开始开花时，结合培土进行第四次中耕。

六、花期管理技术

（一）追肥、培土

芝麻植株生长高大，一生不同生育时期仅靠底肥难以满足其生长发育需要，特别是芝麻开花结蒴期生长最迅速，此时营养生长和生殖生长同时并进，吸收的营养物质占整个生育期间的七八成。为了满足中后期植株生长发育的需要，使芝麻花期生长旺盛，积累更多的光合产物，增加花蒴数量，后期稳长不早衰，籽粒充实饱满，必须进行追肥。芝麻追肥必须掌握追肥时期和方法。追肥的原则是苗期早施轻施，花前重施，盛花期补施、喷施。

1. 苗期追肥

芝麻幼苗生长缓慢，根系吸收养分的能力较弱，植株需肥量少。在苗势很差或幼苗大小相差较大时，可先少量追施提苗肥或偏施，以稀释腐熟的人粪尿或尿素效果好。“芝麻苗碗口大”时正是花芽分化时期，这时追肥效果最好。追肥以氮肥为主，磷、钾肥为辅，根据苗情，每亩可追施尿素 3~5 千克。

2. 蕾期追肥

芝麻现蕾以后，根系吸收能力增强，植株的生长速度加快，对养分的需要量也显著增加，必须适时重施花肥，每亩追施尿素 7.5~10 千克；磷钾肥不足的地块，还要追施少量磷钾肥；每亩追施 7.5~12.5 千克复合肥，增产效果较好。也可施用腐熟的饼肥、粪肥等。

3. 花蒴期追肥

在前期施肥充足，植株生长正常的情况下，一般开花后不再追肥。如果土壤瘠薄，前期追肥不足，为使籽粒饱满，减少

“黄梢尖”和秕粒，可适当追施速效性肥料，或喷施0.3%磷酸二氢钾1~2次，但不应晚于盛花以后，以免造成贪青晚熟。

4. 叶面喷肥

芝麻叶面喷肥一般应选择晴天9~11时或17时以后较宜。早晨露水未干，叶片吸附力弱；中午气温高、日照高，蒸发快，故喷肥效果差。若喷施后3小时内下雨，应在天晴时重喷。一般间隔5~6天连续喷2~3次硫酸钾或磷酸二氢钾0.4%溶液，增产效果显著。

（二）防涝、抗旱、防倒伏

芝麻灌溉应根据其需水特性、土壤墒情、气候状况和植株长势长相合理进行。

芝麻苗期需水量少，在一般情况下多锄细锄做好保墒工作，不进行浇水。现蕾以后，如果天气干旱，土壤水分下降到田间最大持水量的60%以下时，或观察苗势：9~10时芝麻植株上部叶片发生暂时萎蔫，到18时以后又恢复正常。这种情况下，就要适当浇水1次。芝麻开花结蒴阶段的需水量较大，适宜的土壤含水量为田间最大持水量的75%~85%，如果土壤缺墒，植株生长缓慢，甚至停止生长或提前终花，不仅严重减产，而且含油量也会降低。芝麻封顶以后，需水量逐渐减少，在雨水充足或花期浇水的基础上，一般不需浇水，如果发生秋旱，土壤含水量降到田间最大持水量的60%以下时，应进行灌水。

灌溉的方法主要有沟灌、喷灌和滴灌等，切忌大水漫灌。

沟灌。引水入厢沟内，水从高处顺沟往下流，分沟分厢逐段浇灌。要做到厢沟内有明水，畦面无明水。要浇匀浇透，使水慢慢渗透到耕层内的土壤中。这样，沟厢无明显的大量渍水，不易出现渍害反应，又节约用水。

喷灌。可采用叶面和根部喷浇两种方法。喷灌用水少，喷水匀，且叶面喷水，充分发挥根、茎、叶的吸收作用，可使冠层起到降温加湿改善小气候的作用。有条件的地方要尽量采取喷灌的方法。

灌溉时间应在 17 时以后最好，以避开高温浇水对芝麻生长的不利影响。浇水一定要掌握天气变化，下雨之前不要浇水，以免造成渍害。同时，浇水可结合追肥，浇水后一定要清沟，以免积水造成渍害，及时进行中耕保墒，防止地面板结。

一般芝麻在饱和持水条件下，盛花期受渍 2 天，终花期受渍 1 天，芝麻叶片即出现萎蔫，如遇晴热天气，极易出现全株萎蔫，落叶落花，甚至死苗。受渍后并发病害，不仅严重减产，还显著降低含油量。

芝麻综合防渍的措施主要有：一选用耐渍性强、高抗病的芝麻品种。二是选择地势高、排灌方便的地块。三要沟厢配套，实行沟厢垄作。做到田内三沟与地外排水沟渠相通，雨后清沟，方便排渍。使雨天明水能排、暴雨后田间基本无明水，暗水能控。四是对受渍芝麻及时采取补救措施：用喷雾器喷清水，洗去叶片、茎秆上的污泥。松土通气，培苗扶苗，恢复植株的正常生长。及时追肥，一般每亩追施尿素 3~5 千克，隔 10 天后再追一次。尚未定苗的芝麻田受渍后，可以以密补缺，增加密度。渍后注意病虫为害，及时防治。

芝麻倒伏的主要原因是品种本身的抗倒性差和栽培管理不当。为了防止倒伏，栽培上必须注意。

（1）选择抗病虫和抗倒伏性强的芝麻品种。

（2）精耕细作，加深耕作层，结合中耕高培土，创造芝麻根系发育的良好土壤环境。

（3）合理密植，提高田间通透性，使个体发育健壮，茎粗腿低，高产不倒。

（4）保持氮、磷营养的协调，防止施氮过多，引起植株旺长。

（5）防治病虫害，防止因病虫造成根系伤害和茎秆倒折。

（6）应用植物生长调节剂，促根、蹲苗，控制芝麻营养体生长，降低始蒴部位。

（7）抗旱排涝，防止因雨涝造成芝麻徒长，切忌大水漫灌和风天灌水，造成倒伏。

（三）保叶、打顶

芝麻叶片是制造营养物质进行光合作用的工厂，叶片中的叶脉、叶柄和茎根的维管束组织连通，叶片对调节水分和温度，提高产量和含油量有着极大的影响。芝麻摘叶后，黄梢尖变长，秕粒增多，千粒重下降，致使芝麻减产严重，一般减产在15%~20%。因此，严禁后期摘叶。

芝麻适时打顶，调节植株营养分配，控制和减少无效蒴果，增加有效蒴果籽粒数，使籽粒饱满，一般可增产10%以上。麦茬夏播芝麻（6月上中旬播种）于初花后10天即8月上旬打顶。秋季气温高、日照足、植株长势好的，可适当推迟3~5天打顶，轻打，只摘顶心（包括分枝顶心）。在秋季气温下降较快的年份，或芝麻长势差，要早打顶，重打，除摘顶心外，还要去除顶端幼蕾和分枝，一般摘除3~5厘米顶茎。

芝麻打顶时，掐去顶端生长点1厘米，但打顶只限于顶端生长点，而不是顶端的一长段，掐得过长将减少单株结蒴数，导致减产。

七、适时收获

芝麻成熟的标志是：植株由浓绿变为黄色或黄绿色，全株叶片除顶梢部外几乎全部脱落，下部蒴果种子充分成熟，种皮均呈现品种固有色泽，中部蒴果灌浆饱满，上部蒴果种子进入乳熟后期，下部有2~3个蒴果轻微炸裂。即芝麻终花后20天左右逐渐成熟，或打顶后25天左右成熟。

夏播芝麻在9月上旬可以收获。同一产区芝麻成熟收获时间还与施肥量、种植密度、品种特征特性等有关。一般施肥量少、施肥时间早的地块芝麻成熟早，反之则迟；密植比稀植成熟早；早熟品种成熟早。另外，对遭受病害或旱涝灾害影响而提前枯熟的植株，应分片、分棵及早收获。

芝麻成熟后，应该趁早晚收获，避开中午高温阳光强烈照射，减少下部裂蒴掉子或病死株裂蒴造成的损失。目前，芝麻的收获，绝大多数采用人工法。收获部分提前裂蒴植株时，必须携带布单或其他相应物品，以便随割随收打裂蒴的籽粒，以减少落籽损失。镰刀刈割一般在近地面 3~7 厘米处斜向上割断，割取植株束成小捆，以 20 厘米直径的小束（约 30 株左右）为宜，于田间或场院内，每 3~4 束支架成棚架，各架互相套架成长条排列，以利暴晒和通风干燥。

当大部分蒴果开裂时，进行第一次脱粒。一般倒提小束，两束相撞击，或用木棍敲击茎秆，使籽粒脱落，而后再将束捆棚架。如此进行 3~4 次，可以基本脱净。因小捆架晒未经闷垛脱粒，按上述脱粒方法有时不易脱净。可采取“反弹脱粒法”，即在常规的脱粒之后，再倒提茎秆敲击茎秆，使剩余籽粒借反弹作用从蒴壳中脱出，达到丰产丰收。

第三节　芝麻病虫害综合防治

一、芝麻地下害虫的防治方法

芝麻地下害虫主要有地老虎、蝼蛄、金针虫等，其防治方法如下。

（一）农业防治

合理轮作，深耕细耙，可降低虫口数量。合理施肥，不使用未腐熟的厩肥，全面铲除杂草，集中处理，可以消灭部分虫卵和早春杂草寄主。

(二) 诱杀成虫

利用黑光灯、糖、酒、醋诱蛾液，加硫酸烟硷或苦楝子发酵液，或用杨树枝把或泡桐叶，诱杀成虫。

(三) 诱杀、捕捉幼虫

在芝麻幼苗出土以前，可采集新鲜杂草或泡桐叶于傍晚时堆放在地上，诱出已入土的幼虫消灭之，对于高龄幼虫，可在每天早晨到田间，扒开新被害芝麻周围的土，捕捉幼虫杀死。

(四) 化学防治

对不同龄期的幼虫，应采用不同的施药方法。幼虫 3 龄前用喷雾，或撒毒土进行防治；3 龄后，田间出现断苗，可用毒饵或毒草诱杀。防治指标：每平米有虫（卵）2 头（粒）。

1. 喷雾

用 50%辛硫磷乳油1 000倍液或 2.5%溴氰菊酯乳油或 4.5%高效氯氰菊酯乳油 2 000倍液均匀喷雾。喷药适期应在幼虫 3 龄盛发前，注意防早、防小。

2. 毒土或毒砂

可选用 2.5%溴氰菊酯乳油 90～100 毫升或 50%辛硫磷乳油 500 毫升加水适量，喷拌细土 50 千克配成毒土，每亩 20～25 千克傍晚顺垄撒施于幼苗根际附近。

3. 毒饵或毒草

一般虫龄较大时可采用毒饵诱杀。可选用 90%晶体敌百虫 0.5 千克或 50%辛硫磷乳油 500 毫升，加水 2.5～5 千克，喷在 50 千克碾碎炒香的棉籽饼、豆饼或麦麸上，于傍晚在受害作物田间每隔一定距离撒一小堆，每亩用 5 千克。毒草可用 90%晶体敌百虫 0.5 千克，拌鲜草或新鲜蔬菜 5～6 千克，每亩用 15～20 千克，傍晚撒在芝麻行间。

二、芝麻中后期病虫害综合防治

（一）蟋蟀

对蟋蟀为害较重的田块，可采用毒饵诱杀。先用60～70℃的温水将90%晶体敌百虫溶解成30倍液，每亩取100克药液，均匀地喷拌在3～5千克炒香的麦麸或饼粉上（拌时要充分加水），拌匀后在芝麻田撒施。或制成鲜草毒饵：用50%辛硫磷50毫升加少量水稀释，或用90%敌百虫800倍液拌20～25千克鲜草，于傍晚撒施。由于蟋蟀活动性强，防治时应注意连片统一防治，否则难以获取较持久的效果。

（二）芝麻天蛾

芝麻天蛾以幼虫食害芝麻叶片，食量很大，严重时叶片被吃光。有时也为害嫩茎和蒴果，使芝麻不能结实，对产量影响很大，个别年份局部发生较重。一年可发生1～4代，成虫昼伏夜出，有趋光性；老龄幼虫食量倍增，抗药性强。

防治方法：①农业综合防治，加强田间管理，铲除地边和田间杂草，减少早期虫源。②诱杀，利用成虫趋光性，在成虫盛发期用黑光灯诱杀。③药剂防治：早期幼虫喷洒40%敌百虫乳油2 000～3 000倍液或50%的敌敌畏乳油1 000～1 500倍液，也可喷5%西维因粉或2.5%敌百虫粉每亩1.5～2.5千克。④人工捕捉：3龄以上幼虫，体大易见，可用人工捕杀。

（三）芝麻螟

芝麻螟每年发生4代。以老熟幼虫越冬。4月上旬至5月中旬陆续羽化为成虫，7月中下旬到9月上旬，在芝麻上均可见为害。成虫有趋光性；白天多停息在芝麻叶背和杂草中，夜间交配产卵。卵散产于芝麻叶、茎或嫩尖上。幼虫吐丝缀叶，在内取食叶肉；当芝麻结荚后，多数蛀入荚中，使荚变黑脱落或将嫩叶与蒴果缀连在一起为害；有时也蛀入嫩茎使之枯黄变黑。

防治方法：①冬季铲除田间杂草，芝麻残秆等，减少虫源。②药剂防治：幼虫发生初期用50%敌百虫乳油800~1 000倍液或青虫菌500倍液喷雾，每亩用50千克药液。③黑光灯诱杀成虫。

（四）芝麻蚜虫

蚜虫以成虫、若虫群集为害芝麻，吸食芝麻嫩叶、嫩梢和花序的汁液，温暖季节成虫活跃，主要在幼嫩叶背活动和刺吸芝麻嫩茎嫩叶，叶片受害后，首先中脉基部出现黄色斑点，逐渐扩大后造成的叶及叶片皱缩畸形，严重时干枯脱落。蕾花受害后，极易变色脱落。有时也咬断茎生长点，影响芝麻正常生长，严重时被害植株后期仅剩光秆和少数畸形蒴果，造成产量大幅度降低。以卵在杂草上越冬，一般在6月下旬开始发生，7—8月为害盛期。一年可发生1~4代，有世代重叠现象，并可传播病毒等多种病害。

防治方法：①秋冬时清除杂草，消灭越冬虫源。②药剂防治，在大田发生时，用40%氧化乐果1 000~1 500倍液或25%亚胺硫膦1 500~2 000倍液或50%辛硫磷、50%甲胺膦、50%杀虫菊酯2 500~3 000倍液，20%蔬果磷300倍液喷雾。

（五）棉铃虫

其幼虫食害芝麻的嫩叶、蕾、花和荚等，咬成孔洞。

防治方法：收获后及时消灭越冬蛹。加强田间管理，清除田间及地边杂草。利用黑光灯诱杀成虫。在幼虫发生初期喷洒10%吡虫啉可湿性粉剂1 500倍液、20%灭多威乳油1 500倍液、2. 5%氯氰灵乳油1 500倍液进行防治。

（六）盲蝽象

一年发生1~4代，以卵在杂草等处越冬，通常越冬卵于4月上中旬孵化，成虫于6—7月，为害芝麻嫩叶背面吸取汁液，芝麻叶片受害后，先在中脉基部出现黄色斑点，逐渐扩大后，使心叶变为畸形，影响芝麻正常生长，有时直接为害花蕾，造成脱蕾。

防治方法：①因地制宜选用抗虫品种：一般选用早熟品种。②发生期喷洒5%氟虫脲（卡死克）乳油4 000倍液或20%溴氰菊酯乳油2 000倍液防治。

（七）茎点枯病

芝麻茎点枯病又称芝麻茎枯病、芝麻黑根疯等。主要为害芝麻茎秆、根部及幼苗。苗期发病，病苗地上部萎蔫枯死，根部变褐死亡。茎部受害后，病茎初呈黄褐色水渍状斑点，并迅速发展，变成环绕状斑点，晚期病斑呈黑褐色，以后茎秆中空、容易折断。根部受害后，主根、支根逐渐变成褐色，根皮层内形成大量黑色菌核，致使根枯死。该病病菌以菌核在种子、土壤和病株残体上越冬。翌年分生孢子在田间借风、雨、气流传播，主要从植株茎基部、根部及叶柄处侵入为害。芝麻苗期、盛花期阶段最易感病。病株可产生分生孢子再传播侵染。高温、高湿、多雨有利于病害发生流行，偏施氮肥、种植过密和连作地为害加重。

防治技术如下。

1. 选用抗病品种及种子处理

选择优质高产、耐渍、抗病性强品种，如豫芝8号、易芝1号等。播种前用55℃温水浸种10分钟或60℃温水浸种5分钟，晾干后播种。或用五氯硝基苯加福美双拌种（1：1），用药量占种子重量的0.5%~1%；或用0.5%硫酸铜溶液浸种半小时，均有较好防效。

2. 农业防治

芝麻与棉花、甘薯及禾本科作物实行3~5年轮作，能较好控制病害发生流行。芝麻收割后及时清除田间病残体，集中烧毁或深埋以减少越冬菌源。及时拔除病株，带出田外销毁，防止病菌扩散蔓延。加强肥水管理，增施基肥，基肥以腐熟的有机肥为主，并混施磷、钾肥，苗期不施或少施氮肥，培育健苗，使病菌不易侵入。采用高畦栽培，及时清沟排水，防止田间有积水，降低田间湿度。

3. 药剂防治

防治芝麻病害应以农业防治为主，药剂防治要掌握在点枯病发病初期用药。防治药剂有37%枯萎立克可湿性粉剂800倍液，40%多菌灵悬浮剂700倍液，50%甲基托布津可湿性粉剂800~1 000倍液，80%硫酸铜可湿性粉剂800倍液等。

（八）枯萎病

芝麻枯萎病又称半边黄或黄化，是典型的维管束病害。病菌多从苗的根尖、伤口侵入，病菌从根部侵入后进入导管，沿导管蔓延到茎、叶、蒴果和种子，致使全株发病枯死。病株茎基部呈红褐色，茎维管束呈褐色，叶片变黄萎蔫枯死。有时仅限于半边侵染时，表现为半边发病枯死。潮湿时，受害部位有粉红色霉状物。该病病菌在土壤中、病株残体内或种子内外越冬。6月开始发病，8月达到发病高峰。连作地块、土壤肥力差，田间湿度大，有利于病害发生流行。

防治技术如下。

1. 选用抗病品种及种子处理

选择优质高产、耐渍、抗病性强品种，如豫芝8号、易芝1号等。播种前用55℃温水浸种10分钟或60℃温水浸种5分钟，晾干后播种。或用五氯硝基苯加福美双拌种（1：1），用药量占种子重量的0.5%~1%；或用0.5%硫酸铜溶液浸种半小时，均有较好防效。

2. 农业防治

芝麻收割后及时清除田间病残体，集中烧毁或深埋。加强肥水管理，增施基肥，基肥以腐熟的有机肥为主，并混施磷、钾肥、苗期不施或少施氮肥，培育健苗，使病菌不易侵入。采用高畦栽培，及时清沟排水，防止田间有积水，降低田间湿度。

3. 药剂防治

防治芝麻病害应以农业防治为主，药剂防治要掌握在发病初期用药。防治药剂有37%枯萎立克可湿性粉剂800倍液，40%多菌灵悬浮剂700倍液，50%甲基托布津可湿性粉剂800~1 000倍液，80%硫酸铜可湿性粉剂800倍液等。

（九）青枯病

芝麻青枯病群众俗称“黑茎病”“黑秆病”。芝麻青枯病发病初期茎部出现暗绿色病斑，以后逐渐转变成黑褐色条斑，发病后全株枯萎，蒴果不能正常成熟，严重的地段植株成片枯死，造成严重减产。此病除为害芝麻外，还为害大豆、花生、烟草、马铃薯、茄子、菜豆等作物。青枯病菌喜高温，田间温度12. 8℃病菌开始侵染，在15~30℃内温度越高发病越重。每年7—8月多发生，土壤潮湿尤其雨后天晴发病更重。

防治方法：①实行轮作，病田可与禾本科作物及棉花、甘薯等作物实行2~3年以上轮作。②增施基肥，特别是农家肥。酸性土壤要适当增施石灰。③芝麻生长后期，若发生病害，要停止中耕或少中耕，以免伤根。此外，要及时排除田间积水。④及时拔除病株，并用石灰水或用西力生1份加石灰粉15份，消毒病穴。

（十）芝麻细菌性角斑病

芝麻整个生育期均可发病。在苗期：近地面处的叶柄基部变黑枯死。成株期：病斑呈多角形，黑褐色，前期有黄色晕圈。湿度大时，叶背溢有菌脓，干燥时病斑脱落或穿孔，造成早期落叶。发病规律：该病菌丝在种子内、残株上越冬，成为侵染芝麻的病源。

防治方法：用0. 1%~0. 2%硫酸铜溶液喷雾。发病初期喷波尔多液（1：100），或65%代森锰锌600倍液。盛花期喷1 000

倍甲基托布津稀释液。喷药次数根据病情确定，可每 7 天喷 1 次，连喷 2~3 次。

（十一）叶斑病

主要为害叶片、茎及蒴果。叶部症状有两种。一种为圆形小斑，中间灰白色，四周紫褐色，病斑背面生灰色霉状物。后期多个病斑融合成大斑块，干枯后破裂，严重时导致落叶；另一种为蛇眼状病斑，中间生一灰白色小点，四周浅灰色，外围黄褐色，圆形至不规则形。茎部：褐色不规则形斑，湿度大时病部生黑点。蒴果：浅褐色至黑褐色病斑，易开裂。发生时期：7—8 月，传播方式为种子、土壤或病残体带菌。

防治方法：①选用无病种子，并用 53~55℃温汤浸种 10 分钟，杀灭种子上菌丝。②实行轮作：可与禾本科作物及棉花、甘薯等作物实行 2~3 年以上轮作。③收获后及时清除病残体，适时深翻土地。④在发病初期，喷洒 50%多菌灵 500 倍液或 70%甲基托布津 800 倍液、25%嘧菌酯 800 倍液，隔 7~10 天喷 1 次，连续防治 2~3 次。

（十二）白粉病

主要为害叶片、叶柄、茎及蒴果。表面生白粉状霉，严重时白粉状物覆盖全叶，致叶变黄。病株先为灰白色，后呈苍黄色。

防治方法：①加强栽培管理，注意清沟排渍，降低田间湿度。增施磷钾肥、避免偏施氮肥或缺肥。②发病初期及时喷洒 25%三唑酮可湿性粉剂1 000~1 500倍液或 40%杜邦福星乳油 8 000倍液，隔 7~10 天喷 1 次，共喷 2~3 次。

（十三）轮纹病

为害叶片，叶上病斑不规则形，中央褐色，边缘暗褐色，有轮纹，病斑上有小黑点。

防治方法：①实行轮作。②收获后及时清除病残体。③雨后及时排水，防止渍害。④加强田间管理，适时间苗，及时中耕，增强植株抗病力。⑤药剂防治：播种后 30 天、45 天、60 天，喷洒 70%代森锰锌可湿性粉剂 500 倍液或 40%百菌清悬浮剂 500 倍液，可有效预防和控制病情。

（十四）黑斑病

为害叶片和茎秆。叶片：病斑初为圆形至不规则形，褐色至黑褐色，后期扩张成大斑，有不明显的轮纹，边缘有黄色晕圈；茎秆：黑褐色水浸状条斑，严重时植株枯死。

防治方法：①选用抗病品种。②药剂防治：在发病初期，喷洒 50%多菌灵 500 倍液或 70%甲基托布津 800 倍液、25%嘧菌酯 800 倍液，隔 7~10 天喷 1 次，连续防治 2~3 次。选择上述药剂加上 58%甲霜灵锰锌可湿性粉剂 500 倍液，能兼治疫病。

（十五）褐斑病

侵染叶片，叶上病斑有棱角，初暗褐色，后变灰色，上生大量黑褐色小点，无轮纹。

防治方法：①实行轮作倒茬。②收获后及时清除病残体。③雨后及时排水，防止湿气滞留。④加强田间管理，适时间苗，及时中耕，增强植株抗病力。⑤药剂防治：播种后 30 天、45 天、60 天，喷洒 70%代森锰锌可湿性粉剂 500 倍液或 40%百菌清悬浮剂 500 倍液，可有效预防和控制病情。

（十六）芝麻疫病

芝麻疫病是一种毁灭性的病害，发病迅速，常引起全株死亡。此病仅能为害芝麻，并常与茎点枯病并发，疫病往往发病在先。芝麻疫病的病原菌侵染叶片形成较大的斑块，呈黄褐色，像开水烫过一样，并微现轮纹。在潮湿条件下，叶背可产生一圈灰白色短绒毛状的霉轮，病斑组织很薄，易于干缩破裂，并引起叶片向一边扭曲，失去叶片的对称状态，最后全叶干枯。常在接近地面的茎部发生为害，形成一段绕茎的缢缩病斑，开始呈水浸状深绿色，逐渐变为红褐色，微微凹陷，无明显的边缘，皮层松软，纵裂甚多。茎部上段及蒴果受害后，水浸状深绿色病斑更为明显，且凹陷。在潮湿情况下，可长出绵状菌丝。严重时，引起全株枯萎。

防治方法：①选用抗病品种。②采用高畦栽培，雨后及时排水，防止湿气滞留。③实行轮作。④合理密植，不可过密。⑤发病初期及时喷洒 58%甲霜灵锰锌可湿性粉剂 600 倍液或 75%百菌清可湿性粉剂 600 倍液、50%甲霜铜可湿性粉剂 500 倍液、64%杀毒矾可湿性粉剂 400 倍液、72%杜邦克露可湿性粉剂 800~900 倍液，对上述杀菌剂产生抗药性的地区，可改用 69%安克锰锌可湿性粉剂1 000倍液。

第四节　麦茬芝麻免耕直播轻简化栽培技术

一、技术概述

黄淮、江淮地区芝麻种植面积占全国的 60%以上，小麦收获后种植芝麻，劳动力紧张，播期短，免耕直播可缓解夏芝麻种植劳动力紧张，延长生育期，降低成本。该项技术对于大面积提高黄淮芝麻主产区芝麻种植效益具有重要意义，由于省工省时、成本低，在黄淮芝麻主产区得到了大面积的应用，示范区平均比非示范区增产 15%左右。该项技术成熟，操作简单，便于农民掌握。

二、技术要点

（一）播前准备

小麦收获时留茬高度低于 20 厘米，有利于芝麻播种和幼苗生长。

（二）适墒播种

麦收后墒情适宜，及早播种；墒情不足，灌溉播种。

（三）播种方式

机械条播，行距 40 厘米，播种深度 3~5 厘米，亩播种量 0.3~0.4 千克；如果使用多功能播种机，播种时每亩可同时施入底肥 10~15 千克复合肥，播种施肥一次完成。

（四）合理密植

高肥水条件下密度每亩 1.0 万~1.2 万株，一般田块每亩 1.2 万~1.5 万株；播期每推迟 5 天播种，每亩密度增加 2 000株。

（五）田间管理

（1）及时间苗、定苗：夏芝麻出苗后，2 对真叶间苗，4 对真叶定苗。

（2）化学除草。播后苗前用 72%都尔 0.1~0.2 升/亩，加水 50 升，均匀喷雾土表；或出苗后 12 天用 12.5%盖草能 40 毫升/亩，加水 40 升喷雾。

（3）科学施肥。初花期追施尿素 8~10 千克/亩。

（4）及时防治病虫害。苗期小地老虎防治可及时采取毒饵诱杀，用辛硫磷等药剂与炒香的麦麸或饼粉混合，拌匀后在芝麻田撒施；甜菜夜蛾、芝麻天蛾和盲蝽象防治可用 50%辛硫磷乳油加 2.5%溴氰菊酯等1 000倍液，喷杀 3 龄前幼虫。枯萎病、茎点枯病、叶部病害用 70%代森锰锌 800 倍、50%多菌灵 500 倍液防治；细菌性角斑病用 72%农用硫酸链霉素2 000倍液防治。一般在发病初期用药，全田喷雾 2~3 次，间隔时间为 5~7 天。

三、适宜区域

适宜在黄淮夏芝麻产区大面积推广应用。

四、注意事项

（1）杂草较多地块，不适合免耕直播。
（2）免耕直播地块应选择非重茬地、抗病高产芝麻品种。
（3）加强苗期田间管理，以免草荒。

第五节　芝麻与花生套种高效栽培技术

一、技术概述

花生套种芝麻是高矮秆作物搭配，充分利用空间、地力和光能；花生生育期长，芝麻生育短，花生固氮菌可为芝麻生长提供氮素营养，二者互补性强。花生套种芝麻不仅能使两种作物均衡增收，而且也是稳定花生扩大芝麻种植面积的有效途径。一般比单作花生或芝麻，每亩增收 300～400 元/亩，增效十分显著。

二、技术要点

（一）整地与施肥

选择地势较高、土层深厚的地块，深耕耙平，结合整地每亩施花生专用肥 30～40 千克。

（二）选择适宜芝麻品种

选丰产性好、株型紧凑、中高秆、中早熟品种。

（三）选择套种方式

畦作花生，行距 35～40 厘米，每隔 3 行花生种植一行芝麻，芝麻留苗2 500～3 000株/亩；垄作花生，垄宽 60～70 厘米，垄沟宽 20～30 厘米，一垄双行花生，每隔 2 垄花生，在垄背半腰间种植一行芝麻，每亩留苗 2 000～2 500株。

（四）加强田间管理

（1）每亩用辛硫磷 200 毫升，拌细土 15 千克均匀施入田内，防治地老虎、金针虫、蛴螬等地下害虫。

（2）花生封垄前中耕，芝麻及时间定苗，防治病虫草害，初花期每亩追施尿素 5～8 千克，增产效果明显。

（3）芝麻成熟后及早收割。

三、适宜区域

适于黄淮、江淮和长江流域芝麻种植区。

四、注意事项

（1）花生垄作，垄背半腰间套种芝麻，要抢墒抢种，在种植花生的同时或之前种上芝麻；如在花生垄背（半腰）上或畦作行间套栽芝麻，移栽期宜在花生封垄前 15 天。

（2）花生下针期封垄后要注意清沟培土，防止渍害。

第六节　芝麻与甘薯套种高效栽培技术

一、技术概述

我国甘薯年种植面积 8 000万亩，芝麻套种于甘薯垄背腰间，是短生育期直立作物和长生育期匍伏作物间的搭配，可以充分利用空间、地力和光能，提高单位面积的综合产量和效益。甘薯套种芝麻通常对甘薯产量影响较小，每亩可收获芝麻 30～40 千克，增效十分显著。

二、技术要点

（一）选择套种方式

甘薯起垄种植，做成高 30 厘米、底宽 90～100 厘米的高胖垄，一垄扦插一行甘薯；每隔 2 垄，在垄背半腰间种一行芝麻；春薯亩栽 3 500~4 000株，夏薯亩栽4 000~4 500株为宜；每亩留芝麻苗 2 000~2 500株。

（二）选用适宜品种

甘薯选用中蔓型品种；芝麻选用株型紧凑、丰产性好、中矮秆、中早熟和抗病耐渍性强芝麻品种，以充分发挥芝麻的丰产性能，减少对甘薯生育后期的影响。

（三）加强田间管理

（1）整地时施足底肥，每亩施氮磷钾复合肥 30~50 千克；起垅前，每亩用辛硫磷200 毫升，拌细土15 千克均匀施入田内，防治地老虎、金针虫、蛴螬等地下害虫。

（2）春薯地套种芝麻通常为 5 月上中旬，麦茬、油菜茬甘薯套种芝麻通常为 6 月上中旬；甘薯封垄前要及时中耕除草、间定苗、培土，及时防治病虫草害；芝麻初花期每亩追施尿素 3~5 千克增产效果明显。

（3）芝麻成熟后及早收割。芝麻收后，每亩可用尿素 1 千克、磷酸二氢钾 1 千克加水 100 千克溶解后对甘薯进行叶面喷施。

三、适宜区域

适于全国甘薯、芝麻种植区。

四、注意事项

（1）甘薯垄背半腰间套种芝麻，要抢墒抢种，在扦插甘薯的同时或之前种上芝麻；如在甘薯垄背半腰上套栽芝麻，移栽期宜在甘薯封垄前 15 天。

（2）甘薯封垄前要注意清沟培土，防止渍害。

主要参考文献

郭庆元 . 2008. 大豆农艺工培训教材 [M]. 北京：金盾出版社 .

胡立勇，丁艳锋 . 2008. 作物栽培学 [M]. 北京：高等教育出版社 .

孟爱民，刘翠玲 . 2012. 现代农业实用技术 [M]. 北京：中国农业科学技术出版社 .

农业部小麦专家指导组 . 2012. 全国小麦高产创建技术读本 [M]. 北京：中国农业出版社 .

乔德海 . 2014. 中原地区粮棉油菜瓜高产高效栽培新技术 [M]. 郑州：河南人民出版社 .

任洪志，郑义，李付立 . 2015. 农作物生产技术实践与探索 [M]. 郑州：中原农民出版社 .

任洪志，郑义，周继泽 . 2012. 河南小麦生产技术新探索 [M]. 北京：中国农业科学技术出版社 .

宋志伟，刘轶群，宋俊伟 . 2015. 小麦规模生产与经营 [M]. 北京：中国农业科学技术出版社 .

吴剑南，胡久义 . 2014. 小麦、玉米优质高产栽培新技术 [M]. 郑州：中原出版传媒集团，中原农民出版社 .

张翠翠，史凤琴 . 2011. 现代玉米生产实用技术 [M]. 北京：中国农业科学技术出版社 .

张建平 . 2013. 中国植保病虫草害图谱大全暨防治宝典 [M]. 郑州：中原农民出版社 .

赵广才 . 2014. 小麦高产创建 [M]. 北京：中国农业出版社 .